国家卫生和计划生育委员会"十三五"规划教材

全国中等卫生职业教育教材

供中等卫生职业教育各专业用　　第3版

生物化学基础

主　编　钟衍汇

副主编　刘保东

编　者（以姓氏笔画为序）

王　芳（定西师范高等专科学校）

刘保东（山西省长治卫生学校）

陈　方（山东省青岛卫生学校）

张　婧（赣南卫生健康职业学院）

钟衍汇（赣南卫生健康职业学院）

祝红梅（赣南卫生健康职业学院）

鲁正宏（云南省临沧卫生学校）

人民卫生出版社

图书在版编目（CIP）数据

生物化学基础 / 钟衍汇主编 . —3 版 . —北京：人民卫生出版社，2017

ISBN 978-7-117-24623-1

Ⅰ. ①生… Ⅱ. ①钟… Ⅲ. ①生物化学 – 中等专业学校 – 教材 Ⅳ. ①Q5

中国版本图书馆 CIP 数据核字（2017）第 161443 号

| 人卫智网 | www.ipmph.com | 医学教育、学术、考试、健康，购书智慧智能综合服务平台 |
| 人卫官网 | www.pmph.com | 人卫官方资讯发布平台 |

生物化学基础

第 3 版

主　　编：钟衍汇
出版发行：人民卫生出版社（中继线 010-59780011）
地　　址：北京市朝阳区潘家园南里 19 号
邮　　编：100021
E - mail：pmph @ pmph.com
购书热线：010-59787592　　010-59787584　　010-65264830
印　　刷：三河市国英印务有限公司
经　　销：新华书店
开　　本：787 × 1092　1/16　　印张：12
字　　数：300 千字
版　　次：1999 年 10 月第 1 版　　2017 年 8 月第 3 版
　　　　　2023 年 1 月第 3 版第 11 次印刷（总第 54 次印刷）
标准书号：ISBN 978-7-117-24623-1/R · 24624
定　　价：25.00 元

打击盗版举报电话：010-59787491　　E-mail：WQ @ pmph.com
（凡属印装质量问题请与本社市场营销中心联系退换）

　　为全面贯彻党的十八大和十八届三中、四中、五中全会精神,依据《国务院关于加快发展现代职业教育的决定》要求,更好地服务于现代卫生职业教育快速发展的需要,适应卫生事业改革发展对医药卫生职业人才的需求,贯彻《医药卫生中长期人才发展规划(2011—2020年)》《现代职业教育体系建设规划(2014—2020年)》文件精神,人民卫生出版社在教育部、国家卫生和计划生育委员会的领导和支持下,按照教育部颁布的《中等职业学校专业教学标准(试行)》医药卫生类(第二辑)(简称《标准》),由全国卫生职业教育教学指导委员会(简称卫生行指委)直接指导,经过广泛的调研论证,成立了中等卫生职业教育各专业教育教材建设评审委员会,启动了全国中等卫生职业教育第三轮规划教材修订工作。

　　本轮规划教材修订的原则:①明确人才培养目标。按照《标准》要求,本轮规划教材坚持立德树人,培养职业素养与专业知识、专业技能并重,德智体美全面发展的技能型卫生专门人才。②强化教材体系建设。紧扣《标准》,各专业设置公共基础课(含公共选修课)、专业技能课(含专业核心课、专业方向课、专业选修课);同时,结合专业岗位与执业资格考试需要,充实完善课程与教材体系,使之更加符合现代职业教育体系发展的需要。在此基础上,组织制订了各专业课程教学大纲并附于教材中,方便教学参考。③贯彻现代职教理念。体现"以就业为导向,以能力为本位,以发展技能为核心"的职教理念。理论知识强调"必需、够用";突出技能培养,提倡"做中学、学中做"的理实一体化思想,在教材中编入实训(实验)指导。④重视传统融合创新。人民卫生出版社医药卫生规划教材经过长时间的实践与积累,其中的优良传统在本轮修订中得到了很好的传承。在广泛调研的基础上,再版教材与新编教材在整体上实现了高度融合与衔接。在教材编写中,产教融合、校企合作理念得到了充分贯彻。⑤突出行业规划特性。本轮修订紧紧依靠卫生行指委和各专业教育教材建设评审委员会,充分发挥行业机构与专家对教材的宏观规划与评审把关作用,体现了国家卫生计生委规划教材一贯的标准性、权威性、规范性。⑥提升服务教学能力。本轮教材修订,在主教材中设置了一系列服务教学的拓展模块;此外,教材立体化建设水平进一步提高,根据专业需要开发了配套教材、网络增值服务等,大量与课程相关的内容围绕教材形成便捷的在线数字化教学资源包,通过扫描每章标题后的二维码,可在手机等移动终端上查看和共享对应的在线教学资源,为教师提供教学素材支撑,为学生提供学习资源服务,教材的教学服务能力明显增强。

　　人民卫生出版社作为国家规划教材出版基地,有护理、助产、农村医学、药剂、制药技术、营养与保健、康复技术、眼视光与配镜、医学检验技术、医学影像技术、口腔修复工艺等24个专业的教材获选教育部中等职业教育专业技能课立项教材,相关专业教材根据《标准》颁布情况陆续修订出版。

全国中等卫生职业教育
国家卫生和计划生育委员会"十三五"规划教材目录

总序号	适用专业	分序号	教材名称	版次
1	中等卫生	1	职业生涯规划	2
2	职业教育	2	职业道德与法律	2
3	各专业	3	经济政治与社会	1
4		4	哲学与人生	1
5		5	语文应用基础	3
6		6	数学应用基础	3
7		7	英语应用基础	3
8		8	医用化学基础	3
9		9	物理应用基础	3
10		10	计算机应用基础	3
11		11	体育与健康	2
12		12	美育	3
13		13	病理学基础	3
14		14	病原生物与免疫学基础	3
15		15	解剖学基础	3
16		16	生理学基础	3
17		17	生物化学基础	3
18		18	中医学基础	3
19		19	心理学基础	3
20		20	医学伦理学	3
21		21	营养与膳食指导	3
22		22	康复护理技术	2
23		23	卫生法律法规	3
24		24	就业与创业指导	3
25	护理专业	1	解剖学基础 **	3
26		2	生理学基础 **	3
27		3	药物学基础 **	3
28		4	护理学基础 **	3

续表

总序号	适用专业	分序号	教材名称	版次
29		5	健康评估 **	2
30		6	内科护理 **	3
31		7	外科护理 **	3
32		8	妇产科护理 **	3
33		9	儿科护理 **	3
34		10	老年护理 **	3
35		11	老年保健	1
36		12	急救护理技术	3
37		13	重症监护技术	2
38		14	社区护理	3
39		15	健康教育	1
40	助产专业	1	解剖学基础 **	3
41		2	生理学基础 **	3
42		3	药物学基础 **	3
43		4	基础护理 **	3
44		5	健康评估 **	2
45		6	母婴护理 **	1
46		7	儿童护理 **	1
47		8	成人护理（上册）– 内外科护理 **	1
48		9	成人护理（下册）– 妇科护理 **	1
49		10	产科学基础 **	3
50		11	助产技术 **	1
51		12	母婴保健	3
52		13	遗传与优生	3
53	护理、助产	1	病理学基础	3
54	专业共用	2	病原生物与免疫学基础	3
55		3	生物化学基础	3
56		4	心理与精神护理	3
57		5	护理技术综合实训	2
58		6	护理礼仪	3
59		7	人际沟通	3
60		8	中医护理	3
61		9	五官科护理	3
62		10	营养与膳食	3
63		11	护士人文修养	1
64		12	护理伦理	1
65		13	卫生法律法规	3

续表

总序号	适用专业	分序号	教材名称	版次
66		14	护理管理基础	1
67	农村医学	1	解剖学基础 **	1
68	专业	2	生理学基础 **	1
69		3	药理学基础 **	1
70		4	诊断学基础 **	1
71		5	内科疾病防治 **	1
72		6	外科疾病防治 **	1
73		7	妇产科疾病防治 **	1
74		8	儿科疾病防治 **	1
75		9	公共卫生学基础 **	1
76		10	急救医学基础 **	1
77		11	康复医学基础 **	1
78		12	病原生物与免疫学基础	1
79		13	病理学基础	1
80		14	中医药学基础	1
81		15	针灸推拿技术	1
82		16	常用护理技术	1
83		17	农村常用医疗实践技能实训	1
84		18	精神病学基础	1
85		19	实用卫生法规	1
86		20	五官科疾病防治	1
87		21	医学心理学基础	1
88		22	生物化学基础	1
89		23	医学伦理学基础	1
90		24	传染病防治	1
91	营养与保	1	正常人体结构与功能 *	1
92	健专业	2	基础营养与食品安全 *	1
93		3	特殊人群营养 *	1
94		4	临床营养 *	1
95		5	公共营养 *	1
96		6	营养软件实用技术 *	1
97		7	中医食疗药膳 *	1
98		8	健康管理 *	1
99		9	营养配餐与设计 *	1
100	康复技术	1	解剖生理学基础 *	1
101	专业	2	疾病学基础 *	1
102		3	临床医学概要 *	1

续表

总序号	适用专业	分序号	教材名称	版次
103		4	药物学基础	2
104		5	康复评定技术 *	2
105		6	物理因子治疗技术 *	1
106		7	运动疗法 *	1
107		8	作业疗法 *	1
108		9	言语疗法 *	1
109		10	中国传统康复疗法 *	1
110		11	常见疾病康复 *	2
111	眼视光与	1	验光技术 *	1
112	配镜专业	2	定配技术 *	1
113		3	眼镜门店营销实务 *	1
114		4	眼视光基础 *	1
115		5	眼镜质检与调校技术 *	1
116		6	接触镜验配技术 *	1
117		7	眼病概要	1
118		8	人际沟通技巧	1
119	医学检验	1	无机化学基础 *	3
120	技术专业	2	有机化学基础 *	3
121		3	生物化学基础	3
122		4	分析化学基础 *	3
123		5	临床疾病概要 *	3
124		6	生物化学及检验技术	3
125		7	寄生虫检验技术 *	3
126		8	免疫学检验技术 *	3
127		9	微生物检验技术 *	3
128		10	临床检验	3
129		11	病理检验技术	1
130		12	输血技术	1
131		13	卫生学与卫生理化检验技术	1
132		14	医学遗传学	1
133		15	医学统计学	1
134		16	检验仪器使用与维修 *	1
135		17	医学检验技术综合实训	1
136	医学影像	1	解剖学基础 *	1
137	技术专业	2	生理学基础 *	1
138		3	病理学基础 *	1
139		4	影像断层解剖	1

续表

总序号	适用专业	分序号	教材名称	版次
140		5	医用电子技术 *	3
141		6	医学影像设备 *	3
142		7	医学影像技术 *	3
143		8	医学影像诊断基础 *	3
144		9	超声技术与诊断基础 *	3
145		10	X 线物理与防护 *	3
146		11	X 线摄影化学与暗室技术	3
147	口腔修复	1	口腔解剖与牙雕刻技术 *	2
148	工艺专业	2	口腔生理学基础 *	3
149		3	口腔组织及病理学基础 *	2
150		4	口腔疾病概要 *	3
151		5	口腔工艺材料应用 *	3
152		6	口腔工艺设备使用与养护 *	2
153		7	口腔医学美学基础 *	3
154		8	口腔固定修复工艺技术 *	3
155		9	可摘义齿修复工艺技术 *	3
156		10	口腔正畸工艺技术 *	3
157	药剂、制药	1	基础化学 **	1
158	技术专业	2	微生物基础 **	1
159		3	实用医学基础 **	1
160		4	药事法规 **	1
161		5	药物分析技术 **	1
162		6	药物制剂技术 **	1
163		7	药物化学 **	1
164		8	会计基础	1
165		9	临床医学概要	1
166		10	人体解剖生理学基础	1
167		11	天然药物学基础	1
168		12	天然药物化学基础	1
169		13	药品储存与养护技术	1
170		14	中医药基础	1
171		15	药店零售与服务技术	1
172		16	医药市场营销技术	1
173		17	药品调剂技术	1
174		18	医院药学概要	1
175		19	医药商品基础	1
176		20	药理学	1

** 为"十二五"职业教育国家规划教材

* 为"十二五"职业教育国家规划立项教材

前　言

　　生物化学是在分子水平探讨生命本质的一门学科,是生命科学领域一门重要的基础学科,是一门重要的医学基础课程,开设生物化学的目的主要是为后续课程的学习奠定坚实的理论基础。本教材的编写以科学发展观为指导,贯彻"加快发展现代职业教育"精神,根据学生的现有知识水平及生物化学学科特点,以中等职业教育教学目标为依据,突出职业教育特色,适合中职学生身心发展,满足教学和社会需要,遵循"需用、够用、实用"的原则,体现基本理论、基础知识、基本技能,体现思想性、科学性、先进性、启发性和适用性,精心组织教材内容,优化教材结构,尽量做到概念清楚,重点突出,深入浅出,简明扼要,语言流畅,使教材具有较强的系统性、逻辑性、可读性和实用性,便于教师授课和学生学习。

　　本教材由具有丰富生物化学教学经验的教师编写,全书除绪论外共12章。内容包括:蛋白质结构与功能、酶、维生素、生物氧化、糖代谢、脂类代谢、蛋白质的分解代谢、核酸化学与核苷酸代谢、遗传信息的传递与表达、水和无机盐代谢、酸碱平衡及肝脏的生物化学等章节,书后还安排了5个实验项目。为了更好地启发学生智能,开发学习潜能,便于理解,提高学习兴趣,本教材在编写上采用了大量图表,注意学科的最新发展,每章列出学习目标、病例分析、考点链接、前沿知识。每章后面还附有小结及目标测试题,以开阔学生视野,激活思维,拓展能力,使学生能够全面掌握基础理论和基础知识,为学生终身学习和发展奠定良好的科学基础。

　　本教材在编写过程中,参阅了大量的书籍,并得到了各位编者所在学校的大力支持,在此一并致以衷心感谢。

　　限于编者水平和时间仓促,教材中难免有不妥和错漏之处,敬请使用本教材的同行专家、教师、学生和其他读者提出宝贵意见和建议,以期日后改进和提高。

钟衍汇

2017 年 6 月

目 录

绪　　论

学习目标

1. 理解：生物化学的定义。
2. 掌握：生物化学的研究内容和学习方法。
3. 了解：生物化学与医学的关系。

一、生物化学的概念

生物化学是研究生物体的化学组成和生命过程中的化学变化规律的一门基础生命科学。它主要应用化学、生物学、物理学和免疫学等的原理、方法和技术，从分子水平上探讨生命现象中的遗传繁殖、生长发育、免疫功能、衰老死亡等的奥秘。简单地说生物化学即生命的化学。

生物化学的研究对象是一切生物体，包括微生物、植物、动物和人体，根据研究对象不同，将生物化学分为微生物生物化学、植物生物化学、动物生物化学等，医学生物化学的研究对象是人体。

二、生物化学的研究内容

（一）生物分子的结构与功能

生物体是由多种化学物质组成，包括无机物、有机小分子和生物大分子，如蛋白质、核酸、糖类、脂类、水和无机盐等。这些物质按照严格的方式构成各种组织细胞，最后形成一个有生命的整体。

蛋白质、核酸、多糖和复合脂类是生物体内的高分子有机化合物，简称为生物分子，它们是由某些基本组成单位按一定的方式和顺序形成的多聚体。一般将分子量大于 10^4 的生物分子称为生物大分子，具有信息功能是生物大分子的重要特征之一，因此也称为生物信息分子。不同结构的生物分子具有各不相同的生物学功能，当前研究的重点是生物大分子，特别是生物大分子结构与功能及其相互关系。

（二）新陈代谢及其调节

新陈代谢是生物体的基本特征之一，在生命活动过程中，机体与外环境不断地进行物质交换，组成生物体的物质在体内进行着各种各样的有规律的化学变化，称为物质代谢，一旦这些化学反应停止，生命即告终结。在物质代谢的同时，往往伴随有能量代谢，如在物质的氧化分解代谢中，可将储存的能量释放出来，供机体活动所需，而在合成代谢中则需消耗能量。

　　体内错综复杂的物质代谢途径能有序地进行,受机体严格、灵敏的调节。物质代谢中的绝大部分化学反应都需要酶的催化,而酶的活性受到多种因素的影响,从而控制着物质代谢的进行,否则代谢的紊乱可影响正常的生命活动,从而发生疾病。

　　(三) 遗传信息的传递及调控

　　生物的另一特征是具有遗传特性,DNA 分子中携带遗传信息,通过复制,即 DNA 合成,可形成结构完全相同的 DNA,将亲代的遗传信息传给子代。再通过转录合成 RNA,后者又指导蛋白质合成,即将遗传信息翻译成能执行各种各样生理功能的蛋白质,转录和翻译即为基因表达过程。遗传信息的传递过程涉及生物的生长分化、遗传变异、衰老死亡等生命过程,也与代谢异常性疾病、遗传性疾病、心血管疾病、免疫缺陷性疾病、恶性肿瘤等多种疾病的发病机制有关。上述过程体内存在着一整套严密的调控机制,如蛋白质与蛋白质、蛋白质与核酸、核酸与核酸间的相互作用。故遗传信息的传递及调控的研究在生命科学,尤其在医学领域的作用越来越显示出重要意义。

三、生物化学与医药学的关系

　　生物化学与医药学的关系十分密切,并相互促进。临床医学常应用生物化学的理论和技术诊断、治疗和预防疾病,以及阐述疾病的发病机制。正常的生物化学反应过程是健康的基础,机体需要不断地与外环境进行物质交换,摄取必需的营养物质,适应外界环境的变化,维持体内环境的稳定。物质代谢紊乱可导致疾病,所以了解物质代谢紊乱的环节,可为疾病的治疗提供有效方案,也为疾病的诊断和预防提供依据。通过临床生化项目的检测,可帮助诊断疾病。药物的代谢转化、药物与生物分子的相互作用以及生化药物的临床应用都与生物化学密切相关。可见,临床医学无论在预防和治疗工作中都会应用生物化学的知识。由于生物化学的迅速发展,提高了人们对疾病的认识,出现了许多新的诊疗方法。另一方面,临床医学也为生物化学的研究提供丰富的源泉,如通过恶性肿瘤的临床实践,使生物化学和分子生物学深入到致癌基因的研究,通过对后者的深入研究,又揭示了正常细胞生长、分化的规律和信号转导的途径。对动脉粥样硬化症的研究,促进对胆固醇、脂蛋白、脂蛋白受体以及相关基因等的生物化学研究。

四、生物化学的学习方法

　　生物化学是从分子水平探讨生命本质的一门学科,内容广泛而抽象,名词概念多,代谢途径多,涉及学科多。在学习生物化学时,应做到:

　　1. 应用辩证、发展、整体的观点进行学习　生物体是体内无数生物化学变化和生理活动融合成的有机整体,生物化学研究的问题都发生在活的生物体内,物质代谢虽然错综复杂、多种多样,但却相互制约、彼此联系,想要脉络清晰,必须有总体观念。生物体内的生物化学变化既要与内环境的变化和生理活动相适应,又要与外环境相统一。在学习时,不能机械、静止、孤立地看待每个问题,而要注意各个问题之间的相互联系和发展变化。由于生物化学是一门发展非常迅速的学科,现有的认识和结论会不断地发展、提高和纠正,新知识、新概念会不断出现。

　　2. 抓住重点、突破难点、把握特点　生物化学变化复杂多样,要分清重点内容和次要内容。重点内容必须记住,如代谢途径的关键酶、生理意义及相互联系,生物分子的基本结构、结构与功能的关系等。花时间和精力把难点问题吃透搞懂以及掌握不同代谢途径的特点。

3. 抓住主线,由表及里,循序渐进　生物化学分为静态生化和动态生化两部分:静态生化主要讲重要生物分子的结构和功能,如蛋白质、核酸、酶、维生素等的组成、结构与功能。动态部分讲这些物质代谢过程。前面静态部分是学习生化的基础,是理解后面动态内容的前提,注意前后关联,不要前后脱节。在理顺本课程的基本框架后,全面、系统、准确地掌握教材的基本内容,抓住主线,找出共性和规律,循序渐进地学习。

4. 善于归纳、总结、比较　生物化学内容繁多,要按照教材目录的逻辑结构进行归纳总结,分类比较,画出物质代谢线路图来加强记忆、加深理解。如蛋白质和核酸的结构、变性的比较,竞争性抑制与非竞争性抑制的比较,糖无氧氧化和有氧氧化的比较,遗传信息传递过程中复制、转录和翻译的比较等,比较记忆大有用武之地。

(钟衍汇)

第一章 蛋白质结构与功能

蛋白质是由氨基酸组成的生物大分子，是生物体的主要组成成分之一，约占人体干重的45%。组成人体的蛋白质有10万余种，各种蛋白质都有其特定的结构和功能，它们在物质代谢、机体防御、血液凝固、肌肉收缩、细胞间信号传递、个体生长发育和组织修复等方面发挥不可替代的作用。可见蛋白质是生命的物质基础。

第一节 蛋白质的分子组成

一、蛋白质的组成元素及特点

案例分析

2008年9月，中国爆发三鹿婴幼儿奶粉受污染事件，导致食用了受污染奶粉的婴幼儿出现肾结石病症，其原因是奶粉中含有三聚氰胺。三聚氰胺简称三胺，是一种三嗪类含氮杂环有机化合物，学名三氨三嗪，分子式：$C_3N_6H_6$、$C_3N_3(NH_2)_3$，其分子最大的特点为含氮原子很多。由于食品和饲料工业蛋白质含量测试方法的缺陷，三聚氰胺也常被不法商人用作食品添加剂，以提升食品检测中的蛋白质含量指标，因此三聚氰胺也被人称为"蛋白精"。

思考：1. 三鹿奶粉中厂家为什么要加入三聚氰胺？
2. 奶粉中蛋白质含量如何估算？

元素分析证明，组成蛋白质的主要元素有碳（50%~55%）、氢（6%~8%）、氧（19%~24%）、氮（13%~19%）。大多数蛋白质还含有硫（0%~4%），有些还含有少量磷或铁、铜、锌、锰、碘等元素。

蛋白质元素组成的一个重要特点是各种蛋白质的含氮量比较接近,平均为16%,即1g氮相当于6.25g蛋白质。由于体内含氮物质主要是蛋白质,因此,只要测出样品中氮的含量,就可得出蛋白质的含量。

考点链接

蛋白质元素组成的特点

$$100g 样品中蛋白质的含量 \% = 每克样品含氮克数 \times 6.25 \times 100\%$$

二、蛋白质的基本组成单位——氨基酸

蛋白质受酸、碱或蛋白酶作用后,其水解终产物是氨基酸。因此,氨基酸是蛋白质的基本组成单位。存在于自然界的氨基酸有300余种,但组成人体蛋白质的氨基酸仅有20种,都是α-氨基酸。其结构通式如下:

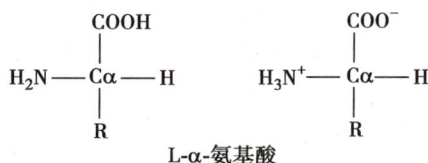

L-α-氨基酸

其中,R代表侧链,不同的氨基酸,侧链不同。其特点是:①除脯氨酸为亚氨基酸外,其余19种均符合上述通式;②除甘氨酸的R为H外,其他氨基酸的α-碳原子都是不对称碳原子,因而有两种不同的构型,即L型和D型。组成人体蛋白质的氨基酸都是L型。

根据氨基酸R侧链的结构和理化性质,可将20种氨基酸分为4类(表1-1):①非极性疏水性氨基酸,侧链为烃基、吲哚环、苯基、甲硫基等非极性基团,具有疏水性;②极性中性氨基酸,侧链上有羟基、巯基或酰胺基等极性基团,有亲水性但在中性水溶液中不电离;③酸性氨基酸,侧链上有羧基,在水溶液中能释放出H^+而具有酸性;④碱性氨基酸,侧链上有氨基、胍基或咪唑基,在水溶液中能结合H^+而具有碱性。

考点链接

氨基酸的结构特点及分类

表1-1 氨基酸的分类

氨基酸名称	简写符号	结构式	pI
非极性疏水性氨基酸			
甘氨酸	甘,Gly,G	CH_2-COO^- 上接 $^+NH_3$	5.97
丙氨酸	丙,Ala,A	$CH_3-CH-COO^-$ 下接 $^+NH_3$	6.00
缬氨酸	缬,Val,V	$(CH_3)_2CH-CHCOO^-$ 下接 $^+NH_3$	5.96
脯氨酸	脯,Pro,P		6.30

续表

氨基酸名称	简写符号	结构式	pI
苯丙氨酸	苯丙,Phe,F	$\text{C}_6\text{H}_5\text{CH}_2\text{—CHCOO}^-$（苯环） $\overset{|}{{}^+\text{NH}_3}$	5.48
亮氨酸	亮,Leu,L	$(\text{CH}_3)_2\text{CHCH}_2\text{—CHCOO}^-$ $\overset{|}{{}^+\text{NH}_3}$	5.98
异亮氨酸	异亮,Ile,I	$\text{CH}_3\text{CH}_2\text{CH—CHCOO}^-$ $\overset{|}{\text{CH}_3}\quad\overset{|}{{}^+\text{NH}_3}$	6.02
极性中性氨基酸			
丝氨酸	丝,Ser,S	$\text{HOCH}_2\text{—CHCOO}^-$ $\overset{|}{{}^+\text{NH}_3}$	5.68
谷氨酰胺	谷胺,Gln,Q	$\overset{\displaystyle O}{\overset{\|}{\text{H}_2\text{N—C}}}\text{—CH}_2\text{CH}_2\text{CHCOO}^-$ $\overset{|}{{}^+\text{NH}_3}$	5.65
苏氨酸	苏,Thr,T	$\text{CH}_3\text{CH—CHCOO}^-$ $\overset{|}{\text{OH}}\quad\overset{|}{{}^+\text{NH}_3}$	5.60
半胱氨酸	半胱,Cys,C	$\text{HSCH}_2\text{—CHCOO}^-$ $\overset{|}{{}^+\text{NH}_3}$	5.07
甲硫氨酸	甲硫,Met,M	$\text{CH}_3\text{SCH}_2\text{CH}_2\text{—CHCOO}^-$ $\overset{|}{{}^+\text{NH}_3}$	5.74
色氨酸	色,Trp,W	$\text{CH}_2\text{CH—COO}^-$（吲哚环） $\overset{|}{{}^+\text{NH}_3}$	5.89
酪氨酸	酪,Tyr,Y	$\text{HO—C}_6\text{H}_4\text{—CH}_2\text{—CHCOO}^-$ $\overset{|}{{}^+\text{NH}_3}$	5.66
天冬酰胺	天胺,Asn,N	$\overset{\displaystyle O}{\overset{\|}{\text{H}_2\text{N—C}}}\text{—CH}_2\text{CHCOO}^-$ $\overset{|}{{}^+\text{NH}_3}$	5.41
酸性氨基酸			
天冬氨酸	天,Asp,D	$\text{HOOCCH}_2\text{CHCOO}^-$ $\overset{|}{{}^+\text{NH}_3}$	2.97
谷氨酸	谷,Glu,E	$\text{HOOCCH}_2\text{CH}_2\text{CHCOO}^-$ $\overset{|}{{}^+\text{NH}_3}$	3.22

续表

氨基酸名称	简写符号	结构式	pI
		碱性氨基酸	
赖氨酸	赖，Lys，K	$NH_2CH_2CH_2CH_2CH_2CHCOO^-$ 下方 $^+NH_3$	9.74
精氨酸	精，Arg，R	$H_2N-C-NHCH_2CH_2CH_2CHCOO^-$ 上方 NH，下方 $^+NH_3$	10.76
组氨酸	组，His，H	咪唑环 $CH_2CH-COO^-$ 下方 $^+NH_3$	7.59

第二节 蛋白质的分子结构

蛋白质的分子结构非常复杂，每种蛋白质都有其特定的结构并执行独特的功能。蛋白质分子结构分成基本结构（一级结构）和空间结构（二、三、四级结构）。

考点链接

肽键的概念

一、蛋白质分子中氨基酸的连接方式

1. 肽键　一个氨基酸的 α- 羧基与另一个氨基酸的 α- 氨基脱水缩合而成的酰胺键（—CONH—）称为肽键。肽键属共价键，是蛋白质分子的主要化学键（主键）。

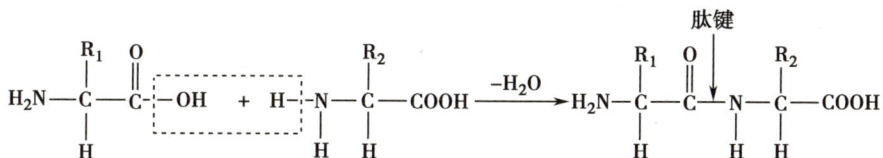

2. 肽　氨基酸通过肽键相连的化合物称为肽。由两个氨基酸缩合而成的肽称二肽，3 个氨基酸缩合成三肽。依此类推，一般来说，由 10 个以内氨基酸缩合而成的肽称为寡肽，十个以上的氨基酸缩合而成的肽称为多肽。

氨基酸分子脱水缩合形成肽后，已非原来的完整分子，故将其中的氨基酸称为氨基酸残基。蛋白质是由许多氨基酸残基通过肽键连接成的多肽链。多肽链结构具有方向性。每条多肽链有两个末端，氨基末端（N- 末端或 N- 端）和羧基末端（C- 末端或 C- 端）。书写时通常将 N 端写于左侧，C 端写于右侧。

3. 生物活性肽　在生物体内，具有调节功能的小分子肽，称为生物活性肽。生物活性肽是传递细胞之间信息的重要信息分子，在调节代谢、生长、发育、繁殖等生命活动中起重要作用。谷胱甘肽（GSH）是由谷氨酸、半胱氨酸和甘氨酸组成的三肽，它是体内重要的还原剂，分子中半胱氨酸的巯基(—SH)可保护细胞膜含巯基的蛋白质或酶免遭氧化,维持蛋白质或酶的活性。此外,GSH 的巯基可与外源性的药物、毒物等结合,阻断这些物质与 DNA、RNA 以及蛋白质结合,从而对机体起到保护作用。

二、蛋白质的一级结构

蛋白质的一级结构是指蛋白质多肽链中氨基酸的排列顺序。一级结构是蛋白质的基本结构,肽键是维持蛋白质一级结构的主要化学键。但某些蛋白质分子的一级结构中还有二硫键(—S—S—),是由两个半胱氨酸残基的巯基(—SH)脱氢而形成。胰岛素一级结构如图 1-1 所示。

> **考点链接**
> 蛋白质一级结构的概念

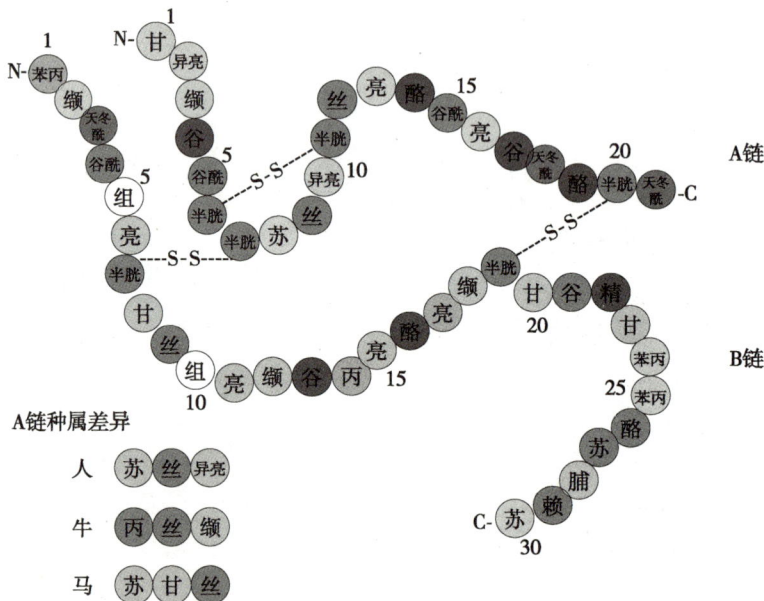

图 1-1　胰岛素的一级结构

蛋白质一级结构是决定空间结构的基础,在多肽链中氨基酸的数量、比例,以及排列顺序不同,形成了结构多种多样、功能各异的蛋白质。

三、蛋白质的空间结构

蛋白质分子内各原子围绕某些共价键的旋转而形成的各种空间排布及相互关系,称为蛋白质的构象。各种蛋白质的分子形状、理化特性和生物学活性主要取决于它特定的空间结构。

蛋白质的空间结构包括二级、三级和四级结构。

(一) 蛋白质的二级结构

蛋白质的二级结构是指多肽主链原子的局部空间排列,一般不涉及氨基酸残基侧链的构象。蛋白质二级结构包括 α- 螺旋、β- 折叠、β- 折角和无规则卷曲。α- 螺旋和 β- 折叠是二级结构的主要形式。维持蛋白质二级结构稳定的化学键是氢键。

1. α-螺旋(图1-2) 多肽链的主链围绕中心轴作有规律的螺旋式上升,螺旋的走向为顺时针方向,呈右手螺旋。氨基酸侧链位于螺旋外侧,螺旋上升一圈含3.6个氨基酸残基,螺距为0.54nm。每个肽键的亚氨基(N—H)氢与第四个肽键的羰基(—C=O)氧之间形成氢键,氢键方向与螺旋的长轴平行,因此,维持α-螺旋稳定的化学键是氢键。毛发中角蛋白的多肽链几乎都卷曲为α-螺旋。

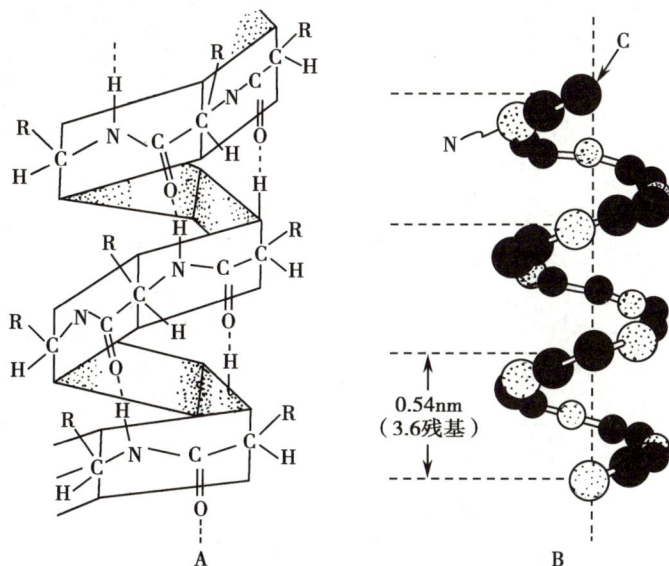

图1-2 α-螺旋结构示意图

2. β-折叠 蛋白质多肽链主链的走向呈锯齿状或折纸状的结构(图1-3)。在β-折叠中,以α-碳原子为转折点,相邻的肽键平面依次折叠成锯齿状结构,而氨基酸侧链则交替地分布于锯齿结构的上下方。β-折叠结构由一条多肽链反折或两条以上多肽链顺向或逆向平行排列而成。肽链之间的亚氨基氢和羰基氧形成的氢键,与肽链走向垂直,是维持β-折叠稳定的主要作用力。β-折叠主要见于蚕丝蛋白中。

3. β-转角和无规卷曲 β-转角是指多肽链出现180°回折所形成的U形结构。无规卷曲指多肽链局部形成没有规律的松散结构。维持β-转角和无规卷曲结构稳定的化学键是氢键。

> **考点链接**
> 蛋白质二级结构的概念、主要形式

(二)蛋白质的三级结构

蛋白质的多肽链在二级结构的基础上进一步盘曲或折叠形成具有一定规律的空间结构称为蛋白质的三级结构(图1-4)。三级结构涉及多肽链中所有原子的空间排布。一般为球状或椭圆状,并具有一定的生物学活性。维持蛋白质三级结构的作用力主要是多肽链侧链基团间所形成的次级键(非共价键)如氢键、离子键、疏水键、范德华引力等。其中以疏水键最为重要。

蛋白质具有三级结构才具有生物学活性,三级结构一旦破坏,生物学活性便丧失。

(三)蛋白质的四级结构

两个或两个以上亚基通过非共价键结合而形成的空间结构称为蛋白质的四级结构(图

9

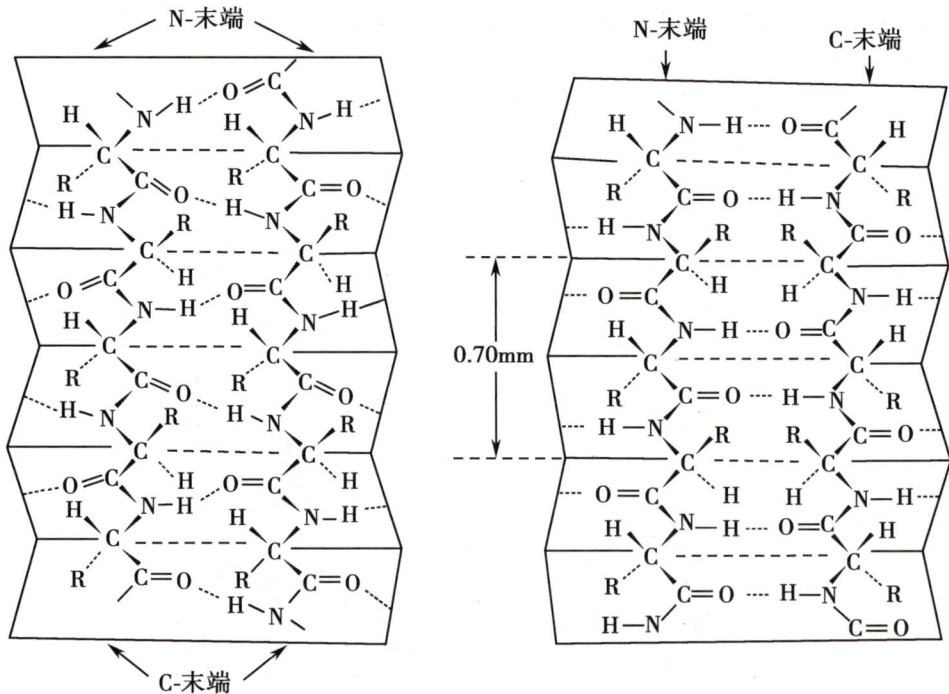

图 1-3 β-折叠结构示意图

1-4)。亚基是指具有独立三级结构的多肽链。一种蛋白质中亚基的结构可以相同，也可不同，单独一个亚基通常无生物活性。维持蛋白质四级结构的作用力主要是各亚基之间所形成的次级键如氢键、盐键、疏水键、范德华引力等。

考点链接

维持蛋白质各级结构稳定的作用力

血红蛋白是由 2 个 α 亚基和 2 个 β 亚基组成的四聚体，两种亚基的三级结构颇为相似，且每个亚基都结合有 1 个血红素辅基(图 1-5)。4 个亚基通过 8 个离子键相连，形成血红蛋白的四聚体，具有运输氧和 CO_2 的功能。每一个亚基单独存在时，虽可结合氧且与氧的亲和力增强，但在体内组织中难于释放氧。

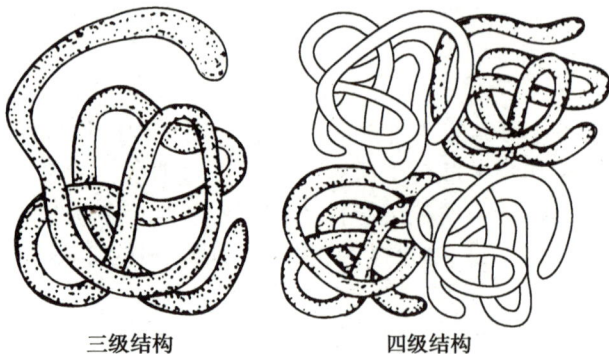

图 1-4 蛋白质的三级、四级结构

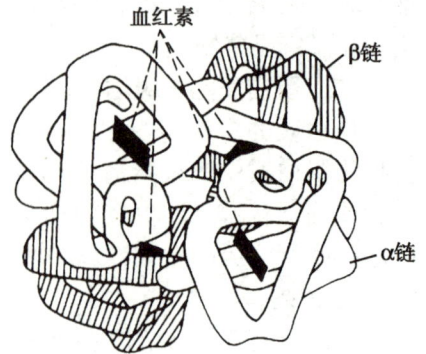

图 1-5 血红蛋白的四级结构

前沿知识

分子伴侣

蛋白质空间结构的正确形成除一级结构为决定因素外,还需要一类称为分子伴侣的蛋白质参与。这些分子伴侣能与未折叠多肽链上的疏水肽段结合,以避免疏水肽段错误聚集,保证多肽链能正确折叠。此外分子伴侣还可以与错误折叠的肽段结合,使其形成正确的构象,并能促进蛋白质分子中特定位置二硫键的形成。

第三节 蛋白质的结构与功能的关系

一、蛋白质一级结构与功能的关系

已有大量实验结果证明,一级结构相似的多肽或蛋白质,其空间结构以及功能也相似。例如人、猪、牛等哺乳动物胰岛素分子 A 链中 8、9、10 位和 B 链 30 位的氨基酸各不相同(见图 1-1),有种族差异性,但这并不影响它们都具有降低生物体血糖浓度的共同生理功能。可见,蛋白质一级结构在非关键部位氨基酸残基的改变,不会影响蛋白质的生物活性。

但蛋白质分子中关键活性部位氨基酸残基改变,会影响其生理功能,甚至造成分子病。例如镰状红细胞性贫血,就是由于血红蛋白分子中两个 β 亚基第 6 位正常的谷氨酸置换为缬氨酸,仅仅只有一个氨基酸的差异,就使血红蛋白的性质发生变化,互相"黏合"易聚集成丝状的大分子而沉淀,红细胞变为镰刀状而极易破碎,导致贫血。

二、蛋白质空间结构与功能的关系

蛋白质的功能与其空间结构(构象)密切相关。蛋白质的空间结构是其生物活性的基础,空间结构发生改变,其功能活性也随之改变。例如,核糖核酸酶是由 124 个氨基酸残基组成的单链蛋白质,分子中有 4 个二硫键及许多氢键维系其空间结构。如用尿素溶液和巯基乙醇处理核糖核酸酶,尿素可破坏维系其空间结构的氢键,巯基乙醇可将其分子中的二硫键还原为巯基,使该酶的正常构象(二级、三级结构)发生改变,但其一级结构未被破坏,此时该酶活性逐渐消失,直致丧失酶活性。但若通过透析方法除去尿素和巯基乙醇,并经氧化(使多肽链上的巯基重新形成二硫键),则酶分子的三级结构可逐渐恢复,同时其活性也得到恢复。

疯牛病是由朊病毒蛋白(PrP)引起的一组人和动物神经退行性病变。正常的 PrP 富含 α- 螺旋,称为 PrPc。PrPc 在某种未知蛋白质的作用下可转变成全为 β- 折叠的 PrPSc 而致病。

第四节 蛋白质的理化性质

一、蛋白质两性电离和等电点

蛋白质分子中的多肽链两端分别有 α- 氨基和 α- 羧基;侧链中的某些基团如谷氨酸、天冬氨酸残基中 γ 和 β- 羧基,赖氨酸残

考点链接

蛋白质在不同 pH 溶液中的电离

基中的 ε- 氨基,精氨酸残基中的胍基和组氨酸残基中的咪唑基等,这些基团在一定的 pH 溶液中可解离成带负电荷或带正电荷的基团。当蛋白质溶液处于某一 pH 时,蛋白质分子解离成阴、阳离子的趋势相等(净电荷为零),呈兼性离子时,此溶液的 pH 称为该蛋白质的等电点(pI)。

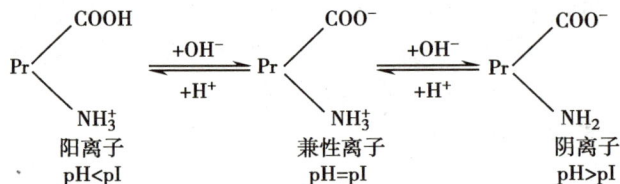

$$Pr \genfrac{}{}{0pt}{}{COOH}{NH_3^+} \underset{+H^+}{\overset{+OH^-}{\rightleftharpoons}} Pr \genfrac{}{}{0pt}{}{COO^-}{NH_3^+} \underset{+H^+}{\overset{+OH^-}{\rightleftharpoons}} Pr \genfrac{}{}{0pt}{}{COO^-}{NH_2}$$

阳离子　　　　　兼性离子　　　　　阴离子
pH<pI　　　　　 pH=pI　　　　　　 pH>pI

当蛋白质溶液的 pH>pI 时,该蛋白质颗粒带负电荷;当蛋白质溶液的 pH<pI 时,该蛋白质颗粒带正电荷;当蛋白质溶液的 pH=pI 时,该蛋白质颗粒不带电。人体内绝大多数蛋白质的 pI 在 5.0 左右,所以在 pH 7.4 的正常环境中以阴离子形式存在。

利用蛋白质具有两性解离的这一特性,可将混合蛋白质通过电泳法进行分离纯化。电泳指的是带电粒子在电场中向相反电极移动的现象。蛋白质泳动速度与本身的电荷性质、电荷量、相对分子质量和分子形状等有关。带电少、分子大的泳动速度慢,反之则快。临床常采用血清蛋白电泳作为疾病的辅助诊断依据。

二、蛋白质的胶体性质

蛋白质分子量大多数在 1 万到百万之间,分子直径在胶体(1~100nm)范围之内。因而,蛋白质的溶液为胶体溶液。蛋白质颗粒表面有许多亲水基团,可吸引水分子,使其表面形成一层稳定的水化膜;此外,在非等电点状态时,蛋白质颗粒表面带有同种电荷而相互排斥,水化膜和同种电荷可阻断蛋白质颗粒的相互聚集,防止蛋白质从溶液中沉淀析出。如果破坏蛋白质胶体的水化膜和同种电荷这两个稳定因素,蛋白质就易从溶液中析出(图 1-6)。

> **考点链接**
> 维持蛋白质胶体稳定的作用力

蛋白质是生物大分子,不能透过半透膜。实验室常选用孔径不同的半透膜(透析袋)来分离蛋白质,利用透析袋把大分子蛋白质与小分子化合物分开的方法称为透析。人体的细

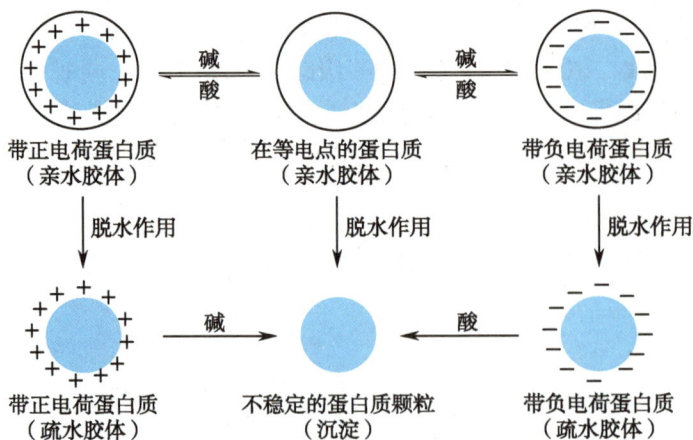

图 1-6 蛋白质胶体颗粒的沉淀

胞膜、线粒体膜和微血管壁等都具有半透膜的性质,这有助于体内各种蛋白质有规律地分布在膜内外,对维持细胞内外的水和电解质平衡具有重要的生理意义。

三、蛋白质的变性作用

在某些物理因素或化学因素的作用下,维持蛋白质空间结构的次级键断裂,天然构象被破坏,导致理化性质改变,生物活性丧失的现象,称为蛋白质的变性作用。引起蛋白质变性的物理因素有高温、高压、超声波、紫外线、强烈震荡等;化学因素有强酸、强碱、重金属盐、有机溶剂等。蛋白质变性的实质是次级键和空间结构破坏,一级结构不变。变性后蛋白质的生物学活性丧失,理化性质如溶解度显著降低,扩散常数降低,黏度增加,易被蛋白酶水解,吸收光谱改变。

> **考点链接**
>
> 蛋白质变性的概念,实质,特征及临床应用

蛋白质变性理论在医学实践中的应用十分广泛。临床上用煮沸、高压蒸汽、乙醇、紫外线照射等消毒,使菌体蛋白质变性失活,以杀灭细菌和病毒。将生物制剂如血清、激素、疫苗、酶类、抗体等蛋白质制剂放在低温下保存,是为了防止蛋白质变性。

四、蛋白质的沉淀和凝固

(一)蛋白质的沉淀

蛋白质从溶液中析出的现象称为蛋白质的沉淀。沉淀蛋白质的方法:

1. 盐析法 在蛋白质溶液中加入中性盐使蛋白质沉淀称为盐析。常用的中性盐有硫酸铵、硫酸钠、氯化钠等。

2. 有机溶剂沉淀法 乙醇、丙酮等有机溶剂是脱水剂,能破坏蛋白质颗粒的水化层,使蛋白质析出、沉淀,在 pI 时沉淀的效果更好。在常温下,这种方法能使蛋白质变性,如乙醇消毒灭菌。

3. 重金属盐沉淀法 金属离子可与蛋白质阴离子结合形成不溶性的蛋白盐而沉淀。临床上抢救误服重金属盐中毒的患者,常用大量清蛋白、酪蛋白及碳酸氢钠溶液灌胃,也可服用生鸡蛋、牛奶或豆浆阻止吸收,再用催吐剂将结合的重金属盐呕出以解毒。

4. 某些酸类沉淀法 鞣酸、苦味酸、钨酸和三氯乙酸的酸根负离子可与蛋白质正离子结合成不溶性的盐而沉淀。

(二)蛋白质的凝固

蛋白质分子变性后其严密有序的空间结构解体,变成杂乱松散、无序的长肽链结构,进一步相互缠绕结成一块,称为蛋白质的凝固。

五、蛋白质的呈色反应

蛋白质分子可与多种化学试剂反应,生成有色的化合物,这些呈色反应常用于蛋白质的定性或定量分析。常见的呈色反应有:①双缩脲反应:蛋白质多肽链中的肽键,在稀碱溶液中与硫酸铜反应生成紫红色化合物。临床上常用双缩脲法来测定血清总蛋白、血浆纤维蛋白原的含量。②酚试剂反应:蛋白质分子中的酪氨酸残基在碱性铜试剂存在下,与酚试剂(磷钨酸和磷钼酸)反应生成蓝色化合物。临床上常用酚试剂反应来测定血清黏蛋白、脑脊液中的蛋白质等微量蛋白质的含量。③染料结合反应:在 pH<pI 环境中,蛋白质分子带正电

荷(呈阳离子),能与阴离子染料结合产生颜色反应,其色泽的深浅与蛋白质含量成正比。用来测定蛋白质含量的染料有:溴甲酚绿、邻苯三酚红、考马斯亮蓝、丽春红 s 等。临床上常用染料结合反应来测定血清清蛋白、脑脊液蛋白的含量。

本章小结

　　蛋白质是生命活动的物质基础,具有多种生物学功能。氮是蛋白质的特征元素。蛋白质的基本组成单位是 20 种氨基酸。它们通过肽键形成多肽链,多肽链中氨基酸的排列顺序称为蛋白质的一级结构。在一级结构的基础上,多肽链进一步折叠、盘曲,形成蛋白质的空间结构,包括二、三、四级结构。二级结构是指蛋白质多肽链主链原子的局部空间结构,不涉及侧链结构。二级结构的主要形式是 α- 螺旋和 β- 折叠。维持二级结构的主要化学键是氢键。三极结构是指整条多肽链上所有原子的空间排布,既包括主链原子也包括侧链原子。四级结构是指两个或两个以上亚基聚合而形成的空间结构。蛋白质一级结构是空间结构和功能的基础。蛋白质是生物大分子,具有两性电离、呈色反应、变性、沉淀等理化性质。

目标测试

一、名词解释

1. 肽键　　2. 生物活性肽　　3. 蛋白质的一级结构　　4. 蛋白质的凝固

二、填空题

1. 人体蛋白质的基本组成单位是＿＿＿＿＿,共有＿＿＿＿＿种。

2. 碱性氨基酸有＿＿＿＿＿、＿＿＿＿＿、＿＿＿＿＿。

3. 酸性氨基酸有＿＿＿＿＿、＿＿＿＿＿。

4. 蛋白质的二级结构包括＿＿＿＿＿、＿＿＿＿＿、＿＿＿＿＿和＿＿＿＿＿。

5. 当蛋白质溶液的 pH 大于 pI 时,该蛋白质颗粒带＿＿＿＿＿电荷。

6. 人体内绝大多数蛋白质的 pI 在 5.0 左右,所以在 pH 7.4 的正常环境中以＿＿＿＿＿离子形式存在。

7. 利用透析袋把大分子蛋白质与小分子化合物分开的方法称为＿＿＿＿＿。

8. 使蛋白质胶体溶液稳定的因素是＿＿＿＿＿和＿＿＿＿＿。

9. 蛋白质从溶液中析出的现象称＿＿＿＿＿。

10. 蛋白质空间结构被破坏,理化性质改变,并失去其生物学活性称为＿＿＿＿＿。

三、简答题

1. 什么是蛋白质的二级、三级、四级结构?

2. 什么是蛋白质的变性作用? 引起蛋白质变性的理化因素有哪些?

3. 什么是蛋白质的沉淀? 蛋白质沉淀的方法有哪些?

(王　芳)

第二章 酶

02章

学习目标

1. 掌握:酶的概念,酶促反应的特点;单纯酶与结合酶,酶的活性中心与必需基团;酶原与酶原的激活;抑制剂对酶促反应速度的影响。
2. 熟悉:同工酶的概念;影响酶促反应速度的因素。
3. 了解:酶的命名与分类;酶与医学的关系。

新陈代谢是生命活动的基本特征,也是一切生命活动的基础。生物体内的新陈代谢过程是通过连续不断的、有条不紊的、各种各样的化学反应来进行的。这些化学反应如果在体外进行,通常需要在高温、高压、强酸、强碱等剧烈条件下才能发生。而在生物体内,这些反应却可以在极为温和的条件下就能高效和特异地进行。这是因为生物体内存在着一类极为重要的生物催化剂——酶。体内几乎所有的化学反应都是在酶的催化下完成的。酶在生物体物质代谢中发挥重要的作用,若某些酶缺失或活性的改变,均可导致体内物质代谢紊乱,甚至发生疾病。临床上还可通过测定某些酶的活性以协助诊断有关疾病。因此,酶与医学的关系十分密切。

第一节　酶的概念与酶促反应特点

前沿知识

核酶的发现

1981 年,Thomas Cech 和他的同事在研究四膜虫的 26S rRNA 前体加工去除基因中的内含子时获得一个惊奇发现:内含子的切除反应发生在只有核苷酸和纯化的 26S rRNA 前体而没有任何蛋白质催化剂的溶液中,可能的解释只能是:内含子的切除是由 26S rRNA 前体自身催化而不是蛋白质。为了证明这一发现,他们将编码 26S rRNA 前体 DNA 克隆到细菌中并在无细胞系统中转录成 26S rRNA 前体分子。结果发现人工制备的这种 26S rRNA 前体分子在没有任何蛋白质催化剂存在的情况下,前体分子中的内含子被切除了。这是人类第一次发现 RNA 具有催化化学反应的活性,这种具有催化活性的 RNA 称为核酶。此后,在酵母和真菌的线粒体 mRNA 和 tRNA 前体加工、某些细菌病毒的 mRNA 前体加工中都发现了这一现象。Thomas Cech 因发现了核酶而获得 1989 年诺贝尔化学奖。

一、酶的概念

酶（E）是由活细胞产生的,对其特异底物具有高效催化作用的蛋白质,又称生物催化剂。体内物质代谢反应几乎都是由酶所催化,酶是体内最主要的催化剂,如果没有酶就没有生命。酶所催化的反应称为酶促反应,被酶所催化的物质称为底物（S),生成的物质称为产物（P),酶所具有的催化能力称为酶活性,酶失去催化能力称为酶失活。

> 考点链接
> 酶的概念及酶促反应特点

二、酶促反应的特点

酶与一般催化剂有相同的性质,即只能催化热力学上允许的化学反应,只能加速可逆反应的进程,而不会改变反应的平衡点。在化学反应前后没有质和量的改变。加速化学反应的机制是降低反应的活化能。而酶作为生物催化剂,又具有一般催化剂所没有的特点。

（一）酶促反应具有高度催化效率

酶的催化效率极高,酶促反应速度比无催化剂反应速度高 $10^8\sim10^{20}$ 倍,比一般催化剂高 $10^7\sim10^{13}$ 倍。酶的催化效率高是因为酶比一般催化剂能更有效地降低反应的活化能,活化能降低,酶促反应速度则大大提高（图 2-1)。

（二）酶促反应具有高度的特异性

体内化学反应绝大多数都由专一的酶催化,酶对所作用的底物的选择性称为酶的特异性（专一性)。根据酶催化特异性程度上的差别,可分为绝对特异性、相对特异性和立体异构特异性三类。

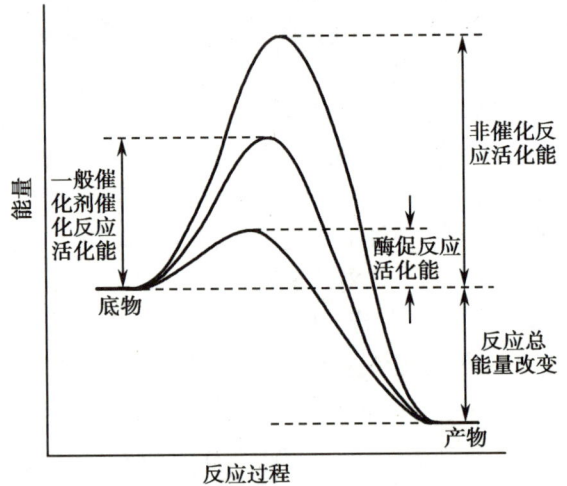

图 2-1 酶促反应活化能的改变

1. 绝对特异性 一种酶只催化一种底物或催化一定的化学反应并生成一定的产物称为绝对特异性。如脲酶只能催化尿素水解生成二氧化碳和氨,而对甲基尿素无催化作用。

2. 相对特异性 一种酶可作用于一类化合物或一种化学键进行反应称为相对特异性。如脂肪酶既能催化脂肪水解又能催化酯类物质水解。

3. 立体异构特异性 对具有同分异构体的底物分子而言,一种酶仅作用于底物立体异构体的一种形式,而对其他异构体无催化作用,酶的这种选择性称为立体异构特异性。如 L-乳酸脱氢酶只能催化 L- 乳酸,而对 D- 乳酸无催化作用。

（三）酶促反应具有高度不稳定性

酶的化学本质是蛋白质,因此强酸、强碱、高温、高压、有机溶剂、重金属盐、紫外线、剧烈震荡等任何使蛋白质变性的物理或化学因素都可使酶蛋白变性,从而影响酶的催化作用,甚至使酶失去活性。所以,在保存酶制品和测定酶活性时都应避免上述因素的影响。

（四）酶促反应具有可调节性

酶的催化活性受多种因素的调控而发生改变,其方式有多种,有的可提高酶的活性,有的可抑制酶的活性,从而使体内各种化学反应有条不紊、协调地进行,以适应不断变化的内、外环境和生命活动所需。

第二节　酶的分子结构与功能

一、酶的分子组成

根据酶的化学组成不同可将酶分为单纯酶和结合酶两大类。

(一) 单纯酶

单纯酶是仅由氨基酸残基构成的酶,它的催化活性取决于蛋白质的分子结构,如淀粉酶、脂肪酶、蛋白酶等水解酶。

(二) 结合酶

结合酶是由蛋白质和非蛋白质两部分组成的酶。前者称为酶蛋白,后者称为辅助因子,两者结合形成的复合物称为结合酶(全酶)。酶蛋白或辅助因子单独存在时均无活性,只有结合在一起才有催化活性。生物体内大多数酶都是结合酶。

> **考点链接**
> 结合酶的组成及作用

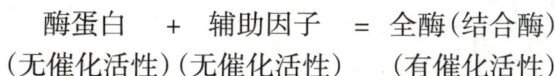

$$酶蛋白 + 辅助因子 = 全酶(结合酶)$$
$$(无催化活性)(无催化活性) (有催化活性)$$

辅助因子有两类,一类是金属离子(最常见),如 K^+、Mg^{2+}、Zn^{2+} 等;另一类是小分子有机化合物,如B族维生素等。辅助因子按其与酶蛋白结合的牢固程度不同可分为辅酶和辅基。与酶蛋白结合疏松,可用透析或超滤等方法使两者分开的称为辅酶;反之,与酶蛋白结合紧密,不能用透析或超滤等方法使两者分开的称为辅基。体内酶蛋白的种类很多,但酶的辅助因子种类并不多,所以一种辅酶或辅基可与不同的酶蛋白结合形成多种结合酶,而一种酶蛋白只能与一种辅助因子结合形成一种结合酶。由此可见,酶蛋白决定反应的特异性,而辅助因子决定反应的类型和性质,在酶促反应中起着传递电子、原子和化学基团的作用。

二、酶的活性中心与必需基团

酶分子很大,而酶分子中存在的各种化学基团并不一定都与酶的活性有关。其中那些与酶活性密切相关的化学基团称为酶的必需基团。这些必需基团在一级结构上可能相距较远,但在空间结构上却彼此靠近,组成具有特定空间结构的区域,能与底物特异地结合并将底物转化为产物,这一区域称为酶的活性中心。对于结合酶来说,某些辅酶或辅基也参与酶活性中心的组成。

> **考点链接**
> 酶的活性中心的概念

酶活性中心内的必需基团有两种:一种是结合基团,其作用是能识别底物,并与底物相结合形成酶底物复合物;另一种是催化基团,其作用是影响底物中某些化学键的稳定性,催化底物发生化学反应,并使之转化为产物。有的必需基团可同时具有这两方面的功能。还有一些必需基团虽然不参与活性中心的组成,但为维持酶活性中心特有的空间构象所必需,被称为酶活性中心外的必需基团(图2-2)。

三、酶原与酶原的激活

大多数酶在细胞内合成后即有催化活性,但有些分泌性的蛋白酶在细胞内合成或初分泌时是一种无活性的酶前体,需要在一定条件下才能转变为有活性的酶。这种无活性的酶的前体称为酶原,如凝血酶原、胰蛋白酶原等。在一定条件下,无活性的酶原转变为有活性的酶的过程称为酶原的激活。酶原激活的实质是去除一些抑制性的肽段,经变构形成或暴露酶的活性中心的过程。例如胰蛋白酶原在小肠受肠激酶的催化将其 N 端水解掉一个六肽,胰蛋白酶原分子结构发生改变,形成酶的活性中心,使无活性的胰蛋白酶原激活成为有催化活性的胰蛋白酶(图 2-3)。

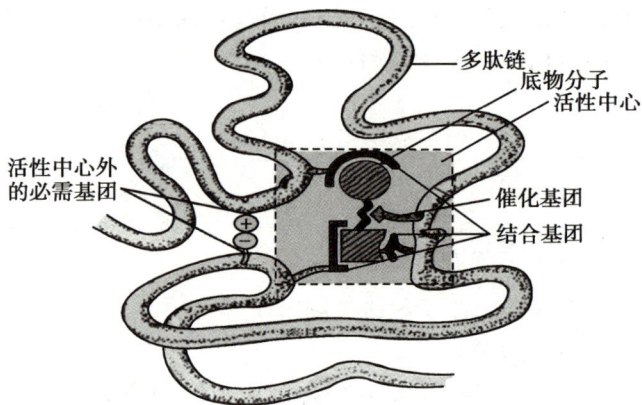

图 2-2 酶活性中心示意图

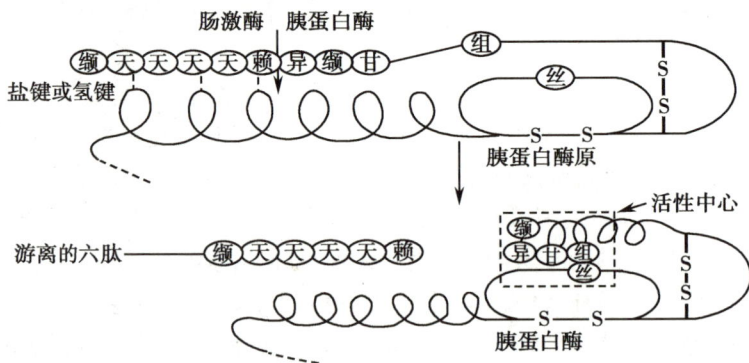

图 2-3 胰蛋白酶原的激活

酶原的存在与酶原激活具有重要的生理意义。一方面可以避免细胞产生的蛋白酶对细胞自身消化,另一方面可以使酶原在特定的部位和环境中受到激活并发挥其生理作用,保证体内物质代谢正常进行。如果酶原的激活过程发生异常,将导致一系列疾病的发生。例如胰蛋白酶原在未进入小肠时就被激活,激活的胰蛋白酶将水解自身的胰腺细胞,使胰腺出血、肿胀,从而导致出血性胰腺炎的发生。另外,酶原还可看作是酶的贮存形式。在正常情况下,血浆中许多凝血因子基本上是以无活性的酶原形式存在,当出血时,无活性的酶原就能转变为有活性的酶,并发挥其生理作用,激发血液凝固系统进行止血。

考点链接
酶原激活的实质及生理意义

四、同工酶

同工酶是指催化相同的化学反应,但酶蛋白的分子结构、理化性质和免疫学性质不同的一组酶。它们可以存在于生物的同一种属或同一个体

考点链接
同工酶的概念

的不同组织细胞中,甚至在同一组织或同一细胞的不同亚细胞器中。现已发现有几百种同工酶,其中人们研究最多并在临床检验中应用最广泛的是乳酸脱氢酶(LDH)和肌酸激酶(CK)。

乳酸脱氢酶是由 H 亚基和 M 亚基组成的四聚体。这两种亚基以不同的比例组成五种同工酶(图 2-4):LDH_1(H_4)、LDH_2(H_3M_1)、LDH_3(H_2M_2)、LDH_4(H_1M_3)和 LDH_5(M_4)。由于分子结构上的差异,五种同工酶具有不同的电泳速度,通常用电泳法可把五种 LDH 分开,其中 LDH_1 向正极泳动速度最快,而 LDH_5 泳动速度最慢。LDH 同工酶在各组织器官中的分布与含量不同,在心肌中以 LDH_1 活性最高,骨骼肌及肝中以 LDH_5 活性最高。在临床上可根据同工酶谱活性的改变对疾病进行诊断。如急性心肌梗死患者 LDH_1 明显升高,急性肝炎患者 LDH_5 明显升高。

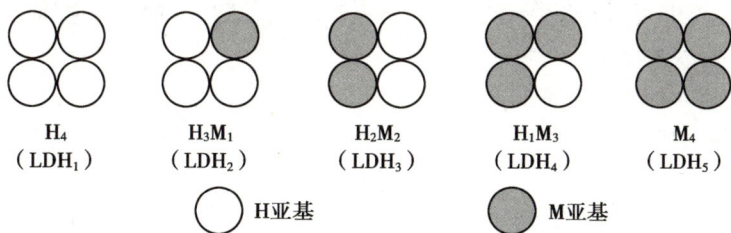

$$H_4 \quad H_3M_1 \quad H_2M_2 \quad H_1M_3 \quad M_4$$
$$(LDH_1) \quad (LDH_2) \quad (LDH_3) \quad (LDH_4) \quad (LDH_5)$$

○ H亚基　　● M亚基

图 2-4　乳酸脱氢酶的同工酶

肌酸激酶是由 M 亚基和 B 亚基组成的二聚体,共有三种同工酶,CK_1(BB)主要存在于脑组织,CK_2(MB)主要存在于心肌,CK_3(MM)主要存在于骨骼肌。当某组织细胞发生病变时,存在于该组织中的同工酶释放入血,使血清中同工酶谱发生变化,如脑损伤时血清中 CK_1 含量明显升高,急性心肌梗死时血清中 CK_2 含量明显升高。所以,通过测定血清中同工酶的活性有助于某些疾病的诊断和预防治疗。

第三节　影响酶促反应速度的因素

在临床上测定血清和尿液中酶的活性对于疾病的诊断和治疗都有重要意义。酶活性的充分发挥是决定酶促反应速度的主要因素,测定酶活性就是在一定的实验条件下测定酶促反应速度。酶促反应速度可以用单位时间内底物的减少量或产物的生成量来表示。酶促反应速度受多种因素的影响,主要包括底物浓度、酶浓度、温度、pH、激活剂和抑制剂等因素。在研究某一因素对酶促反应速度的影响时,应保持整个反应体系中的其他因素不变,并保持严格的反应初速度条件。了解影响酶促反应速度的各种因素,对酶含量测定、疾病的诊断和治疗等都有指导意义。

考点链接

影响酶促反应速度的因素

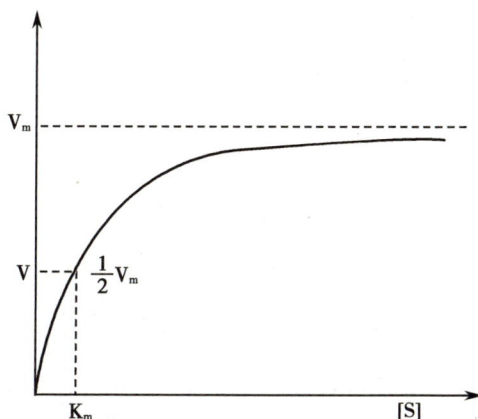

图 2-5　底物浓度对酶促反应速度的影响

一、底物浓度对酶促反应速度的影响

在酶浓度等其他因素不变的情况下,底物浓度对反应速度的影响作图呈矩形双曲线关系(图 2-5)。

由图可知在低底物浓度时,反应速度与底物浓度成正比例关系。随着底物浓度的逐渐增加,酶和底物的结合越来越多,反应速度的增幅下降,反应速度与底物浓度之间不再成正比例关系。底物浓度达到一定值时,几乎所有的酶都已经与底物结合,酶的活性中心已经被底物饱和,此时反应速度达到最大值(V_{max}),再增加底物浓度,反应速度不再加快。

米 - 曼氏方程式是反应速度与底物浓度之间关系的数学方程式,简称米氏方程式。

$$v=\frac{V_{max}[S]}{K_m+[S]}$$

其中[S]是底物浓度,v是不同[S]时的反应速度,V_{max}为最大反应速度,K_m为米氏常数。当$v=V_{max}/2$时,米氏方程式简化并整理可得知:$K_m=[S]$,即K_m值等于酶促反应速度为最大反应速度一半时的底物浓度。

米氏常数在酶学研究中有重要意义:

1. K_m值是酶的特征性常数之一　K_m值只与酶的性质、pH、温度等有关,与其浓度无关。不同的酶有不同的K_m值,测定K_m可以作为鉴别酶的一种手段。

2. K_m值可用来表示酶对底物的亲和力　K_m值越小,v越大,酶与底物的亲和力越大;反之,K_m值越大,v越小,酶与底物的亲和力越小。

3. K_m值可用于确定天然底物　同一种酶有几种不同的底物时,则对每一种底物都有一个特定的K_m值,其中K_m值最小的底物是天然底物或最适底物。

二、酶浓度对酶促反应速度的影响

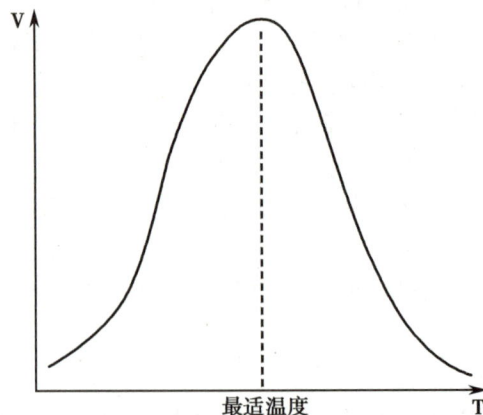

当底物浓度大大超过酶浓度,其他条件固定的情况下,酶促反应速度与酶浓度变化成正比例关系,作图呈直线(图 2-6)。

三、温度对酶促反应速度的影响

化学反应的速度随着温度升高而加快,但对于酶促反应来说温度具有双重影响。酶对温度极为敏感,当温度比较低时,酶促反应速度随着温度升高而加快,但当温度升高到一定程度时,酶蛋白开始发生变性,继续升高温度,酶促反应速度不再加快反而减慢。故温度对酶促反应速度作图呈一条钟形曲线。酶促反应速度最快时的环境温度称为酶的最适温度(图 2-7)。酶的最适温度不是酶的特征性常数,与反应时间有关。

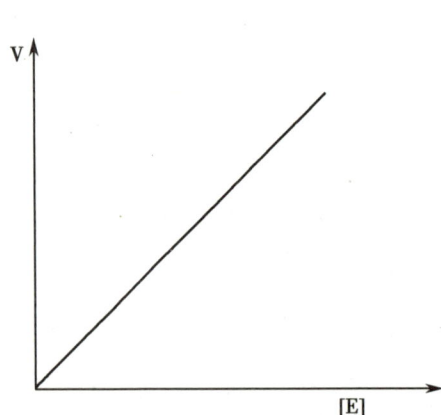

图 2-6　酶浓度对酶促反应速度的影响　　图 2-7　温度对酶促反应速度的影响

大多数温血动物组织中酶的最适温度在 35~40℃之间 (37℃左右,接近体温)。当温度升高到 60℃时,大多数酶开始变性,超过 80℃时,绝大多数酶的变性已不可逆。与高温不同的是,低温只是抑制酶的活性,温度回升时活性又可恢复,所以酶制品应该在低温下保存。

四、pH 对酶促反应速度的影响

酶促反应速度受环境 pH 的影响,pH 既能影响酶的解离,也能影响底物与辅酶的解离,从而影响 ES 的形成,导致酶促反应速度的改变。不同 pH 条件下,酶促反应的速度也不同。pH 过高或过低都会使酶变性失活,故 pH 对酶促反应速度作图呈一条钟形曲线。酶具有最大催化活性时的环境 pH 称为酶的最适 pH(图 2-8)。酶的最适 pH 不是酶的特征性常数,与底物浓度、缓冲液的种类、酶的纯度等因素有关。

大多数动物体内酶的最适 pH 在 6.5~8.0 之间 (7.40 左右,接近中性)。但也有例外,如胃蛋白酶的最适 pH 为 1.8,肝精氨酸酶的最适 pH 为 9.8。溶液的 pH 高于或低于最适 pH 时,酶的活性降低,远离最适 pH 时还会导致酶的变性失活。在测定酶的活性时,应选用适宜的缓冲液以保持酶活性的相对恒定。

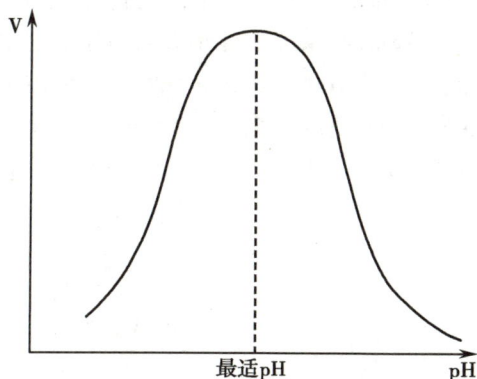

图 2-8 pH 对酶促反应速度的影响

五、激活剂对酶促反应速度的影响

凡能使酶由无活性变为有活性或使酶活性增强的物质都称为酶的激活剂。根据酶对激活剂的依赖程度不同可将激活剂分为必需激活剂和非必需激活剂。前者对酶促反应是不可缺少的,否则酶促反应将不能进行。必需激活剂多为金属离子,如 Mg^{2+},K^+ 等。非必需激活剂存在时可增加酶的活性,没有这类激活剂时,酶依旧有活性,如胆汁酸盐对脂肪酶的作用就是如此。

六、抑制剂对酶促反应速度的影响

病例分析

男性,28 岁,菜农。因腹痛 5 小时,呼吸困难,抽搐 1 小时急诊入院。上午在菜地喷洒杀虫药 1605 时,未按操作规程工作,时有药液溅身。中午自觉头晕、恶心、轻度腹痛,未作更衣及清洗即卧床休息。此后腹痛急剧,不时呕吐,出汗较多。来院前呼吸急促,口鼻有大量分泌物,两眼上翻,四肢抽搐。入院时神志不清,呼吸困难,口唇青紫,两侧瞳孔极度缩小,颈胸部肌肉震颤,两肺可闻水泡音,大小便失禁。

请问:1. 该患者病例应诊断为何种病症?依据是什么?

2. 该患者的发病机制是什么?

3. 临床该如何治疗?

凡能使酶的催化活性下降而不引起酶蛋白变性的物质称为酶的抑制剂。但强酸、强碱等造成酶变性失活,不属于酶的抑制剂。抑制剂通常与酶的活性中心内或外的必需基团特异地结合而导致酶活性降低或丧失,但除去抑制剂后,酶又可恢复其催化活性。通常根据抑制剂与酶结合的紧密程度不同,可分为不可逆性抑制作用和可逆性抑制作用两类。

(一) 不可逆性抑制

不可逆性抑制作用的抑制剂以共价键与酶活性中心上的必需基团结合,使酶丧失活性。因结合非常牢固不能用透析或超滤等简单的物理学方法使两者分开,所以这类抑制剂使酶活性受抑制后,必须用某些药物才能恢复酶活性。

例如,胆碱酯酶能催化乙酰胆碱水解生成胆碱和乙酸。农药有机磷杀虫剂(敌百虫、敌敌畏、农药 1605,1059 等)能专一地与胆碱酯酶活性中心结合,使酶失去活性,不能催化乙酰胆碱水解,造成副交感神经兴奋,表现出恶心、呕吐、多汗、肌肉震颤、瞳孔缩小、惊厥等一系列中毒症状。临床上用解磷定来治疗有机磷农药中毒。

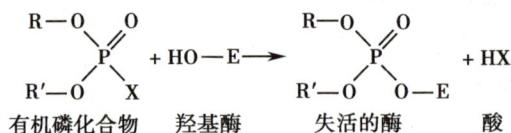

某些重金属离子(如 As、Hg、Ag 等)可与巯基酶的巯基结合,使酶失去活性。化学毒气路易士气是一种含砷化合物,能抑制体内巯基酶的活性而引起人畜中毒。重金属盐引起的巯基酶中毒可用二巯基丙醇(BAL)解毒。

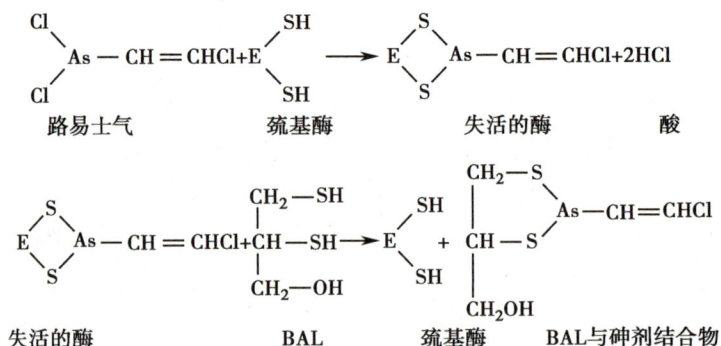

(二) 可逆性抑制

可逆性抑制作用的抑制剂以非共价键与酶或酶 - 底物复合物可逆地结合,使酶活性下降。因结合不甚牢固,可用透析或超滤等简单的物理学方法把酶与抑制剂分开,从而使酶恢复活性。可逆性抑制作用又可分为竞争性抑制作用和非竞争性抑制作用两类。

1. 竞争性抑制　抑制剂在化学结构上与底物结构相似,与底物竞争酶的活性中心,从而阻碍酶与底物结合,使底物与酶结合的概率减少,酶促反应速度减慢,这种抑制作用称为竞争性抑制。由于抑制剂、底物与酶的结合均可逆,所以抑制作用的强弱取决于抑制剂与底物的相对浓度及两者与酶的亲和力。在抑制剂浓度不变的情况下,增加底物浓度能减弱或消除抑制剂的抑制作用。

考点链接
竞争性抑制的特点

例如,丙二酸和琥珀酸的结构相似,是琥珀酸脱氢酶的竞争性抑制剂。酶的竞争性抑制在临床上应用广泛,如磺胺类药物抑制细菌的作用就是基于这一原理。细菌能利用对氨基苯甲酸、二氢蝶呤及谷氨酸作为原料,在细菌体内二氢叶酸合成酶的催化下合成二氢叶酸,进一步合成四氢叶酸,继而合成核酸,促进细菌的生长繁殖。磺胺类药物的化学结构与对氨基苯甲酸结构类似,故能与对氨基苯甲酸竞争细菌体内二氢叶酸合成酶的活性中心,造成该酶的活性受抑制,进而减少四氢叶酸的合成,使细菌合成核酸受阻,从而抑制细菌的生长繁殖。人类能直接利用食物中的叶酸,所以不受磺胺类药物的影响。根据竞争性抑制的特点,在使用磺胺类药物时,必须保持血液中药物的有效浓度,才能达到竞争性抑菌效果。

H2N—⟨ ⟩—COOH
PABA

H2N—⟨ ⟩—SO2NHR
磺胺类药

2. 非竞争性抑制　有些抑制剂与底物结构不相似,不能与底物竞争酶的活性中心,而是与酶的活性中心外的必需基团结合,不影响酶与底物的结合,底物与抑制剂之间无竞争关系,这种抑制作用称为非竞争性抑制。抑制作用的强弱取决于抑制剂本身浓度,不能通过增加底物浓度的方法消除抑制作用。竞争性抑制作用与非竞争性抑制作用机制示意图见图2-9。

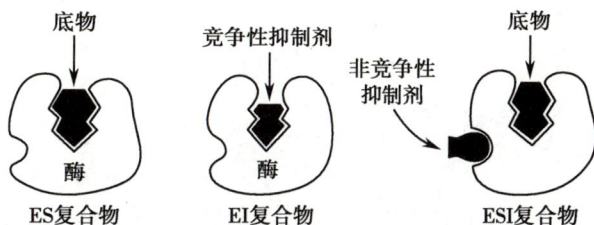

图 2-9　竞争性抑制作用与非竞争性抑制作用机制示意图

第四节　酶的命名与分类

一、酶的命名

酶的命名有习惯命名和系统命名两种方法。

(一) 习惯命名法

根据酶所催化的底物、反应类型以及酶的来源来命名的方法称为习惯命名法。如催化水解淀粉的酶称为淀粉酶,催化脱氢反应的酶称为脱氢酶。有些酶的命名除了上述两项原则外,还要加上酶的来源,如唾液淀粉酶等。

习惯命名法简单、易懂,应用历史较长,但缺乏系统性,常常出现一酶数名或一名数酶的现象。因此国际酶学委员会于1961年提出了系统命名法。

(二) 系统命名法

系统命名法要求标明酶的所有底物和反应类型,如果是多底物,底物名称之间以":"分隔,并附有一个由4组数字组成的酶的分类编号,数字前冠以EC,使每一种酶只有一种名称。例如,天冬氨酸氨基转移酶的系统名称为 L- 天冬氨酸:α- 酮戊二酸氨基转移酶,其编号为EC2.6.1.1。此法可以避免习惯命名法的混乱,但比较繁琐,使用不方便。

二、酶的分类

根据国际酶学委员会的规定,按酶促反应的性质将酶分为六大类:

1. 氧化还原酶类　指催化底物进行氧化还原反应的酶类。如乳酸脱氢酶,细胞色素氧化酶等。

2. 转移酶类 指催化底物之间进行某些基团的转移或交换的酶类。如转氨酶,甲基转移酶等。

3. 水解酶类 指催化底物发生水解反应的酶类。如淀粉酶,蛋白酶等。

4. 裂解酶类 指催化一个底物分解为两分子产物或其逆反应的酶类。如柠檬酸合成酶,醛缩酶等。

5. 异构酶类 指催化各种同分异构体之间相互转化的酶类。如磷酸葡萄糖变位酶,顺乌头酸酶等。

6. 合成酶类(或连接酶类) 指催化两分子底物合成一分子产物,同时还伴有消耗 ATP 的酶类。如谷氨酰胺合成酶,羧化酶等。

第五节　酶与医学的关系

前沿知识

生物酶在中药提取中的应用

所谓生物酶是指由活细胞产生的具有催化作用的有机物,大部分为蛋白质,也有极少部分为 RNA。其具有较高的催化作用,应用于工业生产中能够提高工作效率、减少污染、简化工艺程序。之所以酶具有良好的应用性主要在于其专一性强,催化条件温和,不需要满足某种特定的条件,从而有效的应用于工业生产中。

目前,生物酶在中药提取中以酶技术为主,通过其催化作用,有效地将纯度较高的中药成分提取出来。随着酶技术在中药中的广泛应用,在未来的日子里酶提取中药的效果、中药物理活性的筛选、酶反应产物结构的测定等方面将得到优化和发展。生物酶在中药提取中的应用是优化中药提取过程。中药提取一直是我国中药治疗中不可缺少的重要组成部分,通过中药提取将有应用价值的中药成分从药材中提取出来,从而促进中药治疗有效地进行。传统的中药提取方法比较简单,容易破坏中药成分的药效或者促使中药成分中含有多种杂质。随着可研究的发展,中药提取方法得到创新和优化,促使中药提取更加科学、有效。应用生物酶进行中药提取就是最好的说明,其通过酶技术的催化作用,在常温、常压下,能够将中药成分从中药材中有效的提取出来,并且提取的纯度较高,不含有杂质,不会破坏中药成分的药效。酶技术在中药提取中具有良好的应用性,是中药提取重要的手段之一。

生命活动离不开酶的催化作用,酶催化生物体内物质代谢有条不紊地进行,同时又对物质代谢发挥着灵敏的调节作用。人体的许多疾病与酶和酶活性的改变有关;血清中酶活性的改变对多种疾病的诊断有重要的价值;许多药物又可通过对酶的影响来治疗疾病。随着对酶研究的不断发展,酶在医学上的重要性越来越引起了人们的注意,应用也越来越广泛。

一、酶与疾病的发生

临床上有些疾病的发病机制是由于酶的质和量异常或酶活性受抑制所致。现已发现

140 多种先天性代谢缺陷中,多数由酶的先天性或遗传性缺损所致。例如,酪氨酸酶缺乏引起白化病,苯丙氨酸羟化酶缺乏使苯丙氨酸和苯丙酮酸在体内堆积,大量的苯丙酮酸从尿中排出,引起苯丙酮酸尿症;高浓度的苯丙氨酸可抑制 5-羟色胺的生成,导致精神幼稚化。许多中毒性疾病几乎都是由于某些酶活性被抑制所引起的,如有机磷农药中毒、重金属盐中毒、氰化物中毒等。

二、酶与疾病的诊断

正常人体内酶活性较稳定,当人体某些器官和组织受损或发生疾病后,导致血液或其他体液中一些酶活性异常,临床上测定这些酶的活性可帮助诊断疾病。如肝炎和其他原因引起的肝脏受损,大量转氨酶释放入血,使血清转氨酶活性升高;急性胰腺炎时,血清和尿中淀粉酶活性显著升高;心肌梗死时,血清乳酸脱氢酶和肌酸激酶活性明显升高;有机磷农药中毒时,血清胆碱酯酶活性下降;前列腺癌时,血清中的酸性磷酸酶活性增高等。因此,通过测定血液或其他体液中酶活性的改变有利于疾病的诊断和预后治疗。

另外,许多遗传性疾病是由于先天性缺乏某种酶所致,故在出生前,可从羊水或绒毛中检测该酶的活性,做出产前诊断,有助于预防先天性疾病的发生,提高人口素质。

三、酶与疾病的治疗

近年来,酶疗法已经被人们所认识,各种酶制品在临床上的应用也越来越普遍。酶可作为药剂用于治疗某些疾病。酶作为药物最早用于助消化,现在已扩大到消炎、抗凝、促凝、降压等方面。如胃蛋白酶、胰蛋白酶、淀粉酶等可用于帮助消化;磺胺类药物可通过竞争性抑制二氢叶酸合成酶的活性而达到抑菌的作用;尿激酶、链激酶、纤溶酶等可溶解血栓,防止血栓形成,可用于脑血栓、心肌梗死等疾病的防治;利用天冬酰胺酶分解天冬酰胺可抑制血癌细胞的生长;某些抗肿瘤药物能抑制细胞内核酸或蛋白质合成所需的酶类,从而抑制肿瘤细胞的分化与增殖,抑制肿瘤的生长。

📊 本章小结

酶是由活细胞产生的,对其特异底物具有高效催化作用的蛋白质,又称生物催化剂。酶促反应具有高度的催化效率、高度特异性、高度不稳定性和酶活性的可调节性。

根据酶的化学组成不同,酶可分为单纯酶和结合酶两大类。结合酶由酶蛋白和辅助因子构成,酶蛋白决定酶催化反应的特异性,辅助因子决定酶促反应的种类和性质。辅助因子在酶促反应中起传递电子、原子和化学基团的作用。由无活性的酶原转变为有活性的酶的过程称为酶原的激活。酶原激活的实质是形成或暴露酶的活性中心的过程。酶原的存在与激活具有重要的生理意义。同工酶是指催化相同的化学反应,而酶蛋白的分子结构、理化性质及免疫学性质不同的一组酶,在不同的组织和细胞中具有不同的代谢特点。

影响酶促反应速度的因素有底物浓度、酶浓度、温度、pH、激活剂和抑制剂等因素。底物浓度对反应速度的影响作图呈矩形双曲线关系,K_m 值等于酶促反应速度为最大速度一半时的底物浓度。最适温度和最适 pH 分别是酶促反应速度最快时的环境温度和环境 pH。

酶与医学的关系非常密切。酶缺失或其活性的改变均可导致体内物质代谢紊乱,甚至发生疾病。临床上还可通过测定某些酶的活性以协助诊断有关疾病和治疗疾病。

目标测试

一、名词解释

1. 酶　　2. 酶的特异性　　3. 酶的活性中心　　4. 酶原　　5. 酶原的激活
6. 同工酶　　7. 酶的最适温度　　8. 酶的最适 pH　　9. 抑制剂

二、填空题

1. 酶催化的机制是降低反应的_____,不改变反应的_____。

2. 酶促反应的特点包括_____、_____、_____和_____。

3. 酶的特异性包括_____特异性,_____特异性与立体异构特异性。

4. 酶活性中心内的必需基团分为_____和_____。

5. ____ 的激活实质上是酶的_____形成或暴露的过程。

6. 乳酸脱氢酶的亚基分为_____型和_____型。

7. 影响酶促反应速度的因素包括_____、_____、_____、_____、和_____。

8. 在酶浓度不变的情况下,底物浓度对酶促反应速度的作图呈_____线。

9. 同工酶是指催化的化学反应_____,但酶蛋白的分子结构,理化性质乃至免疫学性质_____的一组酶。

10. 最适 pH_____酶的特征性常数,其值受_____等影响。

11. 最适温度_____酶的特征性常数,反应时间延长,最适温度可能_____。

12. 不可逆性抑制剂常与酶的_____以_____键相结合。

13. 可逆性抑制中,_____抑制剂与酶的活性中心相结合,_____抑制剂与酶的活性中心外必需基因相结合。

三、简答题

1. 写出结合酶的组成及其各部分的功能。

2. 酶的必需基因有几种? 各有什么作用?

3. 说明酶原与酶原激活的生理意义。

4. 何谓同工酶,有何医学意义?

5. 简述底物浓度、温度、pH 对酶促反应速度的影响。

6. 以磺胺类药物的作用机制为例说明竞争性抑制的特点。

(祝红梅)

第三章 维 生 素

学习目标

1. 掌握:维生素的概念、主要生化功能、典型缺乏病。
2. 熟悉:维生素的活性形式、分类和缺乏的原因。
3. 了解:维生素的性质和来源。

维生素是人体为维持正常的生理功能必须从食物中摄取的微量有机物,在人体生长、代谢、发育过程中发挥着重要的作用。

第一节 概 述

一、维生素的概念

维生素(vitamin)又名维他命,是维持人体生命活动所必需的营养素,在人体内不能合成或合成量很少,必须由食物供给的一类低分子有机化合物。各种维生素的化学结构以及性质虽然不同,但它们却有着以下共同点:①均以维生素本身,或可被机体利用的前体化合物(维生素原)的形式存在于天然食物中;②不是构成机体组织和细胞的组成成分,也不会产生能量,主要是参与机体代谢的调节;③一般不能在体内合成或合成量太少,必须由食物提供;④人体对维生素的需要量很小,日需要量常以毫克(mg)或微克(μg)计算,但一旦缺乏就会引发相应的维生素缺乏病,对人体健康造成损害。

维生素种类很多,按其溶解性可分为脂溶性和水溶性两大类。

二、维生素缺乏病的原因

引起维生素缺乏的常见原因主要有以下几点:

1. 摄入量不足 如食物单一、烹饪破坏、贮存不当等。

考点链接
维生素的分类和缺乏原因

2. 吸收利用降低 消化系统疾病或者脂肪摄入量过少影响脂溶性维生素的吸收,如长期腹泻、呕吐等。

3. 维生素需要量相对增高 比如妊娠和哺乳期的妇女、儿童、特殊人群。

4. 使用抗生素不合理、不规范造成对维生素的需要量增加。

第二节　脂溶性维生素

脂溶性维生素包括维生素 A、维生素 D、维生素 E 和维生素 K。该类维生素的化学组成仅含碳、氢、氧;易溶于脂肪和脂溶剂而不易溶于水;可随脂肪被人体吸收并在体内蓄积,排泄率不高,故过量摄入可以引起中毒。

一、维生素 A

1. 化学本质与性质　维生素 A,又名视黄醇或抗干眼病维生素,是由 β-白芷酮环和两分子异戊二烯构成的 20 碳多烯化合物,视黄醇、视黄醛、视黄酸是维生素 A 的活性形式。天然维生素 A 有 A_1 及 A_2 两种形式。A_1 又称视黄醇,A_2 又称 3-脱氢视黄醇。维生素 A 在动物性食物中含量丰富,最好的来源是各种动物肝脏、蛋类、鱼卵、乳类、鱼肝油等。植物性食物中的胡萝卜素在体内可转变成维生素 A,故又称为维生素 A 原。植物中的黄、红色素很多是胡萝卜素,其中最重要的是 β-胡萝卜素。其良好来源是深色蔬菜和水果,如红心红薯、胡萝卜、芹菜叶、西兰花、芒果、杏子、柿子等。

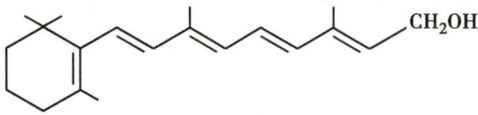

视黄醇（维生素A_1,全反型）　　　　3-脱氢视黄醇（维生素A_2,全反型）

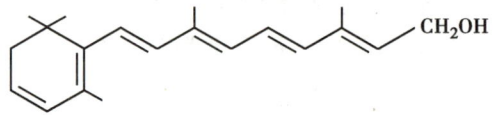

维生素 A 和胡萝卜素遇热和碱均稳定,一般烹调和罐头加工不易破坏。但是维生素 A 极易氧化,特别在高温条件下,紫外线照射可加快其氧化破坏。脂肪氧化变质时,其中的维生素 A 也会遭受破坏。故维生素 A 制剂(如鱼肝油)应储存于棕色瓶内,避光保存。

维生素 A 摄入过量可引起中毒,表现为食欲减退、头痛、呕吐、脱发、肌肉疼痛等。大量摄入胡萝卜素皮肤可出现类似黄疸症状,停止食用后症状可逐渐消失。

2. 生理功能与缺乏症

(1) 维持正常视觉:维生素 A 参与视觉细胞内感光物质的合成与再生,与暗光下的视觉有密切关系。视网膜杆状细胞内感受弱光的视紫红质由 11-顺视黄醛与视蛋白组成。当视紫红质感光时,11-顺视黄醛迅速异构为全反型视黄醛而与视蛋白分离,并释放能量,产生视觉神经冲动,使人在弱光或暗光下可以看清周围环境。视网膜内产生的全反型视黄醛少部分异构为 11-顺视黄醛,大部分被还原为全反型视黄醇,再异构为 11-顺视黄醇,后者经氧化生成 11-顺视黄醛,重新与视蛋白结合成视紫红质,形成视循环(图 3-1)。

维生素 A 缺乏时,11-顺视黄醛补充不足,视紫红质合成减少,对弱光或暗光敏感性降低,最早出现的症状是暗适应能力下降,即在黑暗中看不清物体,在弱光下视力减退,暗适应时间延长,严重者可致夜盲症。

(2) 促进生长发育和维护上皮组织健

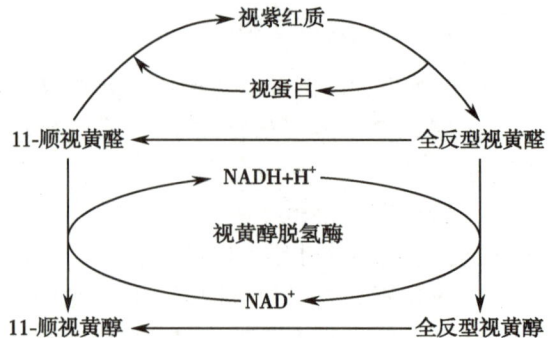

图 3-1　视紫红质的合成与分解

康:维生素 A 促进糖蛋白的合成,从而对组织细胞的生长、发育、分化和成熟起重要作用。故维生素 A 具有促进生长发育和维持上皮组织结构的完整与健全的作用。维生素 A 缺乏

时,糖蛋白合成障碍,上皮组织、尤其黏膜细胞就会干燥、增生、角化及脱屑,尤以眼、呼吸道、消化道、泌尿生殖系统等的上皮黏膜最为显著。由于上皮组织的不健全,机体抵抗微生物侵袭的能力降低,易患感染性疾病。泪腺上皮细胞角化、粗糙、可致泪液分泌减少,角膜干燥,引起眼干燥症,严重者可导致失明。

(3)抑制肿瘤生长:维生素 A 具有一定的抗氧化作用,能清除组织中有害的氧自由基,延缓或阻止癌前病变,防止化学致癌物作用,能抑制多种上皮肿瘤的发生和发展。

(4)维持机体正常免疫功能:缺乏维生素 A 可引起免疫功能低下。

二、维生素 D

病例分析

患儿,六个月,方颅,体格检查,铜 $14.88\mu mol/L$,锌 $32.71\mu mol/L$,钙 $1.9mmol/L$,镁 $1.38mmol/L$,骨源性碱性磷酸酶 $220U/L$。

该患儿的症状是由于缺乏哪种维生素引起的?

1. 化学本质与性质 维生素 D 又称钙化醇,抗佝偻病维生素。为类固醇衍生物,主要包括维生素 D_2 和维生素 D_3。动物性食品中含有较多的维生素 D,如肝、奶及蛋黄中含量较多,尤以鱼肝油含量最丰富。人体皮下组织中的 7-脱氢胆固醇经紫外线照射可转化为维生素 D_3,植物油和酵母中的麦角固醇经紫外线照射可转化为维生素 D_2。因此适当日光浴对婴幼儿、地面下工作人员非常必要,它可增加自身体内维生素 D 的产生。

维生素 D 的化学性质比较稳定,在中性和碱性环境中耐热,不易被氧化破坏,在 $130℃$ 加热 90 分钟,仍能保持其活性。酸性时逐渐分解破坏。烹调加工不会损失,脂肪酸败时可被破坏。

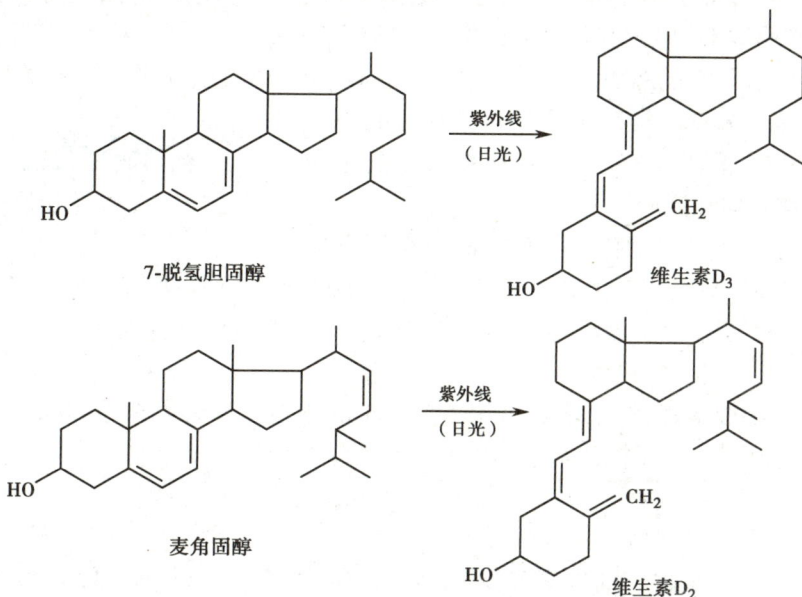

7-脱氢胆固醇 → 紫外线(日光) → 维生素 D_3

麦角固醇 → 紫外线(日光) → 维生素 D_2

维生素 D 的活性形式是先后在肝脏及肾脏中进行羟化反应生成的 1,25-$(OH)_2$-D_3。过量摄入可引起中毒,出现食欲缺乏、口渴、眼睛发炎、呕吐等症状。

2. 生理功能与缺乏症　1,25-$(OH)_2$-D_3 具有促进钙、磷在肠道内的吸收和肾小管内的再吸收,从而维持血液中钙、磷的正常浓度。维生素 D 还能促进软骨及牙齿的钙化,并不断更新以维持其正常生长。

维生素 D 缺乏,引起钙磷吸收减少,血钙水平下降,骨骼钙化受阻,导致骨质软化、变形,在婴幼儿期发生佝偻病,在成人可发生骨质软化症,特别是妊娠、哺乳期妇女,还有骨质疏松症,手足痉挛症。

> **考点链接**
> 维生素 D 的生理功能与缺乏症

三、维生素 E

1. 化学本质与性质　维生素 E 又称生育酚、抗不孕维生素。维生素 E 是苯骈二氢吡喃的衍生物,包括生育酚和生育三烯酚。维生素 E 广泛存在于植物油、肉类、蔬菜中。

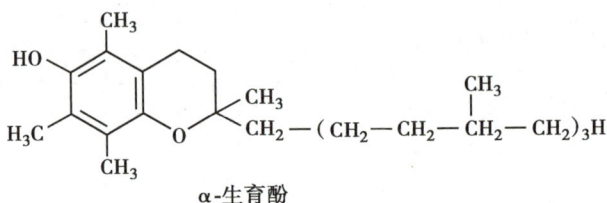

α-生育酚

维生素 E 为脂溶性,溶于乙醇与脂溶剂,不溶于水,对氧敏感,容易氧化破坏。油脂酸败时维生素 E 多被破坏。食物中的维生素 E 较稳定,一般烹调加工损失不大,但高温(如油炸食品)可使维生素 E 的活性明显降低。

2. 生理功能与缺乏症

(1) 抗氧化作用:维生素 E 是一种很强的抗氧化剂,在体内能保护细胞免受自由基的危害,避免生物膜上脂质过氧化物产生,减少细胞内脂褐素的生成,并能阻止亚硝胺等致癌物的生成。因此,维生素 E 具有保护生物膜的结构与功能,改善皮肤弹性,提高免疫力,延缓衰老,防止动脉粥样硬化、肌营养不良症的发生和防癌的作用。

(2) 维持生殖器官正常功能:维生素 E 与动物的生殖功能和精子生成有关,缺乏时可出现睾丸变性,孕育异常。维生素 E 还可以促进雌激素和孕激素的分泌,所以临床上常用维生素 E 治疗不孕症、先兆流产和习惯性流产。

> **考点链接**
> 维生素 E 的生理功能

(3) 促进血红素代谢:维生素 E 能使血红素合成的关键酶 δ- 氨基 γ- 酮戊酸(ALA)合酶及 ALA 脱水酶的活性提高,促进血红素的合成。缺乏维生素 E 时,新生儿可引起贫血,所以孕妇及哺乳期的妇女及新生儿应注意补充维生素 E。

(4) 抑制血小板聚集:维生素 E 可调节血小板的黏附力和聚集作用,保证血流畅通。缺少时可引起血栓形成,心肌梗死与脑卒中的危险性也会增加。

四、维生素 K

1. 化学本质与性质　维生素 K 又叫做凝血维生素,为 2- 甲基 -1,4- 萘醌的衍生物。

维生素 K 在自然界中主要以维生素 K_1、K_2 两种形式存在。现在人工合成的有维生素 K_3、K_4,是水溶性的。维生素 K_1 主要存在于深绿色蔬菜和植物油中;维生素 K_2 是人体肠道细菌的代谢产物。临床上运用较多的是人工合成的水溶性的维生素 K_3,可以口服和肌内注射。

维生素 K 在动物肝脏、鱼、肉和绿叶蔬菜中含量丰富,主要吸收部位在小肠,吸收后经淋巴进入血液,并转运至肝内储存。

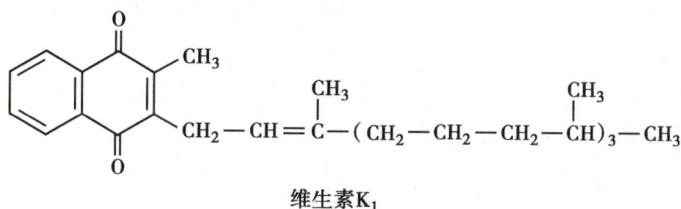

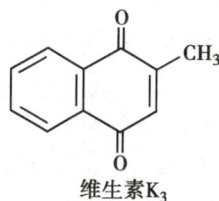

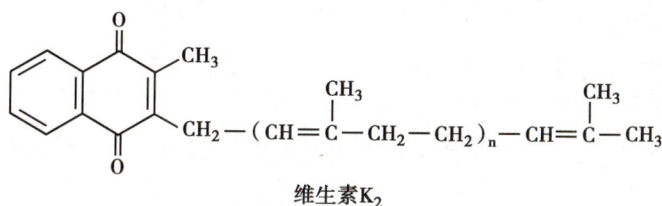

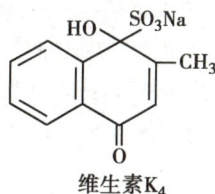

维生素K_1

维生素K_3

维生素K_2

维生素K_4

2. 生理功能和缺乏症

(1) 促进凝血作用:维生素 K 是 γ- 谷氨酰羧化酶的辅酶,在肝细胞中,γ- 谷氨酰羧化酶可催化凝血因子Ⅱ、Ⅶ、Ⅸ、Ⅹ 中的谷氨酸残基(Glu)进行羧化转变为 γ- 羧基谷氨酸(Gla),使无活性的凝血因子前体转变为具有凝血功能的活性形式,所以,维生素 K 是合成凝血因子所必需的。维生素 K 缺乏的主要症状是凝血障碍,皮下、肌肉及肠道出血。由于维生素 K 不能通过胎盘,新生儿出生后肠道内又无细菌,因此新生儿易发生维生素 K 的缺乏。

(2) 参与骨代谢:骨骼中骨钙蛋白和骨基质蛋白均是维生素 K 依赖性蛋白。

第三节 水溶性维生素

水溶性维生素易溶于水而不易溶于脂肪和脂溶剂。包括维生素 B 族(维生素 B_1、维生素 B_2、烟酸、维生素 B_6、叶酸、维生素 B_{12}、泛酸、生物素等)和维生素 C。B 族维生素是构成机体多种酶系的重要辅基或辅酶,参与机体蛋白质、脂肪、糖类等多种物质代谢;吸收后体内储存很少,过量的多从尿中排出,一般不会引起中毒,但摄入过量时常干扰其他营养素的代谢。

一、维生素 B_1

1. 化学本质与性质 维生素 B_1 又称硫胺素、抗脚气病维生素。维生素 B_1 为白色结晶,易溶于水,在酸性溶液中稳定,比较耐热,不易被破坏;在碱性溶液中对热极不稳定,一般加温煮沸可使其大部分破坏。煮粥、蒸馒头时加碱,会造成维生素 B_1 大量损失。维生素 B_1 容易被小肠吸收,进入血液后在肝脏及脑组织中被硫胺素焦磷酸激酶催化生成焦磷酸硫胺素(TPP)。TPP 是维生素 B_1 的活性形式,占体内硫胺素总量的 80%。

硫胺素　　　　　　　　　　　　　焦磷酸硫胺素

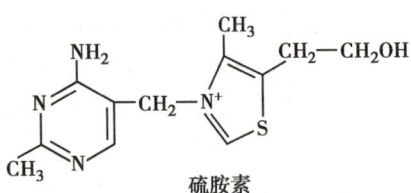

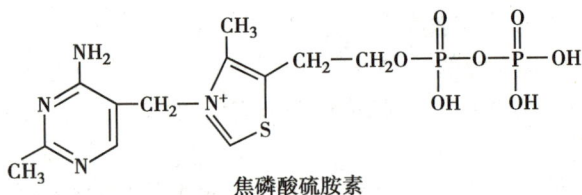

维生素 B_1 广泛存在于各类食物中,其良好来源是动物内脏(肝、肾、心)和瘦肉、全谷类、豆类和坚果类。谷物为我国人民的主食,也是维生素 B_1 的主要来源,但米面加工精度过高会造成维生素 B_1 大量损失。

2. 生理功能与缺乏症　维生素 B_1 在维持神经、肌肉特别是心肌正常功能以及促进胃肠蠕动和消化液分泌、维持正常食欲等方面也起着重要作用。

(1) α- 酮酸氧化脱羧酶的辅酶:TPP 是 α- 酮酸氧化脱羧酶的辅酶,参与生物氧化过程中 α- 酮酸的氧化脱羧基作用。维生素 B_1 缺乏时,TPP 合成不足,丙酮酸和 α- 酮戊二酸等 α- 酮酸的氧化脱羧发生障碍,导致体内营养物质氧化供能受阻,血液和神经组织中丙酮酸和乳酸含量增多,产生脚气病。临床上以消化系统、神经系统及心血管系统的症状为主,主要表现为乏力、恶心,指趾麻木、肌肉酸痛,下肢水肿、心力衰竭等。

> **考点链接**
> 维生素 B_1 的缺乏症

(2) 抑制胆碱酯酶的活性:胆碱酯酶能催化乙酰胆碱的水解,在神经传导中起一定作用。维生素 B_1 缺乏时,可出现消化液分泌减少,胃肠蠕动缓慢,食欲缺乏,消化不良等症状。

二、维生素 B_2

1. 化学本质与性质　维生素 B_2 又称核黄素,是一种核醇与 6,7- 二甲基异咯嗪的缩合物,为橙黄色针状结晶,带有微苦味,在水中溶解度较低,在酸性溶液中对热稳定,在碱性溶液中易分解破坏。其异咯嗪环上的第 1 及第 10 位氮原子与活泼的双键连接,能可逆的接受或释放氢,因而具有氧化还原特性。

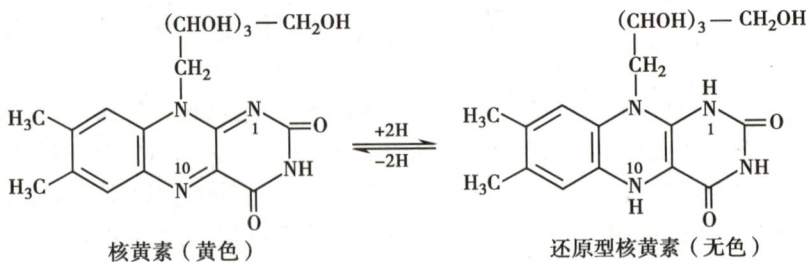

核黄素（黄色）　　　　　　　　　还原型核黄素（无色）

维生素 B_2 是我国居民膳食中最容易缺乏的维生素。动物性食物,尤其是肝、肾、心、蛋黄、乳类中含量丰富;植物性食物中绿叶蔬菜及豆类含量较多,而粮谷类含量较低。

2. 生理功能与缺乏症　维生素 B_2 是多种黄素酶的辅酶,维生素 B_2 的活性形式是黄素单核苷酸(FMN)和黄素腺嘌呤二核苷酸(FAD)。FMN 和 FAD 是体内多种脱氢酶(如琥珀酸脱氢酶、脂酰辅酶 A 脱氢酶、黄嘌呤氧化酶等)的辅基,在体内生物氧化中起递氢体作用,能促进蛋白质、脂肪、糖类代谢和能量代谢,对维持皮肤、黏膜和视觉的功能有一定的作用。维生素 B_2 缺乏的主要表现有口

> **考点链接**
> 维生素 B_2 的缺乏症

角炎、唇炎、舌炎、眼睑炎、脂溢性皮炎和阴囊炎。

维生素 B_2 还与红细胞生成以及铁的吸收和利用有关,补充维生素 B_2 对防治缺铁性贫血有重要作用。临床上,用光照疗法治疗新生儿黄疸时,在破坏皮肤胆红素的同时,核黄素也遭到破坏,引起新生儿维生素 B_2 缺乏症。

三、维生素 PP

1. 化学本质与性质 维生素 PP 曾称尼克酸、抗糙皮病维生素或抗癞皮病维生素,包括烟酸和烟酰胺,是一种白色晶体,溶于水,性质稳定,在酸、碱、光、氧环境中加热也不易破坏,通常食物加工烹调损失极少。

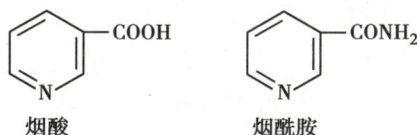

烟酸　　　　　　　烟酰胺

烟酸广泛存在于动植物食物中,肝、肾、瘦肉、鱼等动物性食品和谷类、豆类中含量丰富。

2. 生理功能和缺乏病 维生素 PP 在体内以辅酶的形式参与脱氢酶的组成,维生素 PP 的活性形式是烟酰胺腺嘌呤二核苷酸(NAD^+)和烟酰胺腺嘌呤二核苷酸磷酸($NADP^+$),是生物氧化还原反应中重要的递氢体,并参与糖类、脂类、蛋白质代谢和能量代谢。烟酸是葡萄糖耐量因子的重要成分,具有增强胰岛素效能的作用。

烟酸缺乏可引起癞皮病,其典型症状为皮炎(dermatitis)、腹泻(diarrhea)和痴呆(dementia),即"三 D 症状"。其中皮肤症状最具特征性,主要表现为裸露皮肤及易摩擦部位出现对称晒斑样损伤;胃肠症状可有食欲缺乏、恶心、呕吐、腹痛、腹泻等;神经症状可表现为失眠、衰弱、乏力、抑郁、淡漠,甚至痴呆。但长期以玉米为主食者易缺乏维生素 PP,抗结核药物异烟肼的结构与维生素 PP 十分相似,两者有拮抗作用,因此长期服用异烟肼可引起维生素 PP 的缺乏。

前沿知识

近年研究发现,维生素 PP 能抑制脂肪动员,使肝中 VLDL 的合成下降,从而降低血浆甘油三酯。所以,临床上烟酸作为药物可以用于高脂血症。但是大量服用烟酸或烟酰胺(每日 1~6g)会引发血管扩张、脸颊潮红、痤疮及胃肠不适等症状。长期日服用量超过 500mg 可引起肝损伤。

四、维生素 B_6

1. 化学本质与性质 维生素 B_6 包括吡哆醇、吡哆醛和吡哆胺,三者可以相互转化。维生素 B_6 为无色晶体,在酸性环境中比较稳定,但易被碱破坏,中性环境中易被光破坏,高温下可迅速被破坏。

吡哆醇　　　　　　吡哆醛　　　　　　吡哆胺

维生素 B_6 在动植物中分布很广泛,麦胚芽、米糠、大豆、酵母、蛋黄、动物肝脏、动物肾脏、肉、鱼以及绿叶蔬菜中含量很丰富。人体肠道细菌虽可合成维生素 B_6,但只有少量被吸收、利用。

2. 生理功能和缺乏症 维生素 B_6 的活性形式是磷酸吡哆醛和磷酸吡哆胺,它们是氨基酸氨基转移酶的辅酶,它们通过相互转化,发挥其转移氨基的作用。

磷酸吡哆醛是氨基酸脱羧酶的辅酶,谷氨酸脱羧产物 γ-氨基丁酸是抑制性神经递质,临床上常用维生素 B_6 治疗小儿惊厥、妊娠呕吐和精神焦虑等。

磷酸吡哆醛还是血红素合成的限速酶 δ-氨基-γ-酮戊酸(ALA)合酶的辅酶,维生素 B_6 缺乏时血红素的合成受阻,造成低色素小细胞性贫血和血清铁增高。

人类未发现维生素 B_6 缺乏的典型病例。抗结核药异烟肼可以和吡哆醛结合生成腙从尿中排出,易引起维生素 B_6 缺乏症。因此,在长期服用异烟肼时,应注意补充维生素 B_6。过量服用维生素 B_6 可引起中毒,临床表现为周围感觉神经病。

> **考点链接**
>
> 长期服用异烟肼时,要补充哪些维生素

> **前沿知识**
>
> 磷酸吡哆醛还是同型半胱氨酸分解代谢的辅酶,参与同型半胱氨酸转化为甲硫氨酸的反应,缺乏维生素 B_6 可产生高同型半胱氨酸血症。近年发现,高同型半胱氨酸血症是心脑血管疾病、血栓生成和高血压的危险因子。

五、泛酸

1. 化学本质与性质 泛酸又称遍多酸,由二甲基二羟基丁酸和 β-丙氨酸组成,因广泛存在于动植物组织中而得名。是浅黄色黏稠状物,能溶于水。对酸碱和热都不稳定。

2. 生理功能和缺乏症 泛酸经磷酸化并获得巯基乙胺而生成 4-磷酸泛酰巯基乙胺,参与辅酶 A(CoA)及酰基载体蛋白(ACP)的组成,所以 CoA 及 ACP 为泛酸在体内的活性形式。CoA 及 ACP 是体内 70 多种酶的辅酶,广泛参与糖、脂类、蛋白质代谢及肝的生物转化作用。辅酶 A(CoA)的结构式见图 3-2。

因泛酸分布广泛,肠道细菌也可以合成,所以很少出现缺乏症。

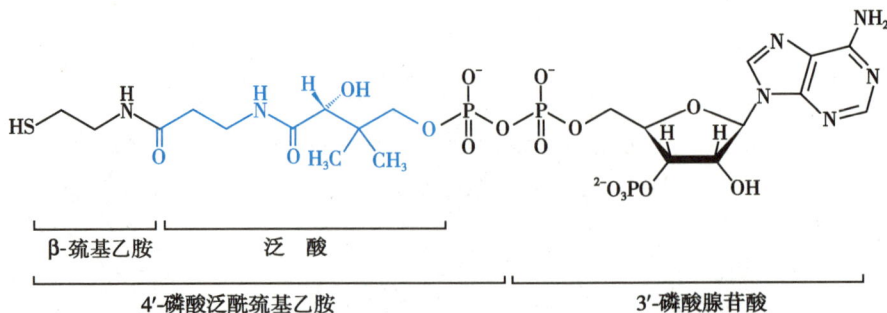

图 3-2 辅酶 A(CoA)的结构式

六、生物素

1. 化学本质与性质　生物素又称维生素 H、维生素 B_7、辅酶 R 等。自然界存在的生物素至少有两种，α-生物素和 β-生物素。

2. 生理功能和缺乏症　生物素是体内多种羧化酶的辅基，参与体内 CO_2 的固定过程，与糖、脂肪、蛋白质和核酸的代谢密切相关，还参与细胞信号传导和基因表达，影响细胞周期、转录和 DNA 损伤的修复。

生物素在动植物界分布广泛，如动物肝脏、动物肾脏、蛋黄、酵母、蔬菜、谷类中含量丰富。肠道细菌也能合成生物素，故很少出现缺乏症。新鲜鸡蛋清中有一种抗生物素蛋白，它能够和生物素结合使生物素不能被人体吸收，只有在蛋清加热后这种蛋白才能遭到破坏而失去作用，所以鸡蛋不宜生吃。长期使用抗生素也可能造成生物素的缺乏，主要症状表现为疲乏、恶心、呕吐、食欲缺乏、皮炎及脱屑性红皮病等。

七、叶酸

1. 化学本质与性质　叶酸又叫做维生素 M、维生素 B_9，因最初从菠菜叶中分离提取出来而得名，动物肝脏、酵母、水果中含量也丰富，肠道细菌也能合成。叶酸为鲜黄色粉末状结晶，溶于水，不溶于乙醇、乙醚及其他有机溶剂。叶酸钠盐易溶于水，在水溶液中易被光解破坏，在酸性溶液中对热不稳定，而在中性和碱性环境很稳定，即使加热到 100℃也不会被破坏。

2. 生理功能与缺乏症　叶酸在体内的活性形式为四氢叶酸（THFA 或 FH_4），它是体内一碳单位转移酶的辅酶，参与许多重要化合物的合成和代谢，如 DNA 和 RNA 合成、氨基酸之间的转化以及血红蛋白、磷脂、胆碱、肌酸的合成等。叶酸缺乏时，骨髓幼红细胞 DNA 合成减少，细胞分裂速度降低，细胞体积增大，可引起巨幼红细胞性贫血。

近年来研究发现，孕妇在怀孕早期缺乏叶酸是引起胎儿神经管畸形的主要原因，儿童叶酸缺乏可影响生长发育。

> **考点链接**
> 为什么孕妇在怀孕早期需要补充一定量的叶酸

八、维生素 B_{12}

1. 化学本质与性质　维生素 B_{12} 含有金属元素钴，又称为钴胺素，是唯一含有金属元素的维生素。

维生素 B_{12} 在人体内因结合的基团不同，可有多种存在形式（图 3-3）。甲钴胺素、5′-脱氧腺苷钴胺素是维生素 B_{12} 的活性形式，也是在人体血液中存在的主要形式。

2. 生理功能和缺乏症

（1）甲钴胺素是 N^5-CH_3-FH_4 转甲基酶（甲硫氨酸合成酶）的辅酶，该酶催化同型半胱氨酸甲基化生成甲硫氨酸，参与甲基的转移。维生素 B_{12} 缺乏时，N^5-CH_3-FH_4 的甲基不能转移出去，一方面可以引起甲硫氨酸合成减少，造成高同型半胱氨酸血症，加速动脉硬化、血栓的生成和高血压的危险性；另一方面可以影响 FH_4 的再生，组织中游离的 FH_4 含量减少，一碳单位的代谢受阻，造成核酸合成障碍，产生巨幼红细胞性贫血。

（2）5′-脱氧腺苷钴胺素是 *L*-甲基丙二酰 CoA 变位酶的辅酶，该酶催化 *L*-甲基丙二酰

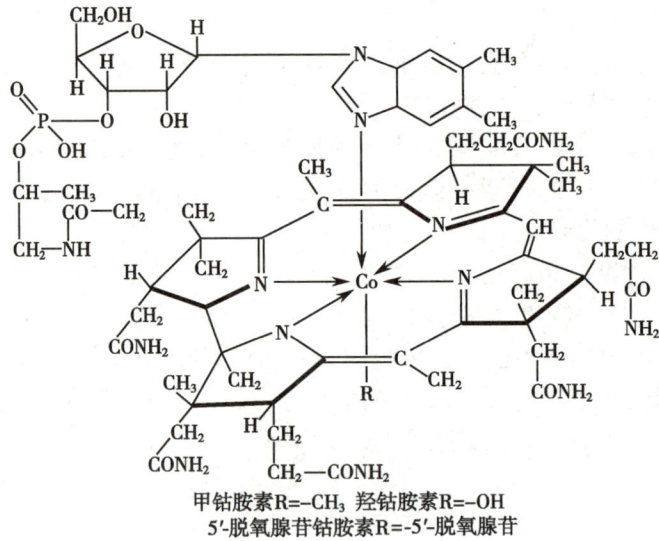

甲钴胺素R=-CH₃ 羟钴胺素R=-OH
5'-脱氧腺苷钴胺素R=-5'-脱氧腺苷

图 3-3　维生素 B_{12} 的结构式

CoA 转变为琥珀酰 CoA。维生素 B_{12} 缺乏时,体内 L-甲基丙二酰 CoA 大量堆积。因为 L-甲基丙二酰 CoA 的结构与脂肪酸合成的中间产物丙二酰 CoA 相似,从而影响脂肪酸的正常合成。脂肪酸合成的异常影响神经髓鞘的转换,造成髓鞘变性退化,引发进行性脱髓鞘。因此在临床上,维生素 B_{12} 具有营养神经的作用。

　　动物肝脏、肾脏、瘦肉、鱼及蛋类食物中的维生素 B_{12} 含量比较高,人体肠道细菌也能合成,因此正常膳食者很少发生维生素 B_{12} 缺乏症。植物中维生素 B_{12} 含量极少,故素食者易缺乏维生素 B_{12}。维生素 B_{12} 的吸收与胃幽门部分泌的内因子有关,慢性胃炎内因子分泌减少,可导致维生素 B_{12} 的缺乏。

九、维生素 C

　　1. 化学本质与性质　维生素 C 又称为抗坏血酸。溶于水,有酸味,性质不稳定,易被氧化破坏,遇碱性物质、氧化酶及铜、铁等重金属离子更易被氧化破坏。在酸性环境中对热稳定,所以烹调蔬菜时加少量醋可以避免维生素 C 破坏。维生素 C 分子中 C_2 及 C_3 位上的两个相邻的烯醇式羟基极易电离出 H^+ 而呈酸性,烯醇式羟基也可脱去氢原子生成酮式结构的脱氢抗坏血酸,两者可以互变,故维生素 C 具有氧化还原特性。脱氢抗坏血酸还可水解成为无活性的二酮古洛糖酸。

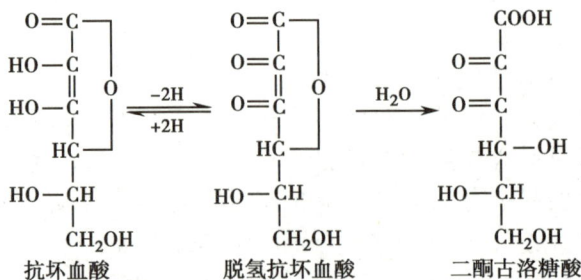

抗坏血酸　　　　脱氢抗坏血酸　　　　二酮古洛糖酸

维生素 C 的主要食物来源为新鲜蔬菜、水果,如柿子椒、番茄、菜花等,水果如柑橘、柠檬、青枣、猕猴桃等。野生刺梨、沙棘、酸枣等维生素 C 含量也很高。植物种子不含维生素 C,但豆类在发芽时含有维生素 C。

2. 生理功能与缺乏症

(1) 参与氧化还原反应:维生素 C 是一种很强的抗氧化剂,可保护其他物质免受氧化损害。在人体内氧化还原反应过程中发挥重要作用。

1) 保护巯基,解毒作用:使巯基酶中的—SH 保持还原状态。在谷胱甘肽还原酶的作用下,维生素 C 可以将氧化型谷胱甘肽(G—S—S—G)还原成还原型(G—SH)。它能够清除细胞膜的脂质过氧化物,从而起到保护细胞膜的作用。

铅、汞等金属离子能与巯基酶的巯基结合,使其失活而中毒。维生素 C 可将 G—S—S—G 还原为 G—SH,后者与金属离子结合排出体外,故维生素 C 能保护巯基酶,具有解毒作用。

2) 促进铁的吸收:维生素 C 可促进肠道三价铁还原为二价铁,有利于铁的吸收,是治疗贫血的重要辅助药物。

3) 维生素 C 可以使红细胞中的高铁血红蛋白(MHb)还原为血红蛋白(Hb),使它恢复运氧能力。

4) 抗病毒和防癌作用:免疫球蛋白中的二硫键由半胱氨酸产生,维生素 C 能使胱氨酸还原成半胱氨酸,从而促进免疫球蛋白合成。维生素 C 还能增强淋巴细胞的生成,提高吞噬细胞的吞噬能力以及促进 H_2O_2 在粒细胞中的杀菌作用等,提高机体免疫力。维生素 C 的抗氧化作用可以抵御自由基对细胞的伤害防止细胞的变异;阻断亚硝酸盐形成强致癌物亚硝胺。

(2) 参与羟化反应:维生素 C 是羟化酶所必需的辅助因子,参与体内的羟化反应,而羟化反应又是体内许多重要物质代谢的步骤之一。

1) 促进胶原蛋白合成:维生素 C 促进前胶原蛋白中的脯氨酸残基和赖氨酸残基羟化生成羟脯氨酸残基和羟赖氨酸残基,再与糖基结合形成胶原蛋白。胶原蛋白是结缔组织、骨、毛细血管的重要组分,在保持人们的骨骼、韧带、牙齿、牙龈及血管的健康方面不可缺少。维生素 C 缺乏时影响胶原合成,使创伤愈合迟缓,骨骼脆弱易折断,牙齿松动,毛细血管脆性增加,引起牙龈肿胀出血、鼻出血、皮下出血、月经过多、便血、关节疼痛等,即维生素 C 缺乏病(坏血病)。

考点链接
维生素 C 生理功能

2) 促进胆固醇转变成胆汁酸:维生素 C 还是催化胆固醇转变为 7α- 羟胆固醇反应的 7α- 羟化酶的辅酶,可使胆固醇在肝内转变为胆汁酸,从而降低血浆胆固醇水平。另外,维生素 C 也参与肾上腺皮质激素合成过程中的羟化反应。

3) 参与芳香族氨基酸的代谢:维生素 C 参与色氨酸转变为 5- 羟色胺、苯丙氨酸转变为酪氨酸、酪氨酸转变为儿茶酚胺等羟化反应。5- 羟色胺和儿茶酚胺都是重要的神经递质,对神经系统有重要作用。

4) 参与生物转化作用:维生素 C 还参与药物或毒物等非营养性物质的生物转化反应,故维生素 C 可促进药物或毒物的代谢转变,故有增强解毒的作用。

本章小结

　　维生素是维持正常生命活动所必需的,须由食物供给的一类小分子有机化合物。按其溶解性分为脂溶性维生素和水溶性维生素两大类。因缺乏某种维生素所导致的疾病称为维生素缺乏症。维生素缺乏的主要原因有:摄入量不足、吸收障碍、需要量增加、抗生素应用不规范等。

　　维生素的作用是调节物质代谢。维生素 A 具有维持上皮组织的健康及正常视觉,促进生长发育和抗氧化等作用。维生素 D 主要功能是调节钙磷代谢,促进骨骼发育。维生素 E 的主要功能是抗氧化作用和保护细胞膜的完整性以及与动物生殖功能有关。维生素 K 能促进肝脏合成凝血因子。

　　B 族维生素主要是作为酶的辅助因子参与物质代谢调节。维生素 B_1 转变成 TPP 是 α-酮酸氧化脱羧酶的辅酶,参与 α-酮酸的氧化脱羧作用。维生素 B_2 生成的 FAD 和 FMN 是黄素酶的辅酶,在生物氧化中起递氢作用。维生素 PP 生成的 NAD^+ 和 $NADP^+$,是多种不需氧脱氢酶的辅酶,起递氢作用。维生素 B_6 生成的磷酸吡哆醛或磷酸吡哆胺是氨基酸转氨酶和脱羧酶的辅酶,参与氨基酸代谢。泛酸是辅酶 A 的组成成分。生物素是多种羧化酶的辅酶,起传递和固定 CO_2 的作用。叶酸转变生成的四氢叶酸(FH_4)是一碳单位转移酶的辅酶,参与一碳单位代谢。维生素 B_{12} 又称钴胺素,甲基钴胺素是构成甲基转移酶的辅酶,参与甲基的形成和转移以及促进叶酸再利用。5′-脱氧腺苷钴胺素是甲基丙二酸单酰 CoA 变位酶的辅酶。维生素 C 主要参与体内的羟化反应和氧化还原反应。

目标测试

一、名词解释

1. 维生素　　2. 脂溶性维生素　　3. 水溶性维生素　　4. 维生素 A 原

二、填空题

1. 脂溶性维生素包括_____、_____、_____、_____。

2. 水溶性维生素包括_____和_____。

3. 维生素 A 的主要生理功能有_____、_____、_____、_____。

三、选择题

1. 儿童缺乏维生素 D 时,可导致
　　A. 佝偻病　　　　　　　　B. 骨质软化病　　　　　　C. 坏血病
　　D. 恶性贫血　　　　　　　E. 癞皮病

2. 维生素 B_2 以哪种形式参与氧化还原反应
　　A. CoA　　　　　　　　　B. NAD^+ 或 $NADP^+$　　　C. TPP
　　D. FH_4　　　　　　　　　E. FMN 或 FAD

3. 临床上常用哪种维生素辅助治疗婴儿惊厥和妊娠呕吐

A. 维生素 B_{12} B. 维生素 B_2 C. 维生素 B_6

D. 维生素 D   E. 维生素 E

4. 缺乏哪种维生素时,可引起巨幼红细胞性贫血

A. 维生素 B_1 B. 维生素 B_2 C. 维生素 PP

D. 叶酸   E. 维生素 K

5. 坏血病是缺乏哪种维生素引起的

A. 核黄素   B. 硫胺素   C. 维生素 C

D. 维生素 PP   E. 硫辛酸

四、简答题

1. 列表比较脂溶性维生素的来源、生理功能、缺乏病。

2. 列表比较水溶性维生素的来源、生理功能、缺乏病。

3. 试述 B 族维生素和维生素 C 构成的辅酶或辅基是什么？在代谢中起哪些作用？

(刘保东)

第四章 生物氧化

学习目标

1. 掌握：生物氧化的概念；呼吸链的概念及组成；氧化磷酸化的概念；ATP 的生成方式。
2. 熟悉：生物氧化的特点；水的生成；CO_2 的生成。
3. 了解：ATP 的储存和利用；氧自由基的概念及细胞防御机制。

生物每天要从外界摄入糖、脂肪和蛋白质等营养物质，这些物质在体内经过氧化分解后释放的能量作为生物体进行各种生命活动所需能量的主要来源，这个过程即为生物氧化。

第一节 概 述

一、生物氧化的概念

食物中的糖、脂肪和蛋白质在体内被氧化分解成 CO_2 和 H_2O，并逐步释放出能量的过程称为生物氧化。这一过程在组织细胞内进行，并伴随 O_2 的消耗和 CO_2 的生成，因此也称为组织呼吸或细胞呼吸。

考点链接

生物氧化的概念及特点

二、生物氧化的特点

生物氧化与体外氧化（如燃烧）虽然在耗氧量、终产物和释放的能量上是相同的，但其反应过程却显著不同，其特点如下：

1. 反应条件温和 生物氧化过程是在细胞内 37℃、pH 接近中性的条件下由酶催化进行的。

2. 氧化方式 生物氧化中氧化方式以脱氢、失电子为主。

3. 能量逐步释放 生物氧化中能量是逐步释放的。释放的能量一部分以化学能的方式储存在三磷酸腺苷（ATP）中，供生命活动所需；另一部分则以热能形式散失，用以维持体温。

4. CO_2 和 H_2O 的生成方式不同 与体外氧化不同的是，生物氧化中 H_2O 是由物质脱下的氢经一系列酶和辅酶逐步传递给氧生成，CO_2 则由有机酸脱羧反应生成。

三、生物氧化中 CO_2 的生成

体内 CO_2 的生成，主要来自糖、脂肪、蛋白质分解过程中产生的有机羧酸和氨基酸的脱

羧基作用。按照羧基所连接的位置不同,可将脱羧反应分为 α- 脱羧和 β- 脱羧,又按照脱羧反应是否伴有氧化过程,分为氧化脱羧和单纯脱羧。

(一) α- 单纯脱羧

脱去 α 碳原子上的羧基,如 α- 氨基酸的脱羧作用:

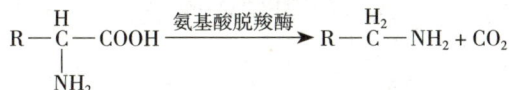

(二) α- 氧化脱羧

α 碳原子上的羧基脱去的同时伴有脱氢氧化,如丙酮酸的脱氢与脱羧作用:

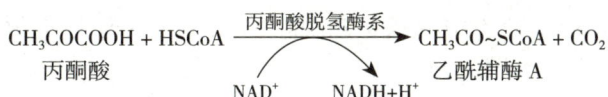

(三) β- 单纯脱羧

脱去 β 碳原子上的羧基,如草酰乙酸的脱羧作用:

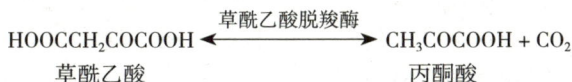

(四) β- 氧化脱羧

β 碳原子上的羧基脱去的同时伴有脱氢氧化,如异柠檬酸的脱氢与脱羧作用:

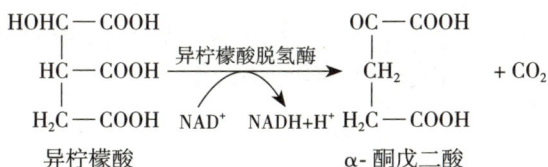

第二节 生物氧化过程中 H_2O 的生成

一、呼吸链的概念

线粒体内膜上存在一系列具有递氢或递电子作用的酶和辅酶,它们按一定顺序排列,可将代谢物脱下的成对氢(2H)逐步传递给氧生成水,并释放能量。这种在线粒体内膜上由递氢和递电子的酶和辅酶按一定顺序排列构成的,与细胞利用氧密切相关的连锁反应体系称为氧化呼吸链。其中,传递氢的酶或辅酶称为递氢体,传递电子的酶或辅酶称为递电子体。氧化呼吸链是体内生成 H_2O 和 ATP 的主要环节。

> **考点链接**
> 呼吸链的概念

二、呼吸链的组成成分及作用

构成氧化呼吸链的递氢体和递电子体,目前已经发现的有 20 余种,大体上可以分为五大类:

(一) NAD⁺ 或 NADP⁺

NAD^+ 和 $NADP^+$ 均为烟酰胺核苷酸,是不需氧脱氢酶的辅酶,分别与不同的酶蛋白组成多种功能各异的不需氧脱氢酶。NAD^+ 和 $NADP^+$ 中的烟酰胺(维生素 PP)部分可以可逆地加氢和脱氢而发挥递氢作用。在氧化呼吸链中,主要是 NAD^+ 接受代谢物脱下的 2H(2H⁺+2e)传递给黄素蛋白,$NADP^+$ 接受氢后主要作为供氢体参与机体某些物质(如脂肪酸、胆固醇等)的合成反应。

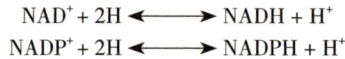

$$NAD^+ + 2H \longleftrightarrow NADH + H^+$$
$$NADP^+ + 2H \longleftrightarrow NADPH + H^+$$

(二) 黄素蛋白

黄素蛋白是一类以黄素单核苷酸(FMN)和黄素腺嘌呤二核苷酸(FAD)为辅基的脱氢酶,又称黄素酶。FMN 和 FAD 分子中的核黄素(维生素 B_2)能可逆地加氢和脱氢,在氧化呼吸链中作为递氢体将氢传递给泛醌。

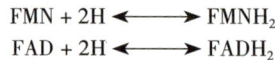

$$FMN + 2H \longleftrightarrow FMNH_2$$
$$FAD + 2H \longleftrightarrow FADH_2$$

(三) 铁硫蛋白

铁硫蛋白是一类分子中含有等量铁原子和硫原子的蛋白质,通常简写为 FeS 或 Fe-S,又称铁硫中心。FeS 中的铁原子通过二价和三价形式的相互转变来传递电子。在呼吸链中,铁硫蛋白常与其他递氢体和递电子体构成复合物,复合物中的铁硫蛋白是传递电子的反应中心。

$$Fe^{2+} \longleftrightarrow Fe^{3+} + e$$

(四) 泛醌

泛醌是一类脂溶性醌类化合物,广泛存在于自然界中,也称辅酶 Q(CoQ,Q),泛醌中的苯醌结构能可逆地加氢和脱氢,而起到传递氢的作用。

$$Q + 2H \longleftrightarrow QH_2$$

(五) 细胞色素

细胞色素(cytochrome,Cyt)是一类以铁卟啉为辅基的催化电子传递的酶类,根据其吸收光谱不同,可以分为 Cyt a、Cyt b、Cyt c 三大类,每一类中又可以分为诸多亚类。氧化呼吸链中主要含有 Cyt a、Cyt a_3、Cyt b、Cyt c、Cyt c_1。由于 Cyt a 和 Cyt a_3 密不可分,常统称为 Cyt aa_3。细胞色素可通过其辅基铁卟啉中的铁原子可逆地接受和释放电子来发挥传递电子作用。

$$Cyt\text{-}Fe^{3+} + e \longleftrightarrow Cyt\text{-}Fe^{2+}$$

氧化呼吸链中细胞色素传递电子的顺序为 Cyt b→Cyt c_1→Cyt c→Cyt aa_3,最后由 Cyt aa_3 将电子传递给氧,使氧激活成氧离子(O^{2-}),再与线粒体基质中的质子结合生成水,故 Cyt a_3 又称为细胞色素氧化酶。

研究表明,上述递氢体和递电子体除了泛醌和 Cyt c 以游离形式存在外,其余的成分均以复合体的形式存在,共有四种不同的复合体,它们的组成和作用见表 4-1。

表 4-1 呼吸链酶复合体的组成及功能

名称	酶名称	辅基	主要作用
复合体 I	NADH- 泛醌还原酶	FMN、Fe-S	将 NADH 的氢原子传递给泛醌
复合体 II	琥珀酸 - 泛醌还原酶	FAD、Fe-S	将琥珀酸中的氢原子传递给泛醌
复合体 III	泛醌 - 细胞色素 c 还原酶	铁卟啉、Fe-S	将电子从还原性泛醌传递给细胞色素 c
复合体 IV	细胞色素 c 氧化酶	铁卟啉、Cu	将电子从细胞色素 c 传递给氧

泛醌侧链的疏水作用使其能在线粒体内膜中迅速扩散,Cyt c 呈水溶性,二者均极易从线粒体内膜分离出来,因此不属于复合体,它们以游离形式与其他复合体一起构成呼吸链(图 4-1)。

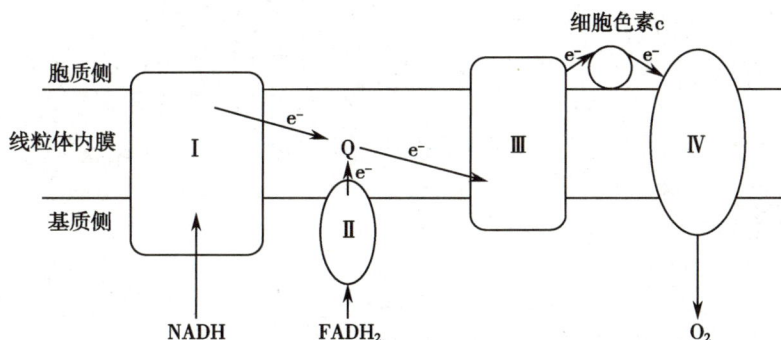

图 4-1 呼吸链各复合体的位置示意图

三、体内重要的呼吸链及生物氧化中水的生成

线粒体内催化代谢物脱氢的酶大多数是以 NAD^+ 为辅酶的脱氢酶,少数是以 FAD 为辅基的脱氢酶,所以形成了 NADH 氧化呼吸链和琥珀酸氧化呼吸链。

考点链接
两条氧化呼吸链的组成

(一) NADH 氧化呼吸链

NADH 氧化呼吸链是体内最重要的氧化呼吸链,由 NAD^+、复合体Ⅰ、泛醌(Q)、复合体Ⅲ、细胞色素 c 及复合体Ⅳ组成。代谢物被以 NAD^+ 为辅酶的脱氢酶催化时,脱下的 2H 由 NAD^+ 接受生成 $NADH+H^+$,后者在 NADH 脱氢酶的催化下,将 1 个氢原子、1 个电子和基质中的 H^+ 传递给 FMN,生成 $FMNH_2$。$FMNH_2$ 接着将 2H 传递给泛醌(Q),生成还原型泛醌(QH_2);QH_2 接着脱氢,脱下的 2H 分解成 $2H^+$ 和 2e,$2H^+$ 游离于基质中,2e 先由细胞色素 b 接受,按照 $c_1 \rightarrow c \rightarrow aa_3$ 的顺序传递,最后传递给分子氧,氧被激活生成氧离子,与基质中的 $2H^+$ 结合生成 H_2O(图 4-2)。

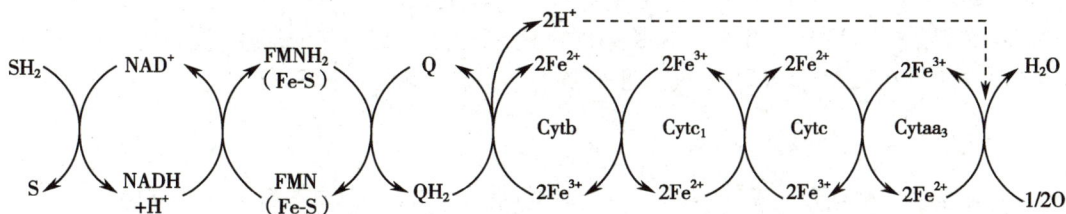

图 4-2 NADH 氧化呼吸链

(二) 琥珀酸氧化呼吸链

琥珀酸氧化呼吸链由复合体Ⅱ、泛醌(Q)、复合体Ⅲ、细胞色素 c 及复合体Ⅳ组成。代谢物(如琥珀酸、脂肪酰 CoA 等)被以 FAD 为辅基的脱氢酶催化时,代谢物脱下 2H,由 FAD 接受,形成 $FADH_2$,然后将 2H 传递给泛醌,再通过细胞色素传递给氧生成水(图 4-3)。

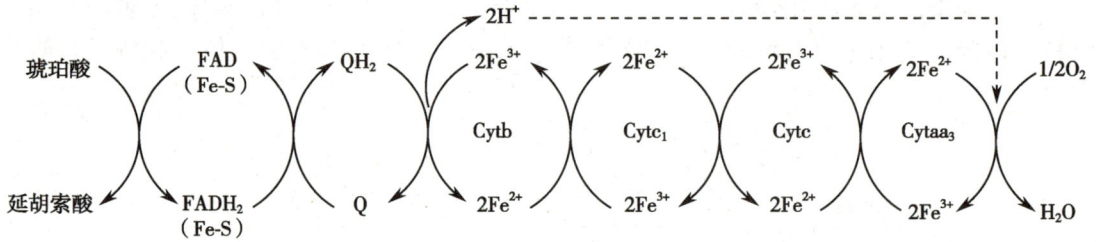

图 4-3　$FADH_2$ 氧化呼吸链

四、胞质中的 NADH 的氧化

线粒体内产生的 NADH 可以直接进入氧化呼吸链被氧化,但胞质中产生的 NADH 必须通过线粒体内膜上的某种穿梭机制才能进入线粒体,随后进入氧化呼吸链被氧化。线粒体内膜上 NADH 的穿梭机制主要有 α- 磷酸甘油穿梭和苹果酸 - 天冬氨酸穿梭两种。

(一) α- 磷酸甘油穿梭作用

α- 磷酸甘油穿梭是指通过 α- 磷酸甘油将胞质中 NADH 上的 H 转运入线粒体内的过程(图 4-4)。这种穿梭机制主要存在于脑和骨骼肌中,通过这种穿梭机制进入到线粒体的 2H 经琥珀酸氧化呼吸链传递,可产生 1.5 分子 ATP。

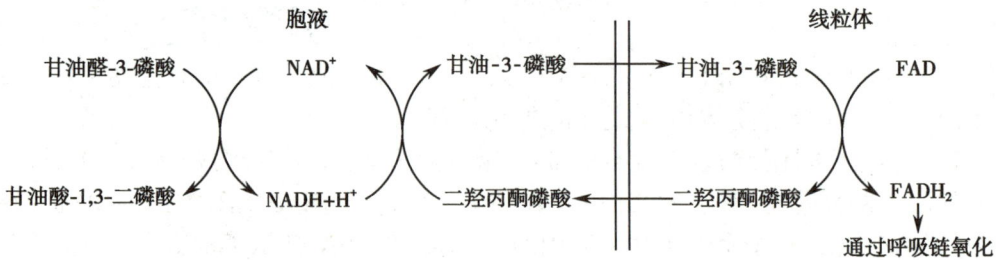

图 4-4　α- 磷酸甘油穿梭示意图

(二) 苹果酸 - 天冬氨酸穿梭作用

苹果酸 - 天冬氨酸穿梭是指通过苹果酸 - 天冬氨酸进出线粒体,将胞质中 NADH 上的 H 转运入线粒体的过程(图 4-5)。这种穿梭作用主要存在于肝和心肌中,通过这种穿梭机制进入到线粒体中的 2H 经 NADH 氧化呼吸链传递,可产生 2.5 分子 ATP。

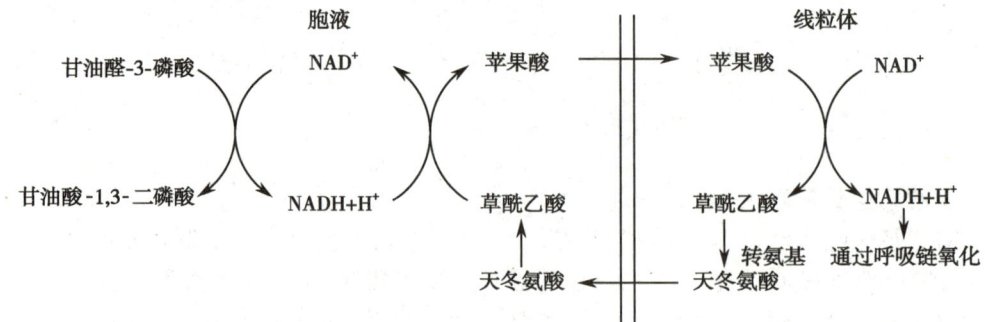

图 4-5　苹果酸 - 天冬氨酸穿梭示意图

第三节　生物氧化中 ATP 的生成

病例分析

男性,20 岁,为在某医院实习的某医科大学学生,被发现死于一居民平房中,经初步认定,该男性死于 CO 中毒。

请问:1. 你能解释 CO 中毒的机制吗?

2. 你应该掌握哪些 CO 中毒的急救方法?

一、高能化合物

生物化学中把水解时释放能量大于 20.9kJ/mol 的化学键称为高能键,以符号"~"来表示。含有高能键的化合物称为高能化合物,人体中最重要的高能化合物是 ATP,其分子中含有两个高能磷酸键,水解时释放的能量可达 30.54kJ/mol,几乎是机体一切生命活动所需能量的直接来源。

二、ATP 的生成

人体中 ATP 的生成方式有两种:底物水平磷酸化和氧化磷酸化,其中以后者为主。

(一)底物水平磷酸化

物质代谢中,底物分子由于脱氢、脱水等反应,使分子内部能量重新分布与聚集,形成高能磷酸键直接转移给 ADP 生成 ATP 的过程,称为底物水平磷酸化。

考点链接

ATP 的生成方式

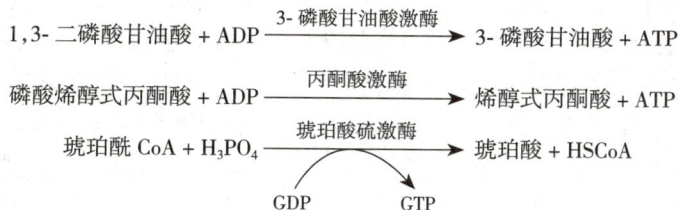

$$1,3\text{-二磷酸甘油酸} + ADP \xrightarrow{\text{3-磷酸甘油酸激酶}} \text{3-磷酸甘油酸} + ATP$$

$$\text{磷酸烯醇式丙酮酸} + ADP \xrightarrow{\text{丙酮酸激酶}} \text{烯醇式丙酮酸} + ATP$$

$$\text{琥珀酰 CoA} + H_3PO_4 \xrightarrow[GDP \quad GTP]{\text{琥珀酸硫激酶}} \text{琥珀酸} + HSCoA$$

(二)氧化磷酸化

1. **概念**　代谢物脱下的氢通过呼吸链传递给氧生成水并释放能量的同时,使 ADP 磷酸化生成 ATP 的过程称为氧化磷酸化。

2. **氧化磷酸化的偶联部位**　当氢和电子从 NADH 开始,通过呼吸链传递给氧生成水时,有 3 个部位释放的能量可使 ADP 磷酸化生成 ATP,这 3 个部位称为氧化磷酸化偶联部位。NADH 氧化呼吸链的 3 个偶联部位分别位于 NADH 与 CoQ 之间、CoQ 与 Cyt c 之间及 Cyt aa$_3$ 与 O$_2$ 之间。当氢和电子从 FADH$_2$ 开始通过呼吸链传递给氧生成水时,因 FADH$_2$ 直接将 2H 转移给泛醌,未经过第一个偶联部位(图 4-6)。

研究表明:代谢物脱下的 2H 经 NAOH 氧化呼吸链氧化生成 - 分子水并生成 2.5 分子 ATP,经 FADH$_2$ 氧化呼吸链氧化生成 1.5 分子 ATP。

$$琥珀酸 \longrightarrow FAD（Fe-S）$$

$$NADH \longrightarrow FMN（Fe-S） \longrightarrow CoQ \longrightarrow Cytb \longrightarrow Cytc_1 \longrightarrow Cytc \longrightarrow Cytaa_3 \longrightarrow O_2$$

~P   ~P   ~P

ADP → ATP   ADP → ATP   ADP → ATP

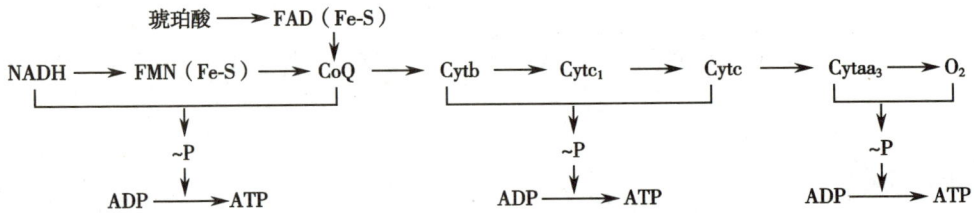

图 4-6　呼吸链中产生 ATP 的偶联部位

3. 影响氧化磷酸化的因素

（1）ATP/ADP 的调节：ATP/ADP 比值是调节氧化磷酸化速度的重要因素。ATP/ADP 比值下降,可使氧化磷酸化速度加快;反之,ATP/ADP 比值升高时,氧化磷酸化速度减慢。通过这种调节,使体内 ATP 的生成量适应人体的生理需要,保证机体合理使用能源,避免浪费。

（2）甲状腺激素的作用:甲状腺激素可诱导细胞膜上 Na^+,K^+-ATP 酶的活性增加,使 ATP 水解增加,导致 ATP/ADP 比值下降,氧化磷酸化速度加快。甲状腺功能亢进的患者耗氧量和产热量均增加,基础代谢率增高。

考点链接

氧化磷酸化的概念和影响因素

知识拓展

CO 中毒的急救方法

将 CO 中毒的人迅速转移至通风处,使其能呼吸到新鲜空气,具备相关条件的可给予吸氧治疗,并注意保暖。对于昏迷不醒的患者立即手掐人中穴,对于心跳呼吸微弱或已停止者,应立即进行人工呼吸,胸外按压;同时向 120 呼救,将患者转送至有高压氧舱或光量子治疗的医疗机构。

（3）抑制剂的作用:①电子传递抑制剂,系能够阻断呼吸链上某部位电子传递的物质,如异戊巴比妥、鱼藤酮、抗霉素 A、一氧化碳和氰化物,这类抑制剂均为毒性物质,这些物质能使呼吸链中氢和电子传递中断,线粒体的呼吸作用受阻,引起机体迅速死亡。②解偶联剂,系能够使氧化与磷酸化生成 ATP 的偶联过程相分离的物质,如二硝基苯酚等。解偶联剂使线粒体内 ADP 不能生成 ATP,刺激细胞呼吸,氧化过程加速,细胞耗氧量增加,但氧化时释放的能量大部分以热能形式散失,机体得不到可利用的能量。

知识拓展

新生儿硬肿症

人和哺乳动物的棕色脂肪组织是机体的产热御寒组织,它的线粒体内膜中含有丰富的解偶联蛋白,是机体内源性解偶联剂,能通过氧化磷酸化解偶联释放能量使组织产热。新生儿阶段,棕色脂肪组织的代谢是新生儿在寒冷环境中急需产热时的主要能量来源,如果新生儿周围环境温度过低,散热过多或出生时体内棕色脂肪少,则棕色脂肪组织容易耗尽,体温会随即下降,皮下脂肪容易凝固而变硬,同时因低温周围毛细血管扩张,渗透性增加,易发生水肿,最终产生硬肿。如低体温持续存在和（或）硬肿面积扩大,缺氧和代谢性酸中毒加重,可引起多器官功能损害。

三、高能化合物的储存和利用

1. ATP 的利用

（1）提供物质代谢时需要的能量：在物质分解代谢中，许多耗能的磷酸化反应需要 ATP；在物质合成代谢中，也有许多反应需要 ATP 的参与，如脂肪酸、胆固醇和蛋白质的合成反应。

考点链接

ATP 的储存和利用

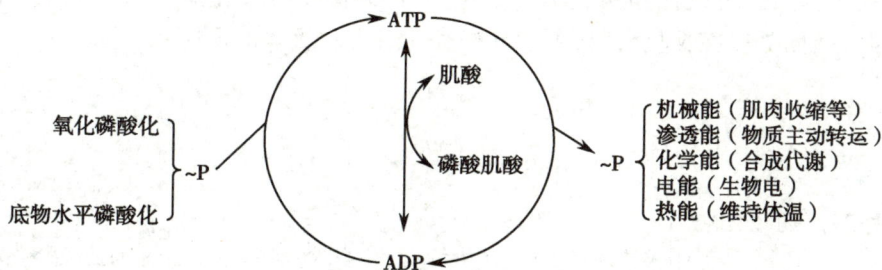

（2）供给生命活动需要的能量：机体的各种生理活动，如肌肉收缩、神经传导、腺体分泌、物质吸收和体温维持等所需要的能量，绝大部分来自 ATP。ATP 水解为 ADP 和 Pi 时释放的能量可以满足各种生理活动的需要。

2. 能量的储存 正常生理情况下，能量的转移和利用主要通过 ATP 与 ADP 两者的相互转变来实现。当 ATP 充足时，ATP 可在肌酸磷酸激酶催化下，将一个高能磷酸键转移给肌酸生成磷酸肌酸(CP)，这是储存"~P"的一种方式。磷酸肌酸是体内能量储存的主要形式，当体内 ATP 消耗时，磷酸肌酸迅速将"~P"转移给 ADP 生成 ATP。ATP 在体内能量转移、储存和利用中处于中心位置(图 4-7)。

图 4-7 ATP 的生成、储存和利用

第四节 氧自由基与细胞的防御

病例分析

人进入老年以后，会逐渐在皮肤上生成老年斑。

请问：1. 老年斑的形成与自由基有何关系？

2. 哪些物质可以抵御自由基？

一、氧自由基

自由基，也称"游离基"，是指化合物的分子在光热等外界条件下，共价键发生均裂而形成的具有不成对电子的原子或基团。自由基化学性质极为活泼，易于失去电子(氧化)或获得电子(还原)，特别是其氧化作用强。

在人体生命活动中，绝大多数细胞内的氧最终使 2 个电子转移到适当的受体上(如 NAD^+ 或 FAD)再进一步被电子传递链氧化。但氧气的电子结构有利于它每次接受 1 个电子，因而易生成氧自由基。氧自由基可与 DNA、蛋白质和多不饱和脂肪酸作用,造成 DNA 链断裂和氧化性损伤、蛋白 - 蛋白交联和脂质过氧化,进而破坏细胞的正常结构和功能。脂质过氧化是造成生物体氧化损伤的主要原因。线粒体是细胞产生氧自由基的主要部位,因此线粒体 DNA、基质中代谢途径的酶等最容易受其攻击而损伤或突变,对能量代谢旺盛的组织如脑、心肌、肝、肾等影响极大。

二、细胞的防御

正常机体细胞中存在的各种抗氧化酶、小分子抗氧化剂等,可以多种方式清除氧自由基从而保护自身免受损害。

(一) 过氧化物酶

过氧化物酶体中含有丰富的过氧化氢酶和过氧化物酶,能及时清除 H_2O_2,从而起到对机体的保护作用。

1. 过氧化氢酶 过氧化氢酶又称触酶,能催化过氧化氢分解为水和氧气,催化效率极高。

$$2H_2O_2 \xrightarrow{\text{过氧化氢酶}} 2H_2O + O_2$$

2. 过氧化物酶 过氧化物酶又称过氧化酶,可以催化过氧化氢分解生成水,释放出的氧原子直接氧化酚类或胺类化合物,即消除酚类和胺类对机体的危害。

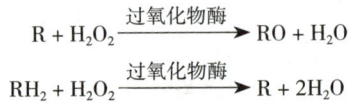

$$R + H_2O_2 \xrightarrow{\text{过氧化物酶}} RO + H_2O$$

$$RH_2 + H_2O_2 \xrightarrow{\text{过氧化物酶}} R + 2H_2O$$

(二) 超氧化物歧化酶

呼吸链电子传递过程中及其他物质氧化时可产生超氧阴离子。超氧阴离子对机体正常细胞结构具有一定的攻击性,还能转变为其他的活性氧。

超氧化物歧化酶(SOD)是人体防御内、外环境中超氧阴离子损伤的重要酶,可催化超氧阴离子生成 O_2 和 H_2O_2。人进入老年之后,体内具有抗氧化作用的超氧化物歧化酶活性降低,自由基相对增加,自由基及其诱导的过氧化反应长期作用于机体,从而使脂质过氧化而形成脂褐素,在皮肤下面积存并显示出来,形成老年斑。

体内其他的自由基清除剂有维生素 C、维生素 E、β 胡萝卜素、泛醌等,它们共同组成人体抗氧化体系。

本章小结

生物氧化是糖、脂肪、蛋白质等营养物质在体内经氧化分解成 CO_2 和 H_2O,同时释放出能量的过程。在线粒体,代谢物脱下的 2H 内通过 NADH 氧化呼吸链和琥珀酸氧化呼吸链传递给 O_2 生成水,同时使 ADP 转化成 ATP;在线粒体外,2H 通过 α- 磷酸甘油穿梭和苹果酸 - 天冬氨酸穿梭作用转入到线粒体内进行氧化磷酸化。氧化磷酸化是机体产生 ATP 的主要方式,生命活动中能量的释放、储存和利用主要以 ATP 为中心。机体中 ADP 浓度升高等因素可以促进氧化磷酸化,而某些有毒化学物、解偶联剂等可以阻断氧化磷酸化 ATP 的生成过程。生命活动可产生氧自由基,机体中存在的各种抗氧化酶可以清除氧自由基以保护机体免受损害。

目标测试

一、名词解释

1. 生物氧化　　2. 呼吸链　　3. 氧化磷酸化

二、选择题

1. 体内的 CO_2 来自
   A. 糖的分解　　　　　　　　　　B. 脂肪的分解
   C. 碳原子被氧原子氧化　　　　　D. 呼吸链的氧化磷酸化
   E. 有机酸的脱羧作用
2. 呼吸链存在于
   A. 线粒体内膜上　　　B. 线粒体外膜上　　　C. 细胞膜上
   D. 微粒体内　　　　　E. 微粒体外
3. 以下不属于递氢体的是
   A. 铁硫蛋白　　　　　B. NAD^+　　　　　C. $NADP^+$
   D. FMN　　　　　　　E. FAD
4. 氧化呼吸链中细胞色素传递电子的顺序为
   A. Cyt c_1→Cyt b→Cyt c→Cyt aa_3　　B. Cyt b→Cyt c_1→Cyt c→Cyt aa_3
   C. Cyt c→Cyt c_1→Cyt b→Cyt aa_3　　D. Cyt b→Cyt c→Cyt c_1→Cyt aa_3
   E. Cyt c→Cyt b→Cyt c_1→Cyt aa_3
5. 下列哪种物质不是 NADH 氧化呼吸链的组分
   A. FAD　　　　　　　B. FMN　　　　　　　C. 细胞色素 C
   D. 铁硫蛋白　　　　　E. 泛醌
6. ATP 生成的主要方式是
   A. 肌酸磷酸化　　　　B. 氧化磷酸化　　　　C. 底物水平磷酸化
   D. 糖的磷酸化　　　　E. 有机酸脱羧
7. 机体生命活动的能量的直接供应者是
   A. 蛋白质　　　　　　B. 葡萄糖　　　　　　C. ATP
   D. 脂肪　　　　　　　E. 乙酰辅酶 A
8. 下列哪种物质可进行底物水平磷酸化
   A. 琥珀酰 CoA　　　　B. 葡萄糖 -6- 磷酸　　C. 丙酮酸
   D. 磷酸肌酸　　　　　E. 果糖 -1,6- 二磷酸
9. 以下属于氧化呼吸链中的解偶联剂是
   A. 一氧化碳　　　　　B. 二硝基酚　　　　　C. 鱼藤酮
   D. 氰化物　　　　　　E. 异戊巴比妥

三、填空题

1. 体内重要的呼吸链有＿＿＿＿和＿＿＿＿。
2. 呼吸链成分中的两类递电子体分别为＿＿＿＿和＿＿＿＿。

3. 呼吸链中未参与构成复合体的两种成分分别为_____和_____。

4. 体内生成 ATP 的两种方式为_____和_____。

5. _____和_____是人体内清除 H_2O_2 的两种主要的酶。

四、简答题

1. 生物氧化与体外氧化相比有哪些特点？

2. 简述两条呼吸链的组成及排列顺序，说明磷酸化的偶联部位。

3. 简述影响氧化磷酸化的因素。

4. 简述体内 ATP 的生成、储存和利用。

（陈　方）

第五章 糖 代 谢

学习目标

1. 掌握:糖无氧氧化、糖的有氧氧化、三羧酸循环、糖异生、血糖的概念;糖无氧氧化、糖的有氧氧化、磷酸戊糖途径、糖原合成与分解、糖异生的关键酶及其生理意义;血糖的来源与去路。
2. 熟悉:血糖浓度的调节;糖的生理功能;糖各代谢途径的基本过程。
3. 了解:糖的消化和吸收;糖耐量试验检测人体血糖的水平;糖代谢异常。

　　糖类是机体重要的营养物质,是由多羟基醛或多羟基酮类及其衍生物或多聚物组成的一类有机化合物。它广泛存在于动植物体内,以植物含糖量最为丰富,占其干重的85%~95%。糖主要分为单糖、寡糖和多糖三类。单糖是最简单的糖,是单个多羟基醛或多羟基酮类的单体形式,如:葡萄糖、果糖、半乳糖、甘露糖,其中以葡萄糖最为重要。寡糖是由单糖通过糖苷键连接形成的化合物,以二糖最为常见,如:麦芽糖、蔗糖和乳糖。多糖是由多个单糖组成的聚合物,如:纤维素、淀粉和糖原,其中淀粉是植物的储能形式,糖原是动物的储能形式。

　　本章重点介绍葡萄糖在机体内的代谢,涉及糖的分解代谢(糖无氧氧化、糖的有氧氧化、磷酸戊糖途径)、糖原的合成与分解、糖异生以及血糖的相关知识。

第一节 概 述

病例分析

　　男性,2岁,食用牛奶后出现恶心、绞痛、腹胀、腹泻等消化道症状就诊。患儿粪便为水样泻带泡沫及酸臭味,大便培养及常规均阴性,服用助消化药无明显疗效。口服乳糖耐量试验,血糖呈低平曲线,升高不超过20mg/dl。限制饮食后,症状明显改善。

　　请问:1. 临床诊断为什么疾病?
　　　　　2. 该病的发病原因是什么?

一、糖的生理功能

糖主要的生理功能是为生命活动提供能量和碳源。糖是重要的能源物质,人体所需能量的 50%~70% 来自于糖。1mol 葡萄糖在体内彻底氧化生成水和二氧化碳,可释放 2840kJ 的能量。糖也是机体重要的碳源,其代谢中间产物可转变为氨基酸、脂肪酸和核苷酸等其他含碳化合物。此外,糖还参与组成结缔组织、细胞膜、细胞间质等结构,参与构成免疫球蛋白、激素、凝血因子等多种具有特殊生理功能的糖蛋白,形成 ATP、NAD[+]、FAD 等多种生物活性物质。

二、糖的消化与吸收

食物中的糖类以淀粉为主,淀粉消化主要在小肠内进行。在胰液的 α- 淀粉酶作用下,淀粉被水解为麦芽糖、麦芽三糖、异麦芽糖和糊精等寡糖。寡糖在小肠黏膜细胞的糊精酶和 α- 糖苷酶等作用下水解成葡萄糖。少量的乳糖和蔗糖也由乳糖酶和蔗糖酶催化水解为半乳糖和果糖被吸收。如乳糖酶缺乏,或者乳糖酶的活性减弱,则乳糖消化不良,出现腹泻等消化道症状,称为乳糖不耐症。人体无 β- 糖苷酶,无法消化植物中的纤维素,但纤维素能促进肠蠕动,有助于排便。

糖消化后以单糖的形式被吸收,消化产生的单糖以葡萄糖为主。小肠黏膜细胞通过主动运输依赖特定载体摄入葡萄糖,同时伴有 Na[+] 的转运。葡萄糖被小肠黏膜细胞吸收后,经门静脉进入肝脏后,通过体循环供全身各组织利用。

三、糖代谢概况

葡萄糖通过血液转运到机体各组织进行代谢。在不同的生理条件下,葡萄糖在组织细胞内进行不同的代谢途径。在氧气充足时,葡萄糖彻底氧化生成 CO_2 和 H_2O,并释放大量的能量;在缺氧时,葡萄糖分解生成乳酸;在一些代谢旺盛的组织,葡萄糖可通过磷酸戊糖途径生成其他糖。体内血糖充足时,葡萄糖合成糖原的形式储存在肝、肌组织;反之进行肝糖原的分解,补充血糖。饥饿时,一些非糖物质(乳酸、甘油、生糖氨基酸和丙酮酸)经糖异生途径生成葡萄糖。葡萄糖还可以通过脂类代谢和氨基酸代谢转变成脂肪和氨基酸。糖在机体内的代谢概况总结如图 5-1 所示。

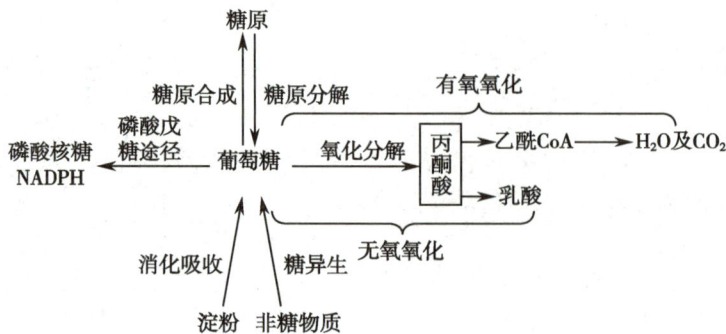

图 5-1 糖代谢概况

第二节 糖的分解代谢

一、糖的无氧氧化

(一)糖无氧氧化的概念

糖无氧氧化是指机体在缺氧或无氧的情况下,葡萄糖或糖原分解生成乳酸并释放少量能量的过程。此过程与酵母菌使糖生醇发酵的过程相似,故又称糖酵解。

(二)糖无氧氧化的反应过程

糖无氧氧化全部反应在细胞质中进行。整个代谢过程分为两个阶段:第一阶段是葡萄糖(糖原)生成丙酮酸的过程,称为糖酵解途径;第二阶段是丙酮酸还原成乳酸的过程。

考点链接
糖酵解的概念

1. 糖酵解途径

(1)葡萄糖磷酸化生成 6- 磷酸葡萄糖:在己糖激酶的催化下,葡萄糖分子的 C-6 磷酸化生成 6- 磷酸葡萄糖。该反应消耗 1 分子 ATP 且不可逆,需 Mg^{2+} 的参与,是糖酵解的第一步限速反应,催化反应的己糖激酶为糖酵解的关键酶。哺乳动物体内已发现的己糖激酶有 4 种同工酶(I~IV),其中肝细胞含有 IV 型,称葡萄糖激酶,它对葡萄糖的专一性较高,但亲和力低。该反应既能活化葡萄糖,又能阻止其逸出细胞。

糖原进行酵解时,非还原端的葡萄糖单位磷酸化成 1- 磷酸葡萄糖,后者在变位酶的催化下转变为 6- 磷酸葡萄糖,无需消耗 ATP。

(2)6- 磷酸葡萄糖异构生成 6- 磷酸果糖:在磷酸己糖异构酶的催化下,醛糖和酮糖发生异构反应,生成 6- 磷酸果糖,该反应可逆。

(3)6- 磷酸果糖磷酸化成 1,6- 二磷酸果糖:6- 磷酸果糖在磷酸果糖激酶 -1 的催化下发生第二次磷酸化反应,果糖分子的 C-1 磷酸化生成 1,6- 二磷酸果糖。此反应为第二步不可逆的限速反应,催化反应的磷酸果糖激酶 -1 为糖酵解主要的关键酶,反应需 ATP 和 Mg^{2+} 参与。

(4)磷酸丙糖的生成:在醛缩酶作用下,1,6- 二磷酸果糖裂解为 2 分子磷酸丙糖,即磷酸二羟丙酮和 3- 磷酸甘油醛。

(5)磷酸二羟丙酮转变为 3- 磷酸甘油醛:磷酸二羟丙酮和 3- 磷酸甘油醛是同分异构体,在磷酸丙糖异构酶的作用下可相互转换。只有 3- 磷酸甘油醛能继续进行代谢,磷酸二羟丙酮迅速转变为 3- 磷酸甘油醛,进行酵解。故可理解为 1 分子葡萄糖生成了 2 分子的 3- 磷酸甘油醛。

(6)3- 磷酸甘油醛氧化为 1,3- 二磷酸甘油酸:在 3- 磷酸甘油醛脱氢酶的催化下,由无机磷酸参与,3- 磷酸甘油醛的醛基氧化成羧基,再磷酸化生成高能化合物 1,3- 二磷酸甘油酸。脱氢酶的辅酶为 NAD^+,生成 1 个 $NADH+H^+$。

(7)1,3- 二磷酸甘油酸转变为 3- 磷酸甘油酸:1,3- 二磷酸甘油酸在磷酸甘油酸激酶的作用下,将其分子的高能磷酸键转移给 ADP,生成 ATP 和 3- 磷酸甘油酸。该反应的产能方式为底物水平磷酸化(见第四章)。

(8)3- 磷酸甘油酸转变为 2- 磷酸甘油酸:3- 磷酸甘油酸在变位酶的催化下,C-3 的磷酸基转移到 C-2,生成 2- 磷酸甘油酸。

(9)2- 磷酸甘油酸脱水生成磷酸烯醇式丙酮酸:烯醇化酶催化 2- 磷酸甘油酸脱水生成

磷酸烯醇式丙酮酸。该反应可引起底物分子内部能量重新排布,形成高能磷酸键。

(10)丙酮酸的生成:磷酸烯醇式丙酮酸在丙酮酸激酶的催化下,将高能磷酸键转移给ADP生成ATP和不稳定的烯醇式丙酮酸,进而转变为稳定的酮式丙酮酸。此反应不可逆,是糖酵解的第三步限速反应,亦是糖酵解过程中的第二次底物水平磷酸化。

上述反应中,由1分子葡萄糖生成2分子丙酮酸,发生两次磷酸化反应共消耗2分子ATP,进行两次底物水平磷酸化反应共生成4分子ATP。

2. 丙酮酸还原成乳酸　在乳酸脱氢酶(LDH)催化下,由NADH+H⁺作为供氢体,丙酮酸被还原生成乳酸。NADH+H⁺来自于上述反应中的3-磷酸甘油醛的脱氢反应。

糖酵解是机体缺氧时的分解途径,在细胞质中进行,乳酸是糖酵解的终产物。己糖激酶、磷酸果糖激酶-1和丙酮酸激酶是反应的关键酶,其所催化的三步反应不可逆。1mol葡萄糖经糖酵解氧化净生成2mol ATP,而1mol糖原经糖酵解氧化净生成3mol ATP。

考点链接
糖酵解的关键酶

糖酵解反应归纳如图5-2。

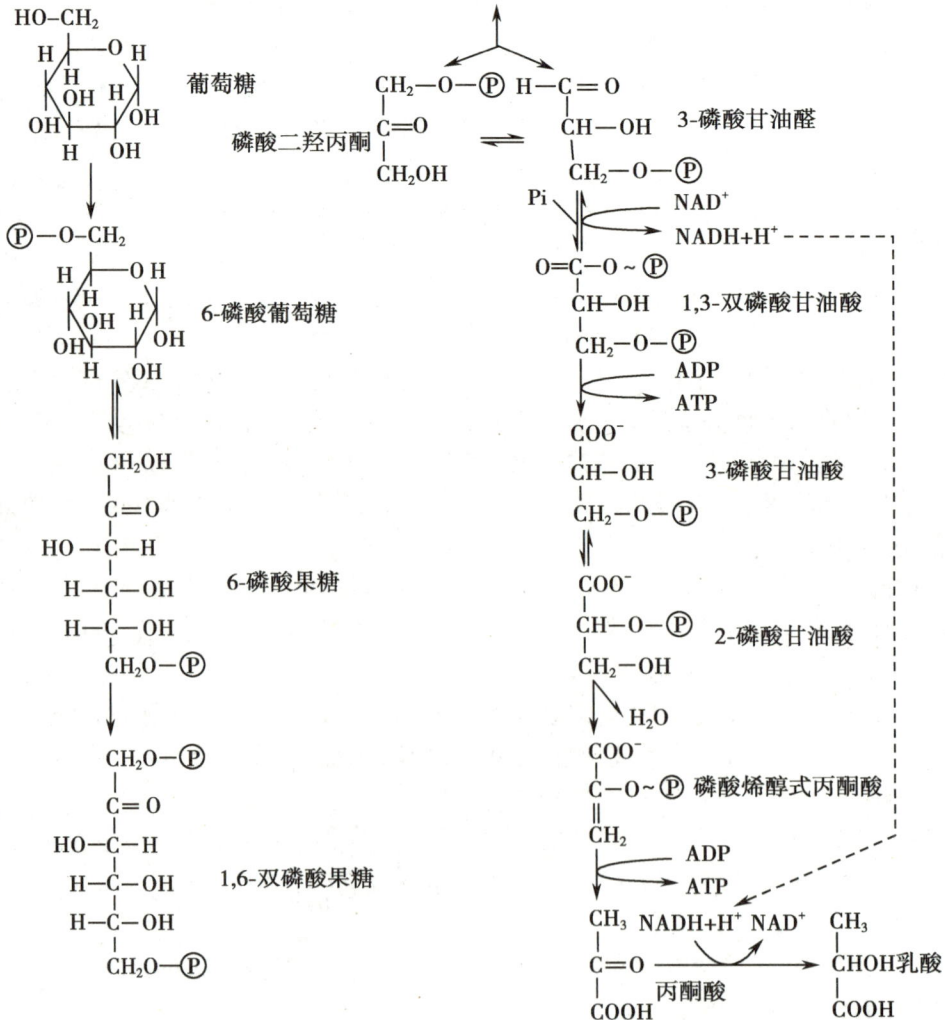

图5-2　糖酵解过程

前沿知识

Warburg 效应

德国生物化学家 O. H. Warburg 发现即使在有氧的情况下,肿瘤细胞内的葡萄糖不会彻底氧化而是被分解为乳酸,这种现象称为 Warburg 效应。Warburg 效应既能使肿瘤细胞获得合成蛋白质、脂类和核酸的碳源,能满足肿瘤细胞快速生长的需要,又能关闭有氧氧化途径,阻碍自由基的生成,从而避免细胞凋亡。

(三)糖无氧氧化的生理意义

1. **缺氧时迅速提供能量** 剧烈运动或某些病理情况下,如呼吸循环功能障碍、大量失血、严重贫血或休克等,由于机体处于缺氧状态,糖酵解加强,机体主要通过无氧氧化迅速提供能量。若机体长时间缺氧,糖酵解过度,可导致乳酸堆积,发生酸中毒。

考点链接
糖酵解的生理意义

2. **某些组织细胞主要的供能途径** 成熟红细胞无线粒体,完全依赖糖酵解供能。白细胞、睾丸、视网膜、肿瘤细胞等代谢较为活跃的组织,即使在供氧充足时,也依赖糖酵解供能。

二、糖的有氧氧化

(一)糖的有氧氧化的概念

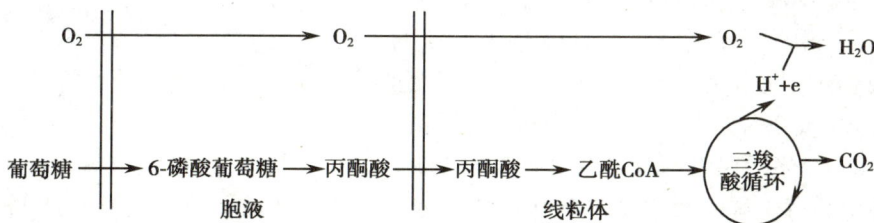

糖的有氧氧化是指葡萄糖或糖原在有氧的条件下彻底氧化生成 CO_2 和 H_2O,并释放大量能量的过程。有氧氧化是体内糖分解供能的主要方式。

考点链接
糖的有氧氧化的概念

(二)糖的有氧氧化的反应过程

糖的有氧氧化可分为三个阶段:第一阶段在细胞质中,葡萄糖氧化生成丙酮酸;第二阶段在线粒体中,丙酮酸进入线粒体氧化脱羧生成乙酰 CoA;第三阶段在线粒体中,乙酰 CoA 进入三羧酸循环反应,并偶联进行氧化磷酸化。糖的有氧氧化可概括如图 5-3。

图 5-3 葡萄糖有氧氧化反应流程

1. **葡萄糖氧化生成丙酮酸** 此过程同糖酵解途径。

2. **丙酮酸氧化脱羧生成乙酰 CoA** 细胞质中生成的丙酮酸进入线粒体,在丙酮酸脱氢酶复合体催化下,氧化脱羧生成乙酰 CoA。包括 5 步反应,整个反应不可逆,最终生成 1 分子 $NADH+H^+$。总反应式为:

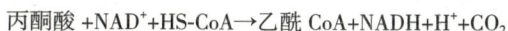

$$丙酮酸 +NAD^+ +HS\text{-}CoA \rightarrow 乙酰 CoA+NADH+H^+ +CO_2$$

55

丙酮酸脱氢酶复合体由丙酮酸脱氢酶(辅酶为 TPP)、二氢硫辛酰胺脱氢酶(辅酶为 FAD 和 NAD^+)和二氢硫辛酰胺转乙酰酶(辅酶为硫辛酸和 CoA)组成。

3. 乙酰 CoA 进入三羧酸循环 三羧酸循环(TAC)又称柠檬酸循环或 Krebs 循环,是指在线粒体内由乙酰 CoA 和草酰乙酸缩合生成含有三个羧基的柠檬酸开始,经一系列酶促反应,又以草酰乙酸再生而结束的循环反应过程。

考点链接

三羧酸循环的概念

(1) 柠檬酸的生成:1 分子乙酰 CoA 和 1 分子草酰乙酸由柠檬酸合酶催化,缩合成含有三个羧基的柠檬酸。柠檬酸合酶是反应的关键酶,此反应不可逆。

(2) 柠檬酸异构为异柠檬酸:由顺乌头酸酶催化,柠檬酸先脱水生成顺乌头酸,再加水生成异柠檬酸,完成柠檬酸与异柠檬酸的异构互换。

(3) 异柠檬酸氧化脱羧:由异柠檬酸脱氢酶催化,异柠檬酸氧化脱羧生成 α- 酮戊二酸。这是三羧酸循环的第一次氧化脱羧,生成 1 分子的 CO_2,脱下的氢由 NAD^+ 接受,生成 $NADH+H^+$。此反应不可逆,异柠檬酸脱氢酶是反应的关键酶。

(4) α- 酮戊二酸氧化脱羧:α- 酮戊二酸由 α- 酮戊二酸脱氢酶复合体催化,氧化脱羧生成含有高能硫酯键的琥珀酰 CoA。这是三羧酸循环的第二次氧化脱羧,最终生成 1 分子的 CO_2 和 1 分子 $NADH+H^+$。α- 酮戊二酸脱氢酶复合体为反应的关键酶,反应不可逆。

(5) 琥珀酸的生成:在琥珀酰 CoA 合成酶催化下,琥珀酰 CoA 将高能硫酯键转移给 GDP 生成 GTP,自身转变为琥珀酸。此反应为三羧酸循环中唯一的底物水平磷酸化步骤。

(6) 琥珀酸氧化生成延胡索酸:由琥珀酸脱氢酶催化,琥珀酸氧化生成延胡索酸,受氢体为 FAD,生成 1 分子 $FADH_2$。

(7) 延胡索酸水化生成苹果酸:延胡索酸由延胡索酸酶催化,在延胡索酸双键上水化生成苹果酸。

(8) 苹果酸氧化生成草酰乙酸:由苹果酸脱氢酶催化,苹果酸脱氢氧化生成草酰乙酸。脱下的氢由 NAD^+ 接受,生成 $NADH+H^+$。总反应式概况如下:

$$CH_3CO\sim SCoA+3NAD^++FAD+GDP+P_i \rightarrow 2CO_2+3NADH+FADH_2+GTP$$

三羧酸循环的特点可概括为:①循环以乙酰 CoA 和草酰乙酸开始,经氧化脱羧后又以草酰乙酸再生结束,是单反应体系,柠檬酸合酶、异柠檬酸脱氢酶和 α- 酮戊二酸脱氢酶复合体是该循环的关键酶。②循环通过两次脱羧反应生成 2 分子 CO_2;③循环发生 4 次脱氢反应生成 3 分子的 $NADH+H^+$ 和 1 分子的 $FADH_2$,1 分子 $NADH+H^+$ 经呼吸链氧化产生 2.5 分子 ATP,1 分子 $FADH_2$ 经呼吸链氧化产生 1.5 分子 ATP;循环中还有 1 次底物水平磷酸化生成 1 分子的 ATP。故 1 分子乙酰 CoA 进入三羧酸循环彻底氧化产生 10 分子 ATP。三羧酸循环反应归纳如图 5-4。

考点链接

三羧酸循环的特点

(三) 糖的有氧氧化的生理意义

1. 机体氧化供能的主要途径 1mol 葡萄糖彻底氧化生成 CO_2 和 H_2O,可净生成 30 或 32mol ATP(表 5-1),糖的有氧氧化产生的能量是糖酵解的 15 或 16 倍。是正常生理情况下绝大多数组织获得能量的主要途径。

考点链接

糖的有氧氧化的生理意义

2. 三羧酸循环是三大营养物质分解代谢的共同

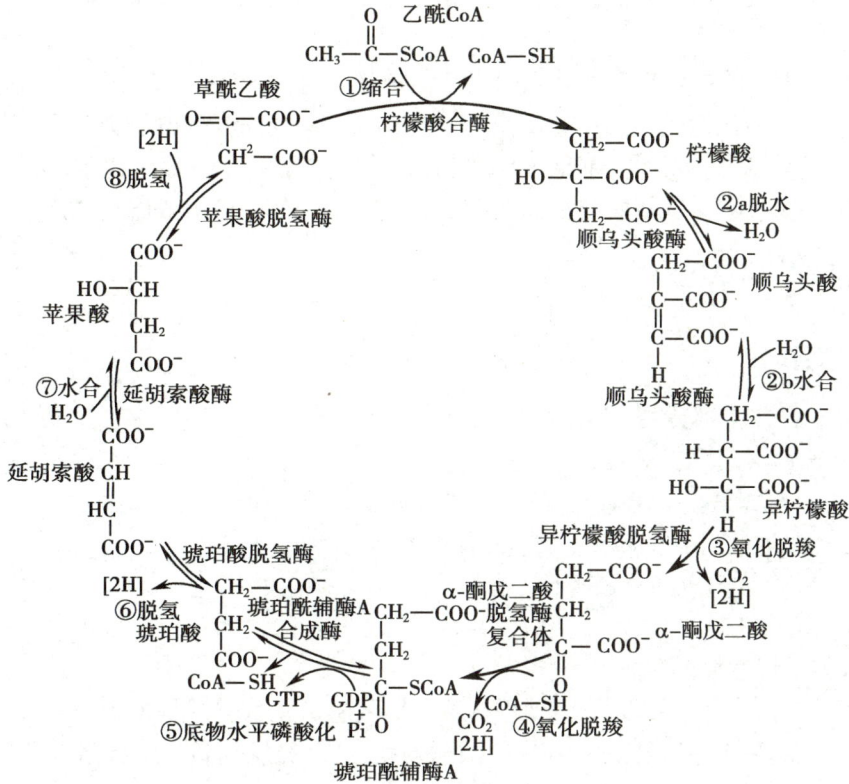

图 5-4　三羧酸循环反应过程

表 5-1　葡萄糖有氧氧化生成的 ATP

阶段及场所	反应	底物水平磷酸化反应	还原当量	生成 ATP 数
第一阶段 （细胞质）	葡萄糖→6- 磷酸葡萄糖	—	—	−1
	6- 磷酸果糖→1,6- 二磷酸果糖	—	—	−1
	2×3- 磷酸甘油醛→2×1,3- 二磷酸甘油酸	—	2NADH	3 或 5*
	2×1,3- 二磷酸甘油酸→2×3- 磷酸甘油酸	2×1	—	2
	2× 磷酸烯醇式丙酮酸→2× 丙酮酸	2×1	—	2
第二阶段 （线粒体）	2× 丙酮酸→2× 乙酰 CoA	—	2NADH	5
第三阶段 （线粒体）	2× 异柠檬酸→2×α- 酮戊二酸	—	2NADH	5
	2×α- 酮戊二酸→2× 琥珀酰 CoA	—	2NADH	5
	2× 琥珀酰 CoA→2× 琥珀酸	2×1	—	2
	2× 琥珀酸→2× 延胡索酸	—	2FADH$_2$	3
	2× 苹果酸→2× 草酰乙酸	—	2NADH	5
	可净生成 ATP 数			30 或 32

注：* 获得 ATP 的数量取决于 NADH 进入线粒体的穿梭机制（见第四章）。

通路 糖、脂肪和蛋白质在机体内分解代谢最终都能产生乙酰CoA,然后进入三羧酸循环彻底氧化。

3. 三羧酸循环是三大营养物质代谢联系的枢纽 糖、脂肪和蛋白质通过三羧酸循环可互相转变。例如,糖代谢的中间产物草酰乙酸、α-酮戊二酸和丙酮酸等得到氨基分别转变为天冬氨酸、谷氨酸和丙氨酸。脂肪酸和胆固醇的合成原料乙酰CoA主要来源于糖代谢。体内的生糖氨基酸、生酮氨基酸或生糖兼生酮氨基酸能转变为糖类或脂类物质。

三、磷酸戊糖途径

病例分析

男性,8岁,食用新鲜蚕豆后出现体温升高、恶心、乏力等症状,继之出现皮肤、巩膜黄染,尿液呈浓茶色,随即送医院就诊。

请问:1. 根据患者的临床表现,初步考虑的疾病是什么?

2. 患者应重点检测的项目是什么?

3. 患者的发病机制是什么?

(一)磷酸戊糖途径的概念

在肝、脂肪组织、肾上腺皮质、红细胞、泌乳期乳腺和性腺等代谢旺盛的组织中,还存在磷酸戊糖途径。磷酸戊糖途径是指由6-磷酸葡萄糖开始,经氧化和基团转移两个阶段生成3-磷酸甘油醛和6-磷酸果糖,再返回到糖酵解的代谢途径。

(二)磷酸戊糖途径的反应过程

磷酸戊糖途径在细胞质中进行,分为两个阶段:第一阶段是氧化反应,生成5-磷酸核糖、NADPH和CO_2;第二阶段是基团转移反应,最终生成3-磷酸甘油醛和6-磷酸果糖。

1. 氧化反应 6-磷酸葡萄糖经2次脱氢和1次脱羧反应,生成5-磷酸核糖、NADPH和CO_2。6-磷酸葡萄糖脱氢酶是该途径的关键酶。

(1)氧化生成6-磷酸葡萄糖酸内酯:由6-磷酸葡萄糖脱氢酶催化,6-磷酸葡萄糖氧化生成6-磷酸葡萄糖酸内酯。反应需Mg^{2+}的参与,6-磷酸葡萄糖脱氢酶的辅酶是$NADP^+$,生成1分子$NADPH+H^+$。

(2)水解生成6-磷酸葡萄糖酸:在内酯酶作用下,6-磷酸葡萄糖酸内酯水解生成6-磷酸葡萄糖酸。

(3)氧化脱羧生成5-磷酸核酮糖:由6-磷酸葡萄糖酸脱氢酶催化,6-磷酸葡萄糖酸氧化脱羧生成5-磷酸核酮糖、NADPH和CO_2。

(4)异构生成5-磷酸核糖:由异构酶催化,5-磷酸核酮糖异构生成5-磷酸核糖。

2. 基团转移反应 5-磷酸核糖由转酮醇酶和转醛醇酶催化,5-磷酸核糖经过一系列基团转移反应后,最终生成3-磷酸甘油醛和6-磷酸果糖,然后再进入糖酵解代谢途径。磷酸戊糖途径的反应归纳如图5-5。

(三)磷酸戊糖途径的生理意义

磷酸戊糖途径不产能,但其代谢中间产物5-磷酸核糖和NADPH对机体具有重要的生理意义。

1. 生成5-磷酸核糖 体内的核糖通过磷酸戊糖途径生成。5-磷酸核糖是体内核苷酸的合成原料,核苷酸是核酸的基本组成单位。

2. 生成 NADPH NADPH 携带的氢不能通过呼吸链氧化释出能量,而是作为供氢体参与体内的还原性代谢反应。

（1）NADPH 是体内许多合成代谢的供氢体:胆固醇、脂肪酸和性激素等的生物合成都需要 NADPH 供氢;此外,体内非必需氨基酸的合成也需要 NADPH 供氢。

（2）参与羟化反应:体内的羟化反应常有 NADPH 参与。例如:药物、毒物在肝内进行的生物转化作用,胆汁酸、类固醇激素的合成等。

（3）维持谷胱甘肽的还原状态:谷胱甘肽（GSH）是由谷氨酸、半胱氨酸和甘氨酸聚合成的三肽化合物。NADPH 是谷胱甘肽还原酶的辅酶,GSH 是体内重要的抗氧化剂,可保护一些含巯基的蛋白质或酶免受氧化剂损害,尤其对红细胞膜的完整性具有重要作用。

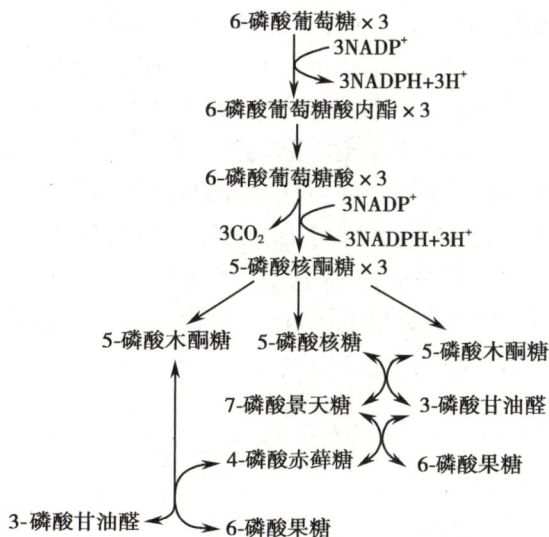

图 5-5 磷酸戊糖途径

考点链接
磷酸戊糖途径的生理意义

体内缺乏 6- 磷酸葡萄糖脱氢酶,红细胞不能通过磷酸戊糖途径获取足够的 NADPH,难以维持谷胱甘肽的还原状态,机体对抗氧化剂的能力减弱,导致红细胞膜破裂,发生溶血性黄疸。此病常在食用蚕豆后诱发,故称为蚕豆病。

第三节 糖原的合成与分解

食物中摄入的糖类除氧化供能外,大部分转变为脂肪储存于脂肪组织中,少部分用于合成糖原。糖原是由葡萄糖聚合而成的多分支高分子的有机化合物,是体内糖的储存形式。糖原分子呈树枝状,糖原的直链通过 α-1,4- 糖苷键相连,分支处以 α-1,6- 糖苷键连接,分支末端为非还原端,糖原的合成和分解均从非还原端开始。肝脏和骨骼肌是储存糖原的主要组织器官,肝糖原是血糖的重要来源,这对依赖葡萄糖供能的脑组织和红细胞具有重要意义。肌糖原分解主要为肌肉收缩提供能量。

一、糖原的合成

（一）糖原合成的概念
糖原合成是指由葡萄糖生成糖原的过程,主要发生在肝和骨骼肌的细胞质中。

（二）糖原合成的过程
糖原合成过程中,由 ATP 和 UTP 提供能量,葡萄糖先活化,再连接形成糖原分子的直链和支链。

1. 葡萄糖的活化 首先,由己糖激酶(肌)或葡萄糖激酶(肝脏)催化,葡萄糖磷酸化为 6-磷酸葡萄糖,再经变位酶催化生成 1- 磷酸葡萄糖,后者与 UTP 反应生成尿苷二磷酸葡萄糖

（UDPG），此反应由尿苷二磷酸葡萄糖焦磷酸化酶催化。UDPG 是糖原合成时葡萄糖的活化形式，可看作"活性葡萄糖"，是葡萄糖的供体。

2. 糖原的合成　由糖原合酶催化，UDPG 将葡萄糖基转移到糖原引物（Gn）的非还原端，形成 α-1,4- 糖苷键，反复进行使糖原分子的直链延长。糖原合酶是糖原合成过程中的关键酶。糖原合酶只能催化直链的延长，不能催化形成分支，分支结构的形成需分支酶催化。当糖链中的葡萄糖基数量达到 12~18 个时，由分支酶催化，将 6~7 个葡萄糖基转移至邻近的糖链上以 α-1,6- 糖苷键相连从而形成分支结构（图 5-6）。

考点链接
糖原合成的关键酶

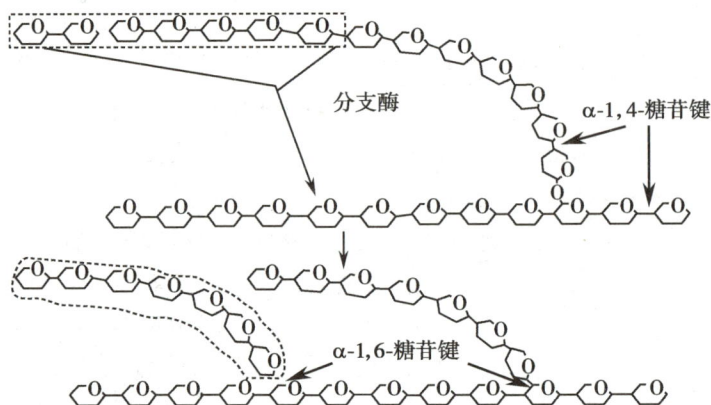

图 5-6　分支酶的作用

糖原合成是耗能的过程，糖链每增加一个葡萄糖单位，需消耗 2 分子 ATP，葡萄糖磷酸化生成 6- 磷酸葡萄糖时消耗 1 分子 ATP，焦磷酸水解时消耗一个高能磷酸键。

二、糖原的分解

（一）糖原分解的概念

糖原分解是指由肝糖原分解为葡萄糖的过程，它不是糖原合成的逆反应。肌糖原不能直接分解为葡萄糖，而是进入糖酵解或糖的有氧氧化。

（二）糖原分解的过程

1. 糖原分解为 1- 磷酸葡萄糖　在糖原分子的非还原端，由磷酸化酶催化，使糖链的 α-1,4- 糖苷键断裂，分解出 1 个葡萄糖基，生成 1- 磷酸葡萄糖。此反应不可逆，磷酸化酶为糖原分解的关键酶，此酶仅作用于 α-1,4- 糖苷键，而不能催化 α-1,6- 糖苷键。

考点链接
糖原分解的概念

考点链接
糖原分解的关键酶

当糖链上的葡萄糖基逐渐减少至离分支点约 4 个葡萄糖基时，由脱支酶催化。脱支酶为双功能酶，具有转移酶和 α-1,6- 糖苷酶的活性。脱支酶将 3 个葡萄糖基转移至邻近糖链末端，以 α-1,4- 糖苷键相连，同时分支点处的 α-1,6- 糖苷键被水解分离出 1 个游离的葡萄糖分子（图 5-7）。

2. 生成 6- 磷酸葡萄糖　1- 磷酸葡萄糖在变位酶催化下转变为 6- 磷酸葡萄糖。

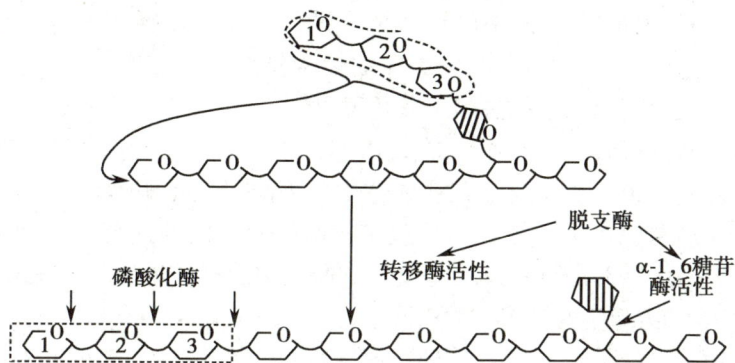

图 5-7　脱支酶的作用

3. 6- 磷酸葡萄糖水解为葡萄糖　由葡萄糖 -6- 磷酸酶催化,6- 磷酸葡萄糖水解生成葡萄糖。葡萄糖 -6- 磷酸酶仅存在于肝和肾组织。肌组织由于缺乏葡萄糖 -6- 磷酸酶,6- 磷酸葡萄糖不能直接分解为葡萄糖,而是进入糖酵解或糖的有氧氧化。糖原合成和分解归纳如图 5-8。

三、糖原合成与分解的生理意义

糖原合成与分解的生理意义在于维持血糖浓度的动态平衡。当血糖浓度升高时,机体进行糖原合成,将过剩的葡萄糖转变为肝、肌糖原储存起来;当血糖浓度下降时,肝糖原分解生成葡萄糖补充血糖。这对脑、红细胞等依赖葡萄糖供能的组织细胞尤为重要。体内先天性缺乏糖原代谢的酶类,导致某些组织器官中大量糖原堆积,称为糖原贮积症。所缺陷的酶的种类不同,导致受累器官不同,对健康的危害程度也不同,糖原贮积症可分为 Ⅰ～Ⅷ型。

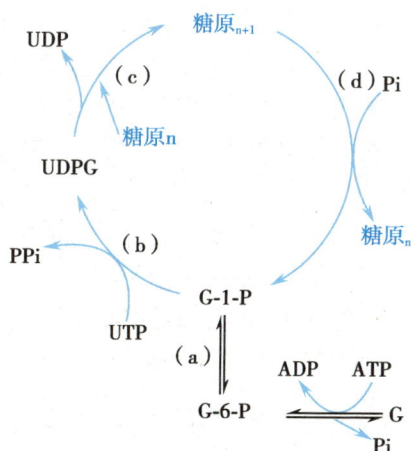

图 5-8　糖原合成和分解过程
(a) 磷酸葡萄糖变位酶;(b) UDPG 焦磷酸化酶;(c) 糖原合酶和分支酶;(d) 糖原磷酸化酶和脱支酶

第四节　糖异生作用

一、糖异生的概念

糖异生是指由非糖物质转变为葡萄糖或糖原的过程。非糖物质包括生糖氨基酸、乳酸、丙酮酸和甘油。肝是进行糖异生的主要器官,其次为肾,肾进行糖异生的能力只有肝的 10%,而在长期饥饿时可增强。

考点链接

糖异生的概念

二、糖异生的途径

糖异生途径可基本上看作是糖酵解的逆过程。糖酵解中大多数酶促反应是可逆的,但由己糖激酶、磷酸果糖激酶-1 和丙酮酸激酶催化的三步反应步骤不可逆,形成"能障"。糖异生时需其他酶催化绕过三个"能障",完成非糖物质转变为葡萄糖。

(一) 丙酮酸经羧化支路生成磷酸烯醇式丙酮酸

糖酵解中,在丙酮酸激酶的催化下,磷酸烯醇式丙酮酸转变为丙酮酸。在糖异生中,其逆过程涉及两步反应。第一步反应是在线粒体中由丙酮酸羧化酶催化,消耗 ATP,CO_2 羧化后转移给丙酮酸生成草酰乙酸。第二步反应是草酰乙酸从线粒体转运至细胞质,在磷酸烯醇式丙酮酸羧激酶的作用下,消耗 GTP,草酰乙酸脱羧生成磷酸烯醇式丙酮酸。

(二) 1,6-二磷酸果糖转变为6-磷酸果糖

糖酵解中,磷酸果糖激酶-1 催化6-磷酸果糖生成 1,6-二磷酸果糖。糖异生中,由果糖二磷酸酶-1 催化,1,6-二磷酸果糖转变生成6-磷酸果糖。

(三) 6-磷酸葡萄糖水解为葡萄糖

糖酵解中,由己糖激酶催化,葡萄糖磷酸化为6-磷酸葡萄糖。糖异生中,由葡萄糖-6-磷酸酶催化,6-磷酸葡萄糖分子内的磷酸酯键水解生成葡萄糖。

上述过程中,丙酮酸羧化酶、磷酸烯醇式丙酮酸羧激酶、果糖二磷酸酶-1 和葡萄糖-6-磷酸酶是糖异生的关键酶。其他非糖物质通过这些关键酶催化能绕过"能障",转变为葡萄糖。如乳酸可氧化为丙酮酸,再遵循糖异生途径生成葡萄糖;甘油磷酸化为 α-磷酸甘油后,氧化生成磷酸二羟丙酮,再遵循糖异生途径生成葡萄糖;生糖氨基酸转变为三羧酸循环的中间产物,再遵循糖异生途径生成葡萄糖。糖异生途径归纳如图 5-9。

> 💡 **考点链接**
> 糖异生的关键酶

三、糖异生的生理意义

(一) 维持血糖浓度的相对恒定

糖异生最主要的生理功能是维持血糖浓度的相对恒定。饥饿时,肝糖原分解产生的葡萄糖仅能维持 8~12 小时,以后机体主要靠生糖氨基酸、乳酸、甘油等非糖物质经糖异生途径维持血糖浓度的恒定。在长期饥饿的情况下,糖异生对于脑、红细胞和骨髓等以葡萄糖为主要能源的组织细胞维持正常的生理功能尤为重要。

(二) 补充或恢复肝糖原储备

糖异生是补充或恢复肝糖原储备的重要途径。进食后丰富的糖原储备并非全是糖原合成的结果,因为肝细胞中的葡萄糖激酶对葡萄糖的亲和力低,对葡萄糖的摄取能力低,但肝细胞可通过糖异生来间接合成糖原。这就是在进食 2~3 小时后,肝仍保持较高的糖异生作用的原因。

> 💡 **考点链接**
> 糖异生的生理意义

(三) 维持酸碱平衡、防止乳酸中毒

在长期饥饿的情况下,肾糖异生作用增强,促进了肾小管 NH_3 的分泌,NH_3 与 H^+ 结合为 NH_4^+,降低了原尿中 H^+ 的浓度,有利于机体排氢保钠,有利于维持酸碱平衡。长期禁食后,酮体代谢旺盛,导致 pH 降低,促进了肾小管中的磷酸烯醇式丙酮酸羧激酶的合成,糖异生作用增强。

肌组织剧烈运动时,通过糖酵解生成的乳酸可经血液被肝摄取,再经糖异生转变为葡萄糖,葡萄糖释放入血后又被肌组织摄取,这样的一个循环称为乳酸循环或 Cori 循环(图 5-10)。

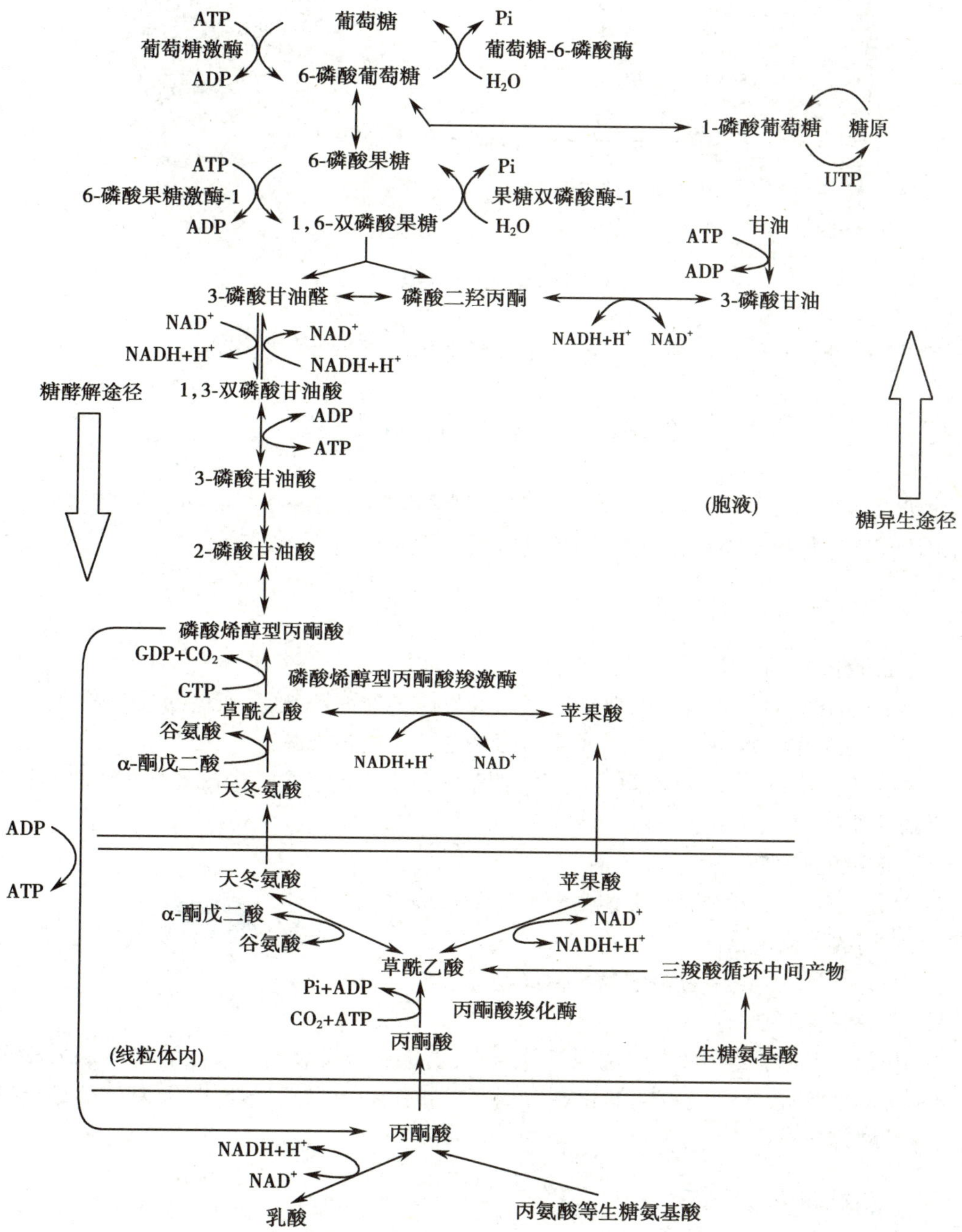

ATP 葡萄糖 Pi
葡萄糖激酶 葡萄糖-6-磷酸酶
ADP 6-磷酸葡萄糖 H₂O

1-磷酸葡萄糖 糖原
UTP

6-磷酸果糖 Pi
ATP
6-磷酸果糖激酶-1 果糖双磷酸酶-1
ADP 1,6-双磷酸果糖 H₂O

ATP 甘油
ADP

3-磷酸甘油醛 ⟷ 磷酸二羟丙酮 3-磷酸甘油
NAD⁺ NAD⁺
NADH+H⁺ NADH+H⁺ NADH+H⁺ NAD⁺

糖酵解途径

1,3-双磷酸甘油酸
ADP
ATP

3-磷酸甘油酸

(胞液) 糖异生途径

2-磷酸甘油酸

磷酸烯醇型丙酮酸
GDP+CO₂
GTP 磷酸烯醇型丙酮酸羧激酶
草酰乙酸 ⟷ 苹果酸
谷氨酸
α-酮戊二酸 NADH+H⁺ NAD⁺
天冬氨酸

ADP

ATP

天冬氨酸 苹果酸
α-酮戊二酸 NAD⁺
谷氨酸 NADH+H⁺
草酰乙酸 ← 三羧酸循环中间产物
Pi+ADP
CO₂+ATP 丙酮酸羧化酶
生糖氨基酸
(线粒体内) 丙酮酸

丙酮酸
NADH+H⁺
NAD⁺
乳酸 丙氨酸等生糖氨基酸

图 5-9 糖异生途径

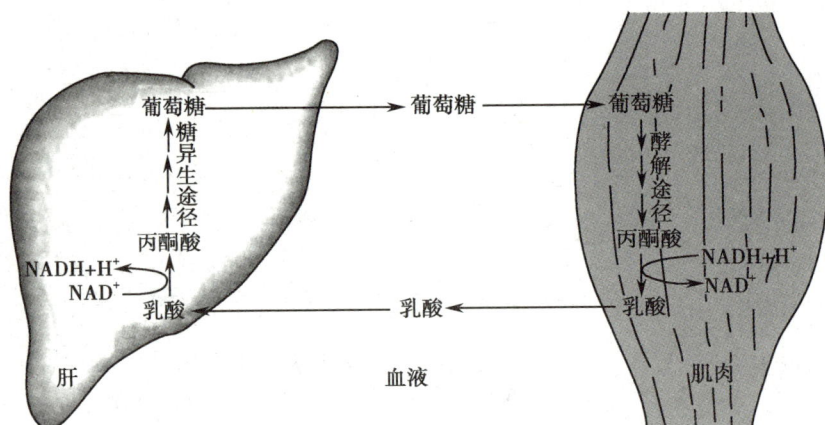

图 5-10 乳酸循环

乳酸循环既促进了乳酸的再利用,又能防止乳酸堆积而发生乳酸酸中毒。

第五节 血糖及其调节

血糖是指血液中的葡萄糖,正常人空腹血糖浓度为 3.89~6.11mmol/L。正常情况下,血糖的来源与去路保持动态平衡,使血糖维持在相对恒定的范围内。

一、血糖的来源和去路

(一) 血糖的来源

1. 糖的消化吸收 食物中的淀粉经消化吸收提供葡萄糖,这是血糖的主要来源。

2. 肝糖原分解 肝糖原分解生成葡萄糖是血糖的重要来源。

3. 糖异生作用 体内的乳酸、甘油等非糖物质经糖异生途径生成葡萄糖,是空腹和长期饥饿的主要来源。

(二) 血糖的去路

1. 氧化供能 在组织细胞中葡萄糖氧化分解提供能量,这是血糖的主要去路。

2. 合成糖原 血液中过剩的葡萄糖经糖原合成途径合成肝糖原和肌糖原储存。

> 💡 **考点链接**
> 血糖的来源与去路

3. 转变为其他糖类 如在代谢旺盛的组织,葡萄糖经磷酸戊糖途径生成 5-磷酸核糖。

4. 转变为脂肪、氨基酸等非糖物质 葡萄糖被组织摄取后经脂类、氨基酸代谢转变为脂肪、氨基酸等非糖物质(图 5-11)。

二、血糖浓度的调节

血糖水平的相对恒定主要受到激素的调节,既是糖、脂肪、蛋白质代谢协调的结果,又是肝脏、肌肉、脂肪组织代谢协调的结果。激素可通过影响组织器官的生理功能、激素间的相互作用、经细胞信号转导调节某些关键酶的活性等机制,从而影响血糖水平。

调节血糖的激素分为两大类:一类是降低血糖的激素,即胰岛素,是体内唯一降低血糖的激素;另一类是升高血糖的激素,包括胰高血糖素、糖皮质激素、肾上腺素、生长素,其中胰

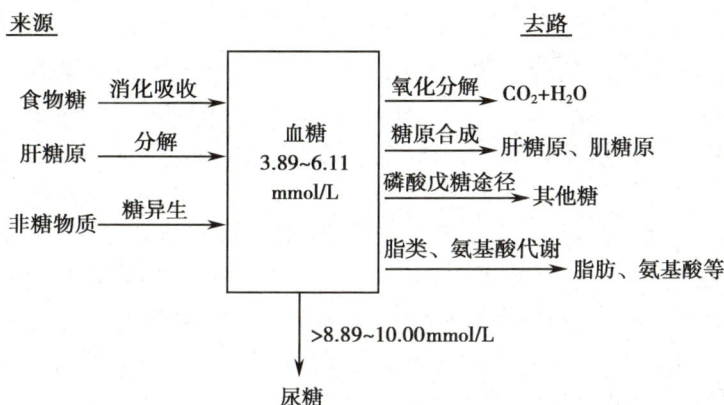

图 5-11 血糖的来源与去路

高血糖素是升高血糖的主要激素,而肾上腺素主要在应激状态下发挥调节作用。激素对血糖水平调节的机制归纳如表 5-2。

考点链接

激素对血糖水平的调节机制

表 5-2 激素对血糖水平的调节

激素	调 节 机 制
胰岛素	① 加速糖原合成、抑制糖原分解 ② 加速糖的有氧氧化 ③ 抑制脂肪动员,增强葡萄糖分解利用 ④ 抑制糖异生作用
胰高血糖素	① 抑制糖酵解,加强糖异生作用 ② 加速糖原分解、抑制糖原合成 ③ 促进脂肪动员,减少葡萄糖分解利用
糖皮质激素	① 协同增强其他激素促进脂肪动员 ② 抑制组织细胞摄取利用葡萄糖 ③ 促进肌组织蛋白质的分解,加强糖异生作用
肾上腺素	① 加速糖原分解、抑制糖原合成 ② 必要时加强脂肪动员 ③ 抑制胰岛素分泌
生长素	① 抑制组织细胞摄取利用葡萄糖 ② 促进脂肪动员,减少葡萄糖分解利用

三、糖代谢障碍

(一) 糖耐量与糖耐量试验

1. **糖耐量** 人体处理葡萄糖的能力称为葡萄糖耐量,也称为耐糖现象。正常情况下,人体有一套完善的血糖代谢调节机制,即使一次摄入大量的葡萄糖,机体可通过糖的氧化分解、糖原的合成等调节机制,血糖短暂的升高后又可恢复到正常水平,这是正常的糖耐现象。如果摄入葡萄糖后,血糖升高后恢复缓慢,或者血糖不升高或升高不显著,都说明血糖代谢障碍,称为糖耐量失常。

2. 糖耐量试验 糖耐量试验（OGTT）是一种葡萄糖负荷试验，临床上常用于检测人体血糖水平，辅助诊断糖代谢紊乱的相关疾病。在试验中，首先测试受试者空腹血糖浓度，然后一次饮入 250ml 含 75g 葡萄糖的糖水，每隔 30 分钟测一次血糖，历时 2 小时。同时，每隔 1 小时测一次尿糖。取时间为横坐标，血糖浓度为纵坐标，绘制糖耐量曲线图。

（二）高血糖与糖尿病

1. 高血糖 空腹时血糖水平大于 7.1mmol/L 时称为高血糖。若血糖浓度大于 8.89~10.00mmol/L，超过肾小管的重吸收能力而出现糖尿，这一血糖浓度值称为肾糖阈。

引起高血糖的常见原因有：①情绪激动、紧张时引起交感神经兴奋，致使肾上腺素分泌增多，肝糖原分解增多；②临床上静脉滴注葡萄糖速度过快，导致血糖增加；③胰岛功能障碍或胰岛素受体缺陷，如糖尿病引起的高血糖。

2. 糖尿病 糖尿病（DM）是一类由多因素引起的糖代谢紊乱疾病，主要由胰岛素缺乏和胰岛素受体缺陷所引起。糖尿病的临床表现为高血糖或糖尿，伴有"三多一少"症状，即多尿、多饮、多食和体重减轻。根据糖尿病的病理生理、病因特点及临床表现，可将糖尿病分为四型：胰岛素依赖型、非胰岛素依赖型（2 型）、妊娠糖尿病（3 型）和其他特殊类型糖尿病（4 型）。1 型糖尿病是由于胰岛 β 细胞功能缺陷，引起胰岛素分泌不足，由遗传因素和环境因素共同作用所致。2 型糖尿病主要是由胰岛素抵抗引起的，由遗传因素及环境因素共同作用而形成的多基因遗传病，我国糖尿病患者以 2 型糖尿病居多。

（三）低血糖

血糖水平小于 2.8mmol/L 时称为低血糖。如果血糖水平过低，影响脑细胞供能，引起脑功能障碍，加之交感神经兴奋和肾上腺素分泌增多，出现头晕、四肢无力、心悸、饥饿感、脸色苍白、多汗等症状。严重者可发生低血糖休克，需及时补充葡萄糖，如不及时补充葡萄糖，可导致死亡。

引起低血糖的常见原因：①饥饿或不能进食者；②胰岛素使用过量；③胰岛 β 细胞功能亢进、胰岛 α 细胞功能低下等；④内分泌异常，如肾上腺皮质功能低下、垂体功能低下等；⑤某些癌症胰岛素分泌增多。

本章小结

糖的主要生理功能是为生命活动提供能量和碳源。

糖无氧氧化是指机体在缺氧或无氧的情况下，葡萄糖或糖原分解生成乳酸并释放少量能量的过程。整个反应在细胞质中进行，关键酶为己糖激酶、磷酸果糖激酶 -1 和丙酮酸激酶。1mol 葡萄糖经糖酵解氧化净生成 2mol ATP。糖的有氧氧化是指葡萄糖或糖原在有氧的条件下彻底氧化生成 CO_2 和 H_2O，并释放大量能量的过程，可净生成 30 或 32mol ATP。有氧氧化是体内糖分解供能的主要方式。反应可分为三个阶段：糖酵解；丙酮酸生成乙酰 CoA；三羧酸循环偶联氧化磷酸化。磷酸戊糖途径能生成 5- 磷酸核糖和 NADPH。

糖原是体内糖的储存形式。糖原合成是指由葡萄糖生成糖原的过程，关键酶是糖原合酶。糖原分解是指由肝糖原分解为葡萄糖的过程，关键酶为磷酸化酶。糖原合成与分解的生理意义在于维持血糖浓度的相对恒定。

糖异生是非糖物质转变为葡萄糖或糖原的过程。丙酮酸羧化酶、磷酸烯醇式丙酮酸羧激酶、果糖二磷酸酶-1和葡萄糖-6-磷酸酶是糖异生的关键酶。

血糖水平相对恒定,受到多种激素的调节,葡萄糖的分解、合成、储存相对平衡。糖代谢异常可导致低血糖或高血糖,以糖尿病最为常见。

目标测试

一、名词解释

1. 糖酵解　　2. 糖的有氧氧化　　3. 三羧酸循环　　4. 糖异生　　5. 血糖

二、填空题

1. 糖酵解的终产物是_____,1mol 葡萄糖经糖酵解氧化净生成_____ATP。

2. 体内唯一降低血糖的激素是_____,升高血糖的激素有_____、_____、和_____。

3. 三羧酸循环反应起始于_____和_____缩合生成柠檬酸,反应的关键酶包括_____、_____和_____。

4. 糖的有氧氧化的反应场所是_____和_____,反应第二阶段的中间产物是_____,第三阶段的反应场所是_____。

5. 磷酸戊糖途径生成的两个重要中间产物分别为_____和_____。

6. 三羧酸循环发生了_____次脱羧和_____次脱氢和_____次底物水平磷酸化,1mol 乙酰 CoA 经三羧酸循环彻底氧化生成_____mol ATP。

7. 丙酮酸脱氢酶复合体由_____、_____和_____三种酶组成。

三、简答题

1. 简述糖异生的概念、关键酶及其生理意义。
2. 简述磷酸戊糖途径的关键酶及其生理意义。
3. 简述血糖的来源和去路,血糖浓度受哪些激素的调节?

(鲁正宏)

第六章　脂类代谢

学习目标

1. 掌握：脂肪的分解代谢；酮体的合成与利用；血浆脂蛋白的分类和功能。
2. 熟悉：脂类的生理功能；脂肪的合成代谢和胆固醇的代谢。
3. 了解：脂类在体内的分布；磷脂的代谢。

脂类是脂肪和类脂的总称。脂肪是由一分子甘油和三分子脂肪酸脱水缩合而成的酯，又称为甘油三酯（TG）；类脂主要包括磷脂（PL）、糖脂、胆固醇（Ch）及胆固醇酯（CE）等。

第一节　概　　述

病例分析

某患者多食、多饮、多尿及体重减少，查空腹血糖 10.6mmol/L，尿糖（++）。
请问：1. 该患者初步诊断为何病？
　　　2. 患者吃得多，为什么还会体重减少呢？

一、脂类的生理功能

（一）脂肪的生理功能

1. 储能与供能　脂肪是体内主要的储能物质。1g 脂肪在体内彻底氧化可释放 38.94kJ 的能量。正常人体生命活动所需能量的 17%~25% 是由脂肪提供。
2. 保持体温　脂肪不易导热，皮下脂肪能防止热量散失而维持体温。
3. 提供必需脂肪酸、促进脂溶性维生素的吸收。
4. 保护内脏　内脏器官周围的脂肪可缓冲外界的机械性撞击，减少脏器间的摩擦而保护内脏。

（二）类脂的生理功能

1. 参与生物膜的构成　类脂中的磷脂和胆固醇是生物膜的基本组成成分，在维持生物膜的正常结构和功能上起重要作用。
2. 参与神经髓鞘的构成　神经髓鞘中含有大量的胆

考点链接

脂类的生理功能

固醇和磷脂,它们构成了神经纤维间的绝缘体,以维持神经冲动的正常传导。

3. 转变成其他活性物质　胆固醇在体内可转变成胆汁酸盐、维生素 D_3 及类固醇激素等具有重要功能的物质。

二、脂类在体内的含量与分布

脂肪主要分布于皮下组织、大网膜、肠系膜、肾脏等脂肪组织,将储存脂肪的部位称为脂库。成年男性脂肪含量占体重的 10%~20%,女性则稍高。脂肪含量受营养状况、机体活动量、疾病的影响而有较大变动,故称为可变脂。

类脂是生物膜的基本组成成分,约占体重的 5%,基本不受营养状况及运动等因素的影响,故称为固定脂。

三、脂类的消化与吸收

食物中的脂类主要为脂肪,磷脂、胆固醇及胆固醇酯等。脂类的消化主要在小肠上段进行。胆汁中的胆汁酸盐能将脂类物质乳化并分散为细小的微团,利于消化酶的作用。胰液中有消化脂类的多种酶,如胰脂酶能催化脂肪生成甘油一酯和 2 分子脂肪酸;胆固醇酯酶将胆固醇酯水解成胆固醇及脂肪酸;磷脂酶催化甘油磷脂生成溶血磷脂及脂肪酸。

脂肪及类脂的消化产物主要在十二指肠下端及空肠上段被吸收。脂肪经胆汁酸盐乳化后被吸收至肠黏膜细胞,在脂肪酶的作用下水解为甘油及脂肪酸,经门静脉进入血液循环。甘油一酯、脂肪酸、胆固醇及溶血磷脂吸收入肠黏膜细胞后,在细胞内再合成甘油三酯、磷脂和胆固醇酯,并与载脂蛋白结合形成乳糜微粒(CM),经淋巴进入血液循环。

第二节　甘油三酯的代谢

一、甘油三酯的分解代谢

(一) 甘油三酯的水解(脂肪动员)

当饥饿或运动时,脂肪组织中储存的甘油三酯在脂肪酶的催化下逐步水解,生成甘油和脂肪酸释放入血液,并运往全身各组织细胞氧化利用的过程称为脂肪动员。

甘油三酯先后在甘油三酯(TG)脂肪酶、甘油二酯(DG)脂肪酶、甘油一酯(MG)脂肪酶的催化下逐步水解,其中甘油三酯脂肪酶是脂动员的限速酶,其活性受多种激素影响,故称为激素敏感性脂肪酶。肾上腺素、去甲肾上腺素、肾上腺皮质激素及胰高血糖素能激活甘油三酯脂肪酶,促进脂肪动员,这些激素称为脂解激素;胰岛素能抑制这种酶活性,使脂肪的动员减慢,称为抗脂解激素。

考点链接

脂肪动员的过程及限速酶、脂解激素与抗脂解激素

(二) 甘油的代谢

脂肪动员产生的甘油释放入血液,被肝、肾及小肠黏膜细胞摄取,这些组织富含甘油激酶,可催化甘油磷酸化生成 α-磷酸甘油,再脱氢成磷酸二羟丙酮,经糖代谢途径氧化供能,也可异生成葡萄糖或糖原。

$$甘油 \xrightarrow[\substack{ATP \quad ADP}]{甘油激酶} \alpha\text{-磷酸甘油} \xrightarrow[\substack{NAD^+ \quad NADH}]{\alpha\text{-磷酸甘油脱氢酶}} 磷酸二羟丙酮 \begin{cases} CO_2+H_2O+ 能量 \\ 葡萄糖或糖原 \end{cases}$$

（三）脂肪酸的氧化

除成熟红细胞和脑组织外,大多数组织都能氧化利用脂肪酸,以肝和肌肉最为活跃。脂肪酸氧化的主要场所是线粒体。脂肪酸的氧化分解过程可分为四个阶段:脂肪酸的活化、脂酰 CoA 进入线粒体、β- 氧化及乙酰 CoA 进入三羧酸循环。

1. 脂肪酸活化成脂酰 CoA   在细胞质中,脂肪酸在脂酰 CoA 合成酶的催化下,生成脂酰 CoA 的过程称为脂肪酸的活化。反应需要 ATP、辅酶 A、Mg^{2+} 存在,反应中 ATP 供能生成 AMP,相当于消耗 2 分子 ATP。

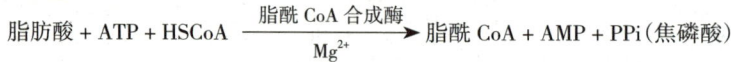

$$脂肪酸 + ATP + HSCoA \xrightarrow[Mg^{2+}]{脂酰 CoA 合成酶} 脂酰 CoA + AMP + PPi（焦磷酸）$$

2. 脂酰 CoA 进入线粒体   由肉碱作为载体,将胞质中生成的脂酰 CoA 转运进入线粒体。

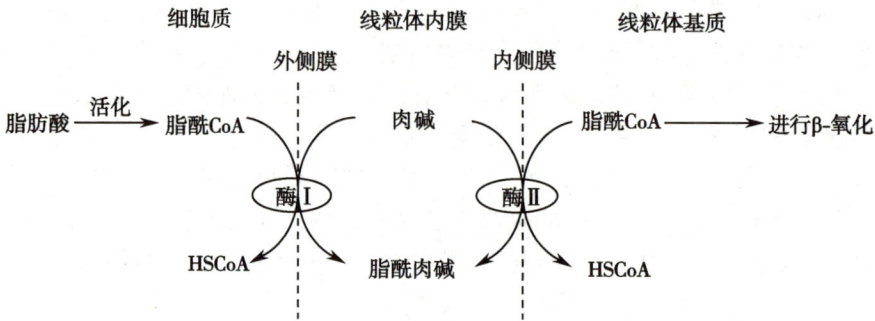

图 6-1　脂酰 CoA 通过线粒体内膜示意图

3. 脂肪酸的 β- 氧化   进入线粒体的脂酰 CoA,在脂肪酸 β- 氧化酶系的催化下,脂酰基的 β- 碳原子发生氧化断裂的过程称为 β- 氧化。每一次 β- 氧化由脱氢、加水、再脱氢、硫解四步连续反应组成,生成一分子乙酰 CoA,和比原来少两个碳原子的脂酰 CoA。其过程如下(图 6-2)。

考点链接
脂肪酸的 β- 氧化的概念及步骤

（1）脱氢:在脂酰 CoA 脱氢酶催化下,脂酰 CoA 的 α 与 β 碳原子上各脱去 1 个氢原子,生成 α、β- 烯脂酰 CoA,脱下的 2H 由 FAD 接受生成 $FADH_2$。

（2）加水:在水化酶的催化下,α、β- 烯脂酰 CoA 加 1 分子 H_2O,生成 β- 羟脂酰 CoA。

（3）再脱氢:在 β- 羟脂酰 CoA 脱氢酶催化下,β- 羟脂酰 CoA 再脱去 2H 生成 β- 酮脂酰 CoA,脱下的 2H 由 NAD^+ 接受生成 $NADH+H^+$。

（4）硫解:β- 酮脂酰 CoA 在硫解酶的催化下,需 1 分子 HSCoA 参加,其碳链中 α 与 β 碳原子间的化学键断裂,生成 1 分子乙酰 CoA 和比原先少 2 个碳原子的脂酰 CoA。后者再次进行脱氢、加水、再脱氢及硫解的连续反应,如此反复,直到脂酰 CoA 全部生成乙酰 CoA。

4. 乙酰 CoA 进入三羧酸循环   β- 氧化生成的乙酰 CoA 经三羧酸循环彻底氧化成 CO_2 和 H_2O 并释放能量。

甘油三酯氧化分解的主要意义是供给能量。以一分子软脂酸为例,计算 ATP 的生成

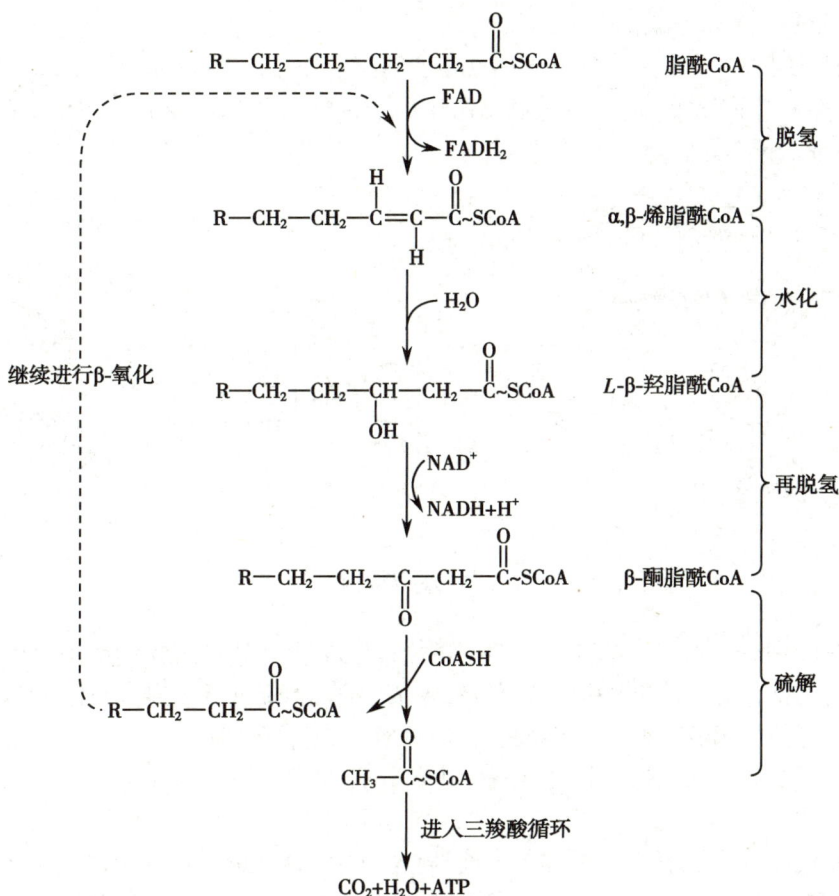

$$R-CH_2-CH_2-CH_2-CH_2-\overset{\overset{\displaystyle O}{\|}}{C}\sim SCoA \qquad 脂酰CoA \qquad\Big\}\ 脱氢$$

FAD → FADH₂

$$R-CH_2-CH_2-\overset{H}{\underset{H}{C}}=C-\overset{\overset{\displaystyle O}{\|}}{C}\sim SCoA \qquad α,β-烯脂酰CoA \qquad\Big\}\ 水化$$

H₂O

$$R-CH_2-CH_2-\underset{OH}{CH}-CH_2-\overset{\overset{\displaystyle O}{\|}}{C}\sim SCoA \qquad L-β-羟脂酰CoA \qquad\Big\}\ 再脱氢$$

NAD⁺ → NADH+H⁺

$$R-CH_2-CH_2-\overset{\overset{\displaystyle O}{\|}}{C}-CH_2-\overset{\overset{\displaystyle O}{\|}}{C}\sim SCoA \qquad β-酮脂酰CoA \qquad\Big\}\ 硫解$$

CoASH

继续进行β-氧化

$$R-CH_2-CH_2-\overset{\overset{\displaystyle O}{\|}}{C}\sim SCoA$$

$$CH_3-\overset{\overset{\displaystyle O}{\|}}{C}\sim SCoA$$

进入三羧酸循环

$$CO_2+H_2O+ATP$$

图 6-2 脂肪酸 β- 氧化过程

量。软脂酸为 16 个碳原子的饱和脂肪酸,经 7 次 β- 氧化,可生成 7 分子 FADH₂、7 分子 NADH+H⁺ 和 8 乙酰 CoA,每分子 FADH₂ 和 NADH+H⁺ 进入氧化呼吸链分别生成 1.5 分子 ATP 和 2.5 分子 ATP;每分子乙酰 CoA 通过三羧酸循环可生成 10 分子 ATP。故 1 分子软脂酸彻底氧化产生 1.5×7+2.5×7+10×8=108 分子 ATP,减去脂肪酸活化消耗的 2 分子 ATP,可净生成 106 分子 ATP。

（四）酮体的生成和利用

酮体是脂肪酸在肝代谢的中间产物,包括乙酰乙酸、β- 羟丁酸和丙酮。其中以 β- 羟丁酸含量最多,约占总量的 70%,乙酰乙酸约占 30%,丙酮含量极微。

> **考点链接**
> 酮体的概念

1. 酮体的生成　酮体合成的原料是脂肪酸 β- 氧化生成的乙酰 CoA,在肝细胞的线粒体内酶的催化下,经以下过程合成酮体。

（1）乙酰乙酰 CoA 的生成:2 分子乙酰 CoA 在肝细胞线粒体乙酰乙酰 CoA 硫解酶的催化下,缩合成 1 分子乙酰乙酰 CoA,并释放出 1 分子辅酶 A。

（2）羟甲基戊二酸单酰 CoA（HMGCoA）的生成:乙酰乙酰 CoA 由羟甲基戊二酸单酰 CoA（HMG-CoA）合成酶催化与 1 分子乙酰 CoA 缩合成羟甲基戊二酸单酰 CoA（HMG-CoA）。

其中 HMG-CoA 合成酶是酮体合成的关键酶。

（3）酮体的生成：HMG-CoA 在 HMG-CoA 裂解酶的作用下，裂解成乙酰 CoA 和乙酰乙酸，乙酰乙酸在线粒体内膜 β- 羟丁酸脱氢酶的作用下，被还原成 β- 羟丁酸，少量乙酰乙酸也可自动脱羧生成丙酮（图 6-3）。

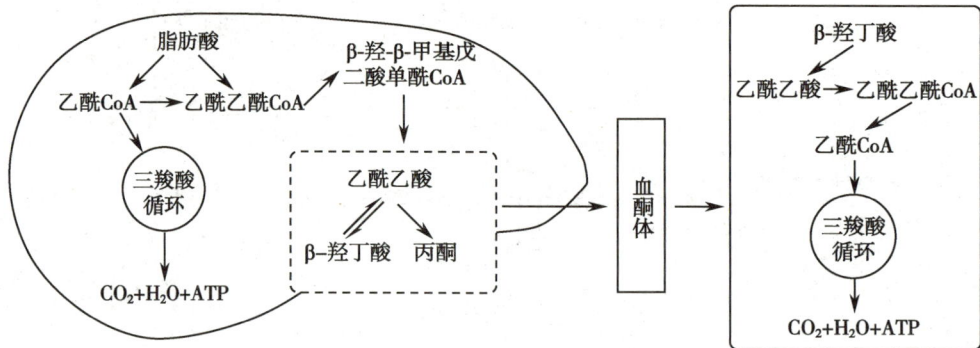

图 6-3　酮体的生成和利用

2. 酮体的利用　肝有丰富的酮体生成酶系，但却缺乏分解酮体的酶类，所以酮体生成后，透出肝细胞膜，随血液循环运至肝外组织被乙酰乙酸硫激酶或琥珀酰 CoA 转硫酶催化乙酰乙酸，转变为乙酰乙酰 CoA，再被硫解酶分解为 2 分子乙酰 CoA，后者进入三羧酸循环氧化。β- 羟丁酸可在 β- 羟丁酸脱氢酶催化下先转变成乙酰乙酸，再经上述途径氧化分解（见图 6-3）。

3. 酮体代谢的生理意义　酮体分子小，水溶性大，容易透过血脑屏障和毛细血管壁，是肝脏输出脂肪类能源的另一种形式。在饥饿及糖供应不足时，酮体将代替葡萄糖成为脑组织的主要能源。

正常人血中酮体含量很少，仅为 0.03~0.5mmol/L。在长期饥饿、严重糖尿病时，脂肪动员加强，肝内酮体的生成量超过肝外组织的利用能力时，导致血中酮体升高，称为酮血症。同时尿中出现酮体，称为酮尿。由于乙酰乙酸、β- 羟丁酸具有较强的酸性，血中酮体过多可导致酮症酸中毒。丙酮含量增多时，由于丙酮具有挥发性，可从肺呼出，甚至可闻到患者呼出气中有烂苹果味。

> **考点链接**
> 酮体的生成与利用及其生理意义

二、甘油三酯的合成代谢

（一）甘油三酯的合成原料及其来源

肝、脂肪组织及小肠是合成甘油三酯的主要场所，以肝的合成能力最强。甘油三酯的合成是在细胞质中进行的，其合成的原料是脂酰 CoA 及 α- 磷酸甘油。

1. α- 磷酸甘油的来源　体内 α- 磷酸甘油主要来自于糖代谢，糖分解代谢中的中间产物磷酸二羟丙酮，在 α- 磷酸甘油脱氢酶的催化下还原生成 α- 磷酸甘油；其次，甘油经磷酸化生成 α- 磷酸甘油。

2. 脂肪酸的生物合成　脂肪酸的合成是在胞质中进行，以乙酰 CoA 为原料，在 NADPH、ATP 等物质参与下，逐步缩合而成。乙酰 CoA 先羧化形成丙二酸单酰 CoA 后，由

1 分子的乙酰 CoA 与 7 分子的丙二酸单酰 CoA，在脂肪酸合成酶催化下，NADPH 供氢合成 16C 的软脂酸，软脂酸经加工改造可生成碳链长短不同、饱和度不同的脂肪酸。但亚油酸、亚麻酸、花生四烯酸等不饱和脂肪酸是人体必需脂肪酸，人体不能合成，必须由食物供给。

💡 **考点链接**

必需脂肪酸的概念及种类

（二）甘油三酯的合成过程

在脂酰基转移酶及磷脂酸磷酸酶的催化下，以 α- 磷酸甘油和脂酰 CoA 为原料合成脂肪。

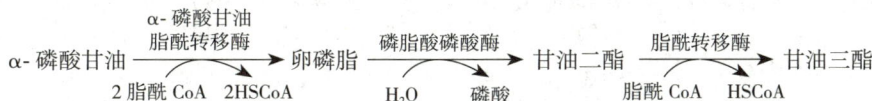

$$\text{α- 磷酸甘油} \xrightarrow[\substack{\text{α- 磷酸甘油} \\ \text{脂酰转移酶} \\ \text{2 脂酰 CoA } \text{2HSCoA}}]{} \text{卵磷脂} \xrightarrow[\substack{\text{磷脂酸磷酸酶} \\ \text{H}_2\text{O } \text{磷酸}}]{} \text{甘油二酯} \xrightarrow[\substack{\text{脂酰转移酶} \\ \text{脂酰 CoA } \text{HSCoA}}]{} \text{甘油三酯}$$

第三节 磷脂的代谢

含有磷酸的脂类称为磷脂。由甘油酯化产生的磷脂称为甘油磷脂。甘油磷脂是体内含量最多的一类磷脂，主要有磷脂酰胆碱（卵磷脂）、磷脂酰胆胺（脑磷脂）等。

磷脂在体内具有重要的生理功能，如构成生物膜和神经髓鞘；促进脂类物质的消化吸收；参与构成血浆脂蛋白及细胞信号传导等。

一、甘油磷脂的合成代谢

全身各组织细胞均可合成甘油磷脂，以肝、肾及肠等组织最为活跃。

（一）合成原料

合成甘油磷脂的主要原料有甘油二酯、胆碱、胆胺（乙醇胺）、丝氨酸、甲硫氨酸等，还需要 ATP、CTP、叶酸和维生素 B_{12}。如果体内合成磷脂的原料（如必需脂肪酸、胆碱、胆胺、甲硫氨酸）缺乏，可使肝中磷脂含量减少，导致转运甘油三酯的极低密度脂蛋白（VLDL）合成障碍，使甘油三酯不能运出肝脏而堆积，造成脂肪肝。临床常用磷脂和合成磷脂的原料（丝氨酸、甲硫氨酸、胆碱、胆胺）以及相关辅助因子（ATP、CTP、叶酸、维生素 B_{12}）来治疗脂肪肝。

💡 **考点链接**

磷脂合成与脂肪肝

（二）合成的过程

甘油磷脂的合成过程见图 6-4。

二、甘油磷脂的分解代谢

人体内的磷脂酶 A_1、A_2、B、C 和 D，分别作用于甘油磷脂的不同酯键，催化甘油磷脂逐步水解生成甘油、脂肪酸、磷酸及胆碱、乙醇胺等。这些水解产物可被再利用或被氧化分解。甘油磷脂在磷脂酶 A 催化下生成的溶血磷脂，是一种较强的表面活性物质，能使细胞膜破坏引起溶血或细胞坏死。急性胰腺炎与磷脂酶 A_2 激活有关，某些蛇毒含有磷脂酶 A_2，人被毒蛇咬伤后会引起溶血。

磷脂酰胆碱

溶血磷脂酰胆碱

丝氨酸 HOCH₂CHCOOH (NH₂) —CO₂→ HOCH₂CH₂NH₂ 胆胺 —3S-腺苷蛋氨酸→ HOCH₂CH₂N⁺(CH₃)₃ 胆碱

磷酸胆胺 ℗-OCH₂CH₂NH₂

磷酸胆碱 ℗-OCH₂CH₂N⁺(CH₃)₃

CDP-胆胺 CDP—OCH₂CH₂NH₂

CDP-胆碱 CDP—OCH₂CH₂N⁺(CH₃)₃

磷脂酰胆胺（脑磷脂）

磷脂酰胆碱（卵磷脂）

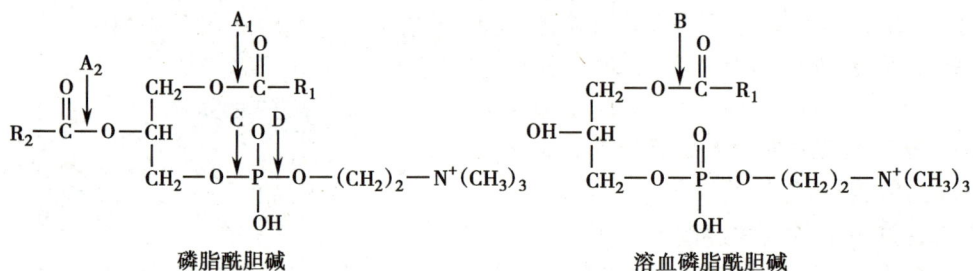

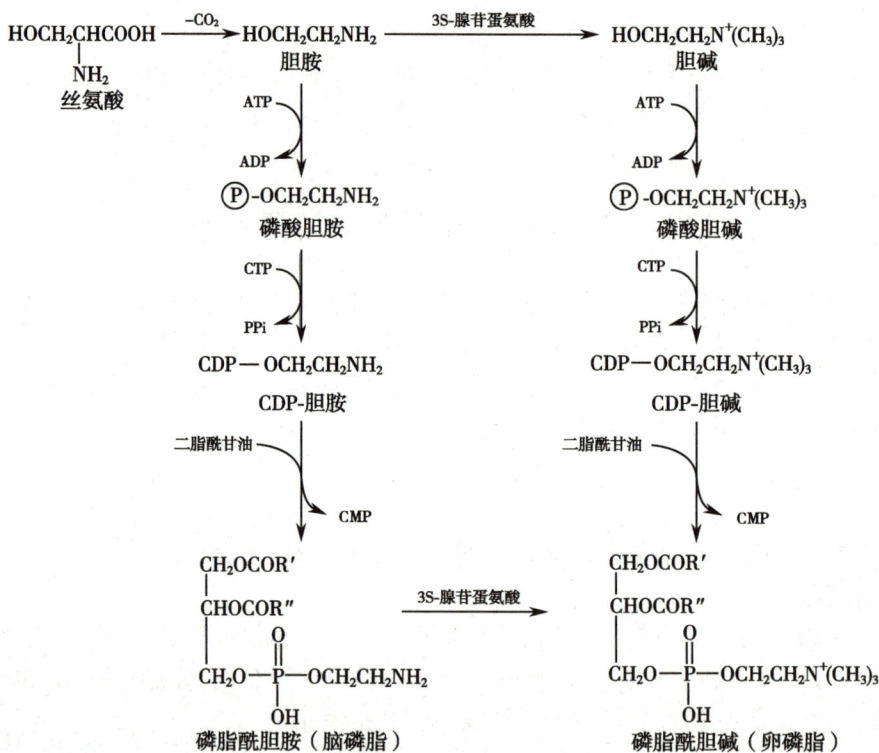

图6-4 甘油磷脂的合成过程

第四节 胆固醇代谢

胆固醇是环戊烷多氢菲的衍生物,主要分布在脑及神经组织;肝、肾、肠等内脏及皮肤、脂肪组织。人体内含胆固醇140g。正常人每天从膳食中获取的胆固醇约为300~500mg,主要来自动物性食品,如肝、脑、肉类及蛋黄、奶油等,体内能合成胆固醇。

一、胆固醇的合成代谢

（一）合成部位

成人除脑组织及成熟红细胞外,几乎全身各组织均可合成胆固醇。每天合成胆固醇量为1g,其中肝脏合成胆固醇的能力最强,占总量的70%~80%,其次是小肠。胆固醇合成酶系存在胞质及内质网膜中。

（二）合成原料

乙酰CoA是合成胆固醇的原料,此外还需ATP提供能量,NADPH+H$^+$供氢。乙酰CoA和ATP大多来自糖的有氧氧化,NADPH+H$^+$则主要来自于磷酸戊糖途径。

考点链接

胆固醇合成的部位、原料及限速酶

（三）合成的基本过程

胆固醇合成过程比较复杂,有近30步酶促反应,大致分为三个阶段:

1. 甲羟戊酸的生成　在胞质中,首先由2分子乙酰CoA缩合成乙酰乙酰CoA,然后再与1分子乙酰CoA缩合生成羟甲基戊二酸单酰CoA(HMG-CoA),后者在HMG-CoA还原酶催化下,由NADPH+H$^+$供氢,还原生成甲羟戊酸(MVA)。HMG-CoA还原酶是胆固醇合成的限速酶。

2. 鲨烯的合成　MVA首先在ATP供能条件下,脱羧、脱羟基后生成反应活性极强的5碳焦磷酸化合物,然后3分子的5碳焦磷酸化合物进一步缩合成15碳的焦磷酸法尼酯。2分子15碳的焦磷酸法尼酯再经缩合、还原等反应生成含30碳的鲨烯。

3. 胆固醇的合成　鲨烯结合在胞质中胆固醇载体蛋白上,经加氧酶、环化酶等作用,先环化生成羊毛固醇,然后再经氧化、脱羧及还原等反应脱去3个甲基生成27碳的胆固醇(图6-5)。

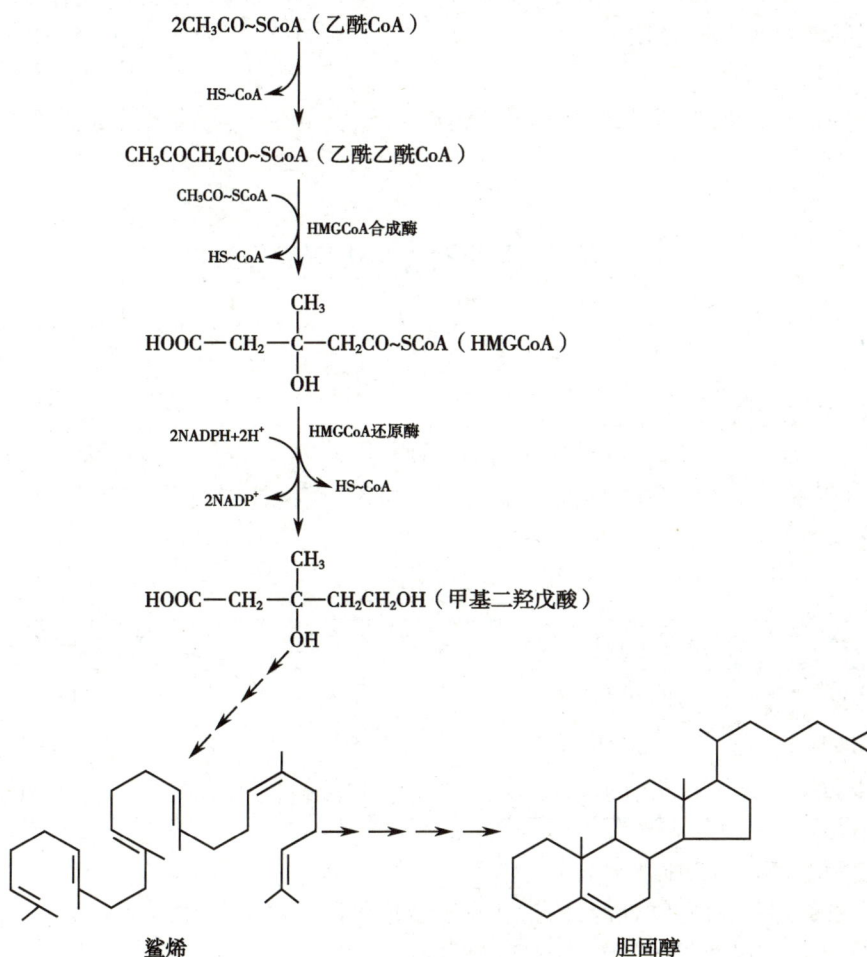

$$2CH_3CO\sim SCoA（乙酰CoA）$$

$$\downarrow \quad HS\sim CoA$$

$$CH_3COCH_2CO\sim SCoA（乙酰乙酰CoA）$$

$$CH_3CO\sim SCoA \quad \downarrow \quad HMGCoA合成酶$$

$$HS\sim CoA$$

$$\underset{OH}{\overset{CH_3}{HOOC-CH_2-\overset{|}{\underset{|}{C}}-CH_2CO\sim SCoA}}（HMGCoA）$$

$$2NADPH+2H^+ \quad \downarrow \quad HMGCoA还原酶$$

$$2NADP^+ \quad HS\sim CoA$$

$$\underset{OH}{\overset{CH_3}{HOOC-CH_2-\overset{|}{\underset{|}{C}}-CH_2CH_2OH}}（甲基二羟戊酸）$$

鲨烯　　　　　　　胆固醇

图6-5　胆固醇合成主要过程

二、胆固醇的酯化

胆固醇生成后可在血浆和细胞内酯化成胆固醇酯。在组织细胞内胆固醇由脂酰 CoA∶胆固醇脂酰转移酶催化,脂酰 CoA 提供脂酰基形成胆固醇酯。在血浆中,受卵磷脂∶胆固醇脂酰转移酶作用,由卵磷脂提供脂酰基生成胆固醇。

三、胆固醇的代谢转化和排泄

胆固醇在体内并不能彻底氧化分解生成二氧化碳和水,而是转变为多种生物活性物质。

(一)转变为胆汁酸

胆固醇在肝内转变成胆汁酸是胆固醇在体内代谢的主要去路,是肝清除体内胆固醇的主要方式。体内每天合成的胆固醇,约有 40% 在肝中转变成胆汁酸,随胆汁排入肠道。

(二)转化为类固醇激素

胆固醇在肾上腺皮质、性腺等内分泌腺中可作为合成肾上腺皮质激素和性激素的原料,参与机体代谢调节。

(三)转化为维生素 D_3

胆固醇在皮下被氧化成 7- 脱氢胆固醇,后者经紫外光照射转变成维生素 D_3。

> **考点链接**
>
> 胆固醇的代谢转化及主要代谢去路

(四)胆固醇的排泄

少部分胆固醇直接随胆汁或通过肠黏膜排入肠道,被肠道细菌还原成粪固醇,随粪便排出。

第五节　血脂和血浆脂蛋白

一、血脂

(一)血脂的组成和含量

血浆中的脂类称为血脂。包括甘油三酯、磷脂、胆固醇及其酯、游离脂肪酸。由于年龄、性别、饮食等因素对脂类代谢的影响,血脂的正常参考值波动较大。正常成人空腹 12~14 小时血脂含量见表 6-1。

表 6-1　正常成人空腹血脂含量

组成	正常参考 mmol/L	组成	正常参考 mmol/L
甘油三酯	0.11~1.69	游离胆固醇	1.03~1.81
总胆固醇	2.59~6.47	磷脂	48.44~80.73
胆固醇酯	1.81~5.17	游离脂肪酸	0.20~0.78

(二)血脂的来源和去路

血脂的来源有两方面:①外源性,指从食物摄取的脂类经消化吸收进入血液;②内源性,是指由肝、脂肪细胞以及其他组织合成后释放入血。

血脂的去路有:①甘油三酯和游离脂肪酸主要是氧化分解提供能量;②过多时进入脂库

贮存;③磷脂和胆固醇主要构成生物膜;④胆固醇可在体内转变成多种生物活性物质。

二、血浆脂蛋白

脂类不溶于水,在水中呈乳浊液。正常人血浆中虽含各种脂类,却仍保持清澈透明。说明血脂在血浆中不是以自由状态存在,而是与血浆蛋白质结合形成脂蛋白,以脂蛋白的形式运输。

(一)血浆脂蛋白的组成

血浆脂蛋白主要由蛋白质、甘油三酯、磷脂、胆固醇及其酯组成,但各种脂蛋白的蛋白质、脂类组成的比例及含量大不相同(表6-2)。

表6-2 血浆脂蛋白的组成及功能

脂蛋白类别 (密度分类法)	化学组成(%)				生理功能
	蛋白质	甘油三酯	胆固醇	磷脂	
CM	1~2	80~95	2~7	6~9	转运外源性脂肪
VLDL	5~10	50~70	10~15	10~15	转运内源性脂肪
LDL	20~25	10	45~50	20	转运内源性胆固醇从肝到全身各组织
HDL	40~50	5	20~22	30	转运胆固醇从组织到肝

(二)血浆脂蛋白的分类

各种脂蛋白所含的脂类和蛋白质的比例和种类不相同,其密度、颗粒大小、表面电荷、电泳迁移率均不同。通常用电泳法和超速离心法可将血浆脂蛋白分成四类。

1. 电泳法 由于各种脂蛋白的表面电荷不同,在电场中具有不同的迁移率,从而相互分开。按其在电场中移动的快慢,由快至慢依次为:①α-脂蛋白(α-LP),相当于α-球蛋白的位置;②前β-脂蛋白(preβ-LP),位于β-脂蛋白之前;③β-脂蛋白(β-LP),相当于β-球蛋白的位置;④乳糜微粒(CM)。

2. 超速离心法 由于各种脂蛋白含有的脂类及蛋白质不同,因而密度亦各不相同。将血浆置于一定密度的盐溶液中进行超速离心,其所含脂蛋白因密度不同而漂浮或沉降,密度比溶液密度小的脂蛋白上浮,密度比溶液密度大的则下沉。据此可将脂蛋白分为四类:乳糜微粒(CM)、极低密度脂蛋白(VLDL)、低密度脂蛋白(LDL)、高密度脂蛋白(HDL)。

(三)血浆脂蛋白的代谢及功能

1. 乳糜微粒(CM) CM是在十二指肠和空肠黏膜细胞合成的,是运输外源性甘油三酯和胆固醇酯的主要形式。在肠细胞新生的CM,经淋巴进入血液后,在毛细血管内皮细胞表面的脂蛋白脂肪酶(LPL)的作用下,催化CM中的甘油三酯水解,产生脂肪酸、甘油等。甘油三酯经LPL的反复作用,CM颗粒也随之变小形成CM残粒,

💡 **考点链接**

血浆脂蛋白的组成、分类及功能。

被肝细胞摄取代谢。正常人CM在血浆的代谢迅速,半衰期为5~15分钟。正常人空腹状态时血中不含CM。

2. 极低密度脂蛋白(VLDL) VLDL是运输内源性甘油三酯的主要形式,主要在肝合成。肝细胞合成的甘油三酯以VLDL形式分泌入血,和CM一样,VLDL在LPL作用下,逐渐水解,

再由 HDL 提供胆固醇酯和载脂蛋白,使其组成成分不断改变,由原来富含脂肪的颗粒变为富含胆固醇的颗粒,最后转变为 LDL。

3. 低密度脂蛋白(LDL) LDL 是在血浆中由 VLDL 转变而来的,它是空腹血浆中主要的脂蛋白,约占血浆脂蛋白总量的 2/3。人体细胞上有 LDL 受体,能特异性识别并结合 LDL,经过胞饮作用使其进入细胞与溶酶体融合,催化胆固醇酯水解产生游离胆固醇和脂肪酸。LDL 主要作用是将肝内胆固醇转运到肝外。血浆 LDL 增高者患动脉粥样硬化的危险性增加。

4. 高密度脂蛋白(HDL) HDL 主要由肝合成,小肠也可合成。HDL 在血中收集胆固醇及从其他脂蛋白交换来的载脂蛋白,然后再被肝细胞所识别而摄取。因此,它是将肝外组织的胆固醇转运到肝内进行代谢的工具,故 HDL 的功能是将肝外胆固醇逆向转运入肝,有利于降低血浆胆固醇,防止动脉粥样硬化的作用。

三、脂类代谢障碍

血脂高于正常上限称为高脂血症,由于血浆中脂类以脂蛋白形式运输,高脂血症又称高脂蛋白血症。正常成人空腹 12~14 小时后,血中甘油三酯不应超过 2.26mmol/L,总胆固醇不应超过 6.7mmol/L,儿童总胆固醇不高于 4.14mmol/L。

前沿知识

1974 年,美国德克萨斯大学的 Michael Brown 和 Joseph Goldstein 在研究家族性高胆固醇血症的致病机制时,发现了在人纤维细胞膜上的 LDL 受体。家族性高胆固醇血症患者 LDL 受体功能部分或完全丧失,当某些因素引起细胞表面 LDL 受体减少时,血液中的胆固醇含量增加,并聚集在动脉壁引起动脉粥样硬化,导致心脏病和脑卒中的发生。LDL 受体的发现为动脉粥样硬化的防治提供了新的思路。两人因此发现而获得了 1985 年诺贝尔生理学或医学奖。

根据世界卫生组织(WHO)建议,将高脂蛋白血症分为六型,见表 6-3。

表 6-3 高脂蛋白血症分型

类型	血浆脂蛋白变化	血脂变化
Ⅰ型高乳糜微粒血症	CM ↑	TG ↑↑↑,TC ↑
Ⅱa 型高胆固醇血症	LDL ↑	TC ↑↑
Ⅱb 型继发性高胆固醇血症	VLDL 及 LDL↑	TC ↑,TG ↑
Ⅲ型	IDL ↑	TC ↑,TG ↑
Ⅳ型高甘油三酯血症	VLDL ↑	TG ↑↑
Ⅴ型高脂血症伴有乳糜微粒血症	CM 及 VLDL↑	TG ↑↑↑,TC ↑

高脂血症可分为原发性和继发性两大类。原发性高脂血症可能与脂蛋白代谢中的关键酶、载脂蛋白和脂蛋白受体的遗传性缺陷有关。继发性高脂血症是继发于其他疾病,如糖尿病、肾病、甲状腺功能减退等。

本章小结

脂类分为脂肪和类脂两大类。脂肪的主要生理功能是储能和供能。类脂包括磷脂、糖脂、胆固醇及其酯等。类脂是构成生物膜的主要成分。脂肪在体内经动员成甘油和脂肪酸再继续分解代谢。脂肪酸经活化、转运、β-氧化生成乙酰 CoA。乙酰 CoA 可进入三羧酸循环彻底氧化释放能量。也可在肝脏合成酮体,酮体包括乙酰乙酸、β-羟丁酸和丙酮。酮体是肝脏向外输出脂肪类能源的一种形式。

以乙酰 CoA 为原料既可以合成脂肪酸也可以合成胆固醇。胆固醇在体内可转化为胆汁酸、类固醇激素、维生素 D_3 及胆固醇酯。

血浆中的脂类称为血脂,血脂不溶于水,以脂蛋白形式运输。可通过超速离心法及电泳法分为乳糜微粒(CM)、极低密度脂蛋白(前 β-脂蛋白)、低密度脂蛋白(β-脂蛋白)及高密度脂蛋白(α-脂蛋白)四类。

目标测试

一、名词解释

1. 脂肪动员 2. 酮体 3. 必需脂肪酸 4. 脂肪酸的 β-氧化 5. 血脂

二、填空题

1. _____和_____总称为脂类。

2. 脂肪酸 β-氧化发生部位是_____。

3. 激素敏感性脂肪酶是指_____。

4. 脂解激素是指_____、_____、_____及胰高血糖素。

5. 抗脂解激素是_____。

6. 1 分子软脂酸(十六碳饱和脂肪酸)彻底氧化时,要经过_____次 β-氧化,生成_____分子乙酰 CoA,净生成_____ATP。

7. 体内合成胆固醇的主要器官是_____,合成原料是_____。

8. 胆固醇在体内可转变为_____、_____和_____等重要物质。

9. 血脂在血浆中的存在和运输形式是_____,是由_____和_____两部分组成。

10. 转运外源性脂肪的脂蛋白是_____,具有抗动脉粥样硬化作用的脂蛋白是_____。

三、简答题

1. 简述脂类的生理功能。
2. 简述脂肪酸 β-氧化过程。
3. 简述酮体代谢的生理意义。
4. 简述血浆脂蛋白的分类。

(王 芳)

第七章　蛋白质的分解代谢

07章

学习目标

1. 掌握：氮平衡、必需氨基酸、蛋白质互补作用和一碳单位的概念；氨基酸脱氨基作用的各种方式；氨的代谢及尿素生成的部位、途径和生理意义。
2. 熟悉：必需氨基酸的种类和蛋白质营养价值的评价标准；氨基酸脱羧基作用的几种胺类物质和一碳单位的代谢。
3. 了解：α-酮酸代谢、蛋氨酸代谢和芳香族氨基酸代谢。

蛋白质是生命的物质基础，氨基酸是蛋白质的基本组成单位。体内蛋白质分解首先水解为氨基酸，再进一步代谢，即蛋白质分解代谢主要是氨基酸代谢。

第一节　概　　述

一、蛋白质的营养作用

(一) 蛋白质的生理功能

1. 维持组织细胞的生长、更新和修补　蛋白质是组织细胞的主要构成成分，故蛋白质的合成对维持组织细胞的生长、更新和修补有重要作用。而摄取足量的食物蛋白质对体内蛋白质的合成非常重要，尤其是生长发育时期的儿童和康复期的患者，更需要获得足量优质的蛋白质作为蛋白质合成的原料。

2. 参与多种重要的生理活动　如催化作用的酶、调节作用的多肽激素和神经递质、免疫作用的抗原及抗体、运动作用的肌动球蛋白、物质转运的载体蛋白、凝血作用的凝血因子等都是蛋白质。

3. 氧化供能　蛋白质是机体的能源之一，蛋白质在体内氧化分解产生的能量为 17.19kJ/g，此功能可由糖或脂肪代替。

(二) 蛋白质的需要量

1. 氮平衡　摄取足量的食物蛋白质对维持各种生命活动极为重要，氮平衡可作为蛋白质需要量的依据。氮平衡是指每天进食蛋白质摄入氮量与通过粪便、尿液等排出氮量的关系。

蛋白质的含氮量约为 16%，食物中含氮物质绝大部分是蛋白质，食物蛋白质可为体内蛋白质合成提供原料，而排出的氮量主要来自蛋白质分解产生的尿素、肌酐等含氮物质。所以，氮平衡反映了体内蛋白质的合成和分解情况。氮平衡有以下三种类型：

（1）氮的总平衡：摄入氮量等于排出氮量，表示体内蛋白质合成与分解处于动态平衡。见于正常成年人。

（2）氮的正平衡：摄入氮量大于排出氮量，表示体内蛋白质合成大于分解，见于儿童、孕妇及恢复期患者。

> **考点链接**
> 氮平衡概念及类型

（3）氮的负平衡：摄入氮量小于排出氮量，表示蛋白质摄入量不能满足体内需要，即体内蛋白质合成小于分解，如长期饥饿、消耗性疾病患者。

2. 生理需要量　根据氮平衡测定，在不进食蛋白质时，成人每天排出氮量约 3.18g，相当于每天分解 20g 克蛋白质，由于食物蛋白不可能全部用于蛋白质合成，故成人每天蛋白质最低需要量为 30~50g。为了长期保持氮的总平衡，我国营养学会推荐成人每日蛋白质需要量为 80g。儿童、孕妇和哺乳期妇女、重体力劳动者、恢复期患者应适当增加。婴幼儿每按体重计算应比成人高三倍。

（三）蛋白质的营养价值

1. 必需氨基酸和非必需氨基酸　营养学上把组成蛋白质的 20 种氨基酸分为必需氨基酸和非必需氨基酸两类。必需氨基酸是指体内需要而又不能自身合成，必须由食物蛋白质供给的氨基酸，包括赖氨酸、色氨酸、苯丙氨酸、甲硫氨酸、苏氨酸、亮氨酸、异亮氨酸、缬氨酸。其余12 种氨基酸在体内可以合成，不一定需由食物蛋白质供给，故称为非必需氨基酸。

> **考点链接**
> 必需氨基酸的概念及种类

2. 蛋白质营养价值的影响因素　摄取蛋白质的目的主要是为机体提供不能自身合成的必需氨基酸，食物蛋白质所含必需氨基酸越接近人体蛋白质，越容易被机体利用，营养价值越高，反之，营养价值越低。所以，蛋白质营养价值的高低主要取决于蛋白质所含必需氨基酸的种

> **考点链接**
> 蛋白质营养价值的评价标准

类、含量和比例。动物蛋白质所含必需氨基酸的种类、数量和比例与人体蛋白质相近，故动物蛋白质营养价值高于植物蛋白质。

3. 蛋白质的互补作用　几种营养价值较低的蛋白质混合食用，可使必需氨基酸相互补充，从而提高蛋白质的营养价值，称为蛋白质的互补作用。如豆类蛋白质中赖氨酸较多而色氨酸较少，谷类蛋白质中则赖氨酸较少而色氨酸较多，两者混合食用即可提高蛋白质的营养价值。说明饮食应多样化，不能偏食。

二、蛋白质的消化吸收与腐败

（一）蛋白质的消化

蛋白质是结构复杂的生物大分子，需要在消化道内水解成小分子的氨基酸才能吸收利用。食物蛋白质的消化从胃开始，胃中的胃蛋白酶原，经胃酸激活生成胃蛋白酶，能将食物蛋白质水解成多肽及少量氨基酸。

小肠是蛋白质消化的主要场所。小肠中有来自胰液的多种蛋白酶，包括内肽酶与外肽酶。内肽酶主要有胰蛋白酶、胰凝乳蛋白酶和弹性蛋白酶等，这些酶能特异地水解肽链内部的某些肽键，生成分子量较小的寡肽。外肽酶包括氨肽酶和羧肽酶，它们分别从肽链的氨基

末端和羧基末端开始,每次水解掉一个氨基酸残基。在小肠黏膜上皮细胞刷状缘或胞质中存在寡肽酶,催化寡肽逐步水解为氨基酸。

(二)蛋白质的吸收

氨基酸的吸收主要在小肠内进行。是一个耗能的主动吸收过程。吸收机制是通过肠黏膜上皮细胞膜上的 6 种氨基酸载体转运,也可通过 γ- 谷氨酰基循环吸收氨基酸。

(三)蛋白质的腐败作用

肠道细菌对肠道中没有被消化的蛋白质和没有被吸收的蛋白质消化产物所起的分解作用称为蛋白质腐败作用。

腐败作用的产物大多数对人体有害,如氨、胺类、苯酚、吲哚及硫化氢等,但也可产生一些营养物质如维生素和脂肪酸等。正常情况下,腐败作用产生的毒性物质数量有限,且大部分随粪便排出,仅少量被吸收,吸收的毒性物质在肝脏经生物转化作用后解除毒性,故机体不致发生中毒现象。

第二节 氨基酸的一般代谢

病例分析

男性,45 岁。5 年前诊断为肝硬化,间歇性乏力、纳差 2 年。1 天前进食不洁肉食后,出现高热、频繁呕吐,继之出现说胡话,扑翼样震颤,即而进入昏迷。查体:T 38.2℃,P 110 次 / 分,BP 75/45mmHg,肝病面容,颈部可见蜘蛛痣,四肢湿冷,腹壁静脉可见曲张,脾肋下 4cm,肝脏未及,腹水征阳性。临床诊断:肝硬化,肝性脑病。

问题:1. 肝性脑病的发病机制?

　　　2. 肝性脑病如何治疗?

一、氨基酸代谢概况

体内游离存在的氨基酸组成氨基酸代谢库,其来源主要有:①食物蛋白质消化吸收的氨基酸;②组织蛋白降解的氨基酸;③体内合成的非必需氨基酸。其去路主要有:①合成组织蛋白质,这是氨基酸的最主要去路;②氧化分解:氨基酸主要通过脱氨基作用生成氨及相应的 α- 酮酸,也可进行氨基酸脱羧基作用生成胺类和 CO_2;③转变为其他含氮化合物,如嘌呤、嘧啶、含氮激素等。体内氨基酸代谢概况如图 7-1 所示。

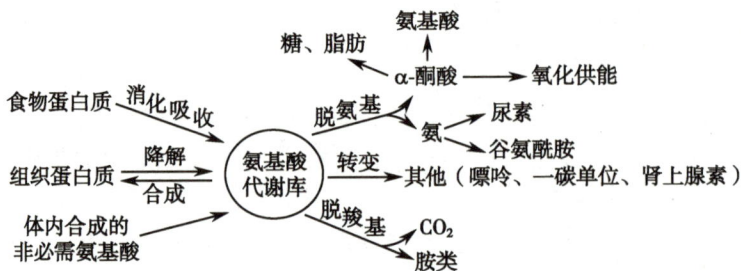

图 7-1 氨基酸代谢概况

二、氨基酸的脱氨基作用

氨基酸分解代谢的主要途径是通过脱氨基作用生成氨和 α-酮酸。脱氨基作用的主要方式有:氧化脱氨基作用、转氨基作用和联合脱氨基作用等,其中联合脱氨基作用最为重要。

考点链接

氨基酸脱氨基作用的方式及产物

(一)氧化脱氨基作用

氧化脱氨基作用是氨基酸先经氧化脱氢生成亚氨基酸,后者再水解脱氨成 NH_3 和 α-酮酸的过程。催化此反应的氨基酸氧化酶有多种,其中以 L-谷氨酸脱氢酶最重要。此酶催化 L-谷氨酸氧化脱氨生成 NH_3 和 α-酮戊二酸。此过程是可逆反应,α-酮戊二酸加氨还原生成谷氨酸,是体内合成非必需氨基酸的重要途径。

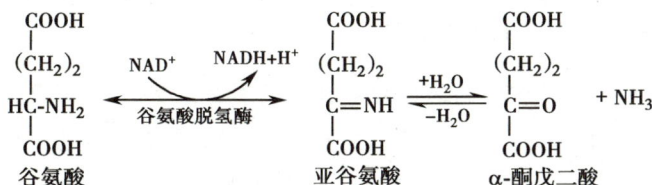

考点链接

参与氧化脱氨基作用的主要酶

$$
\underset{\text{谷氨酸}}{\begin{array}{c} COOH \\ | \\ (CH_2)_2 \\ | \\ HC\text{-}NH_2 \\ | \\ COOH \end{array}}
\xrightleftharpoons[\text{谷氨酸脱氢酶}]{NAD^+ \quad NADH+H^+}
\underset{\text{亚谷氨酸}}{\begin{array}{c} COOH \\ | \\ (CH_2)_2 \\ | \\ C=NH \\ | \\ COOH \end{array}}
\xrightleftharpoons[-H_2O]{+H_2O}
\underset{\alpha\text{-酮戊二酸}}{\begin{array}{c} COOH \\ | \\ (CH_2)_2 \\ | \\ C=O \\ | \\ COOH \end{array}}
+ NH_3
$$

L-谷氨酸脱氢酶是以 NAD^+ 为辅酶的不需氧脱氢酶,特异性强,分布广泛,肝、肾、脑等组织中含量多,且活性强,但心肌和骨骼肌中含量极少。

(二)转氨基作用

转氨基作用是在转氨酶的催化下,α-氨基酸的氨基转移到 α-酮酸的酮基上生成相应的氨基酸,原来的氨基酸脱掉氨基则转变为相应 α-酮酸的过程。

体内大多数氨基酸都能在特异的转氨酶作用下发生转氨基作用,转氨酶种类多、分布广,其中,最重要的是丙氨酸转氨酶(ALT)和天冬氨酸转氨酶(AST),它们分别催化下列反应:

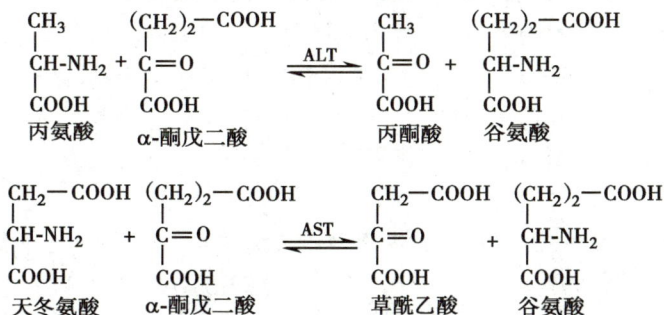

$$
\underset{\text{丙氨酸}}{\begin{array}{c} CH_3 \\ | \\ CH\text{-}NH_2 \\ | \\ COOH \end{array}}
+
\underset{\alpha\text{-酮戊二酸}}{\begin{array}{c} (CH_2)_2\text{-}COOH \\ | \\ C=O \\ | \\ COOH \end{array}}
\xrightleftharpoons{ALT}
\underset{\text{丙酮酸}}{\begin{array}{c} CH_3 \\ | \\ C=O \\ | \\ COOH \end{array}}
+
\underset{\text{谷氨酸}}{\begin{array}{c} (CH_2)_2\text{-}COOH \\ | \\ CH\text{-}NH_2 \\ | \\ COOH \end{array}}
$$

$$
\underset{\text{天冬氨酸}}{\begin{array}{c} CH_2\text{-}COOH \\ | \\ CH\text{-}NH_2 \\ | \\ COOH \end{array}}
+
\underset{\alpha\text{-酮戊二酸}}{\begin{array}{c} (CH_2)_2\text{-}COOH \\ | \\ C=O \\ | \\ COOH \end{array}}
\xrightleftharpoons{AST}
\underset{\text{草酰乙酸}}{\begin{array}{c} CH_2\text{-}COOH \\ | \\ C=O \\ | \\ COOH \end{array}}
+
\underset{\text{谷氨酸}}{\begin{array}{c} (CH_2)_2\text{-}COOH \\ | \\ CH\text{-}NH_2 \\ | \\ COOH \end{array}}
$$

转氨酶的辅酶是磷酸吡哆醛和磷酸吡哆胺,起传递氨基的作用(图 7-2)。

转氨酶主要存在于细胞内,正常人血清中含量甚少,在各组织中含量不一,ALT 主要存在于肝脏,AST 主要存在于心脏(表 7-1)。当细胞膜的通透性增大,或组织坏死、细胞破裂时,细胞内的转氨酶大量释放入血,引起血清转氨酶活性升高。如急性肝炎患者血清中 ALT 活性显著

考点链接

血清转氨酶测定的临床意义

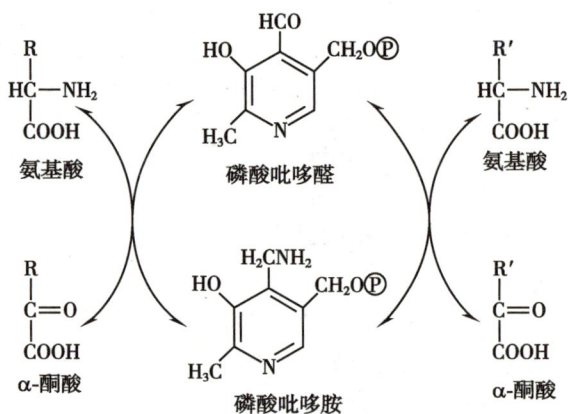

图 7-2 氨基的传递

升高,急性心肌梗死患者血清中 AST 明显升高。因此临床上测定血清中 AST 和 ALT 的活性可作为疾病诊断和观察疗效的重要指标。

表 7-1 正常人组织中 ALT 和 AST 的活性(单位/克组织)

组织	ALT	AST	组织	ALT	AST
心	7100	156 000	胰腺	2000	28 000
肝	44 000	142 000	脾	1200	14 000
骨骼肌	4800	99 000	肺	700	10 000
肾	19 000	91 000	血液	16	20

转氨基作用是可逆反应,因此,转氨基作用也是非必需氨基酸合成的一条重要途径。

前沿知识

ALT 是反映肝细胞损伤非常灵敏的指标

肝中 AST 含量虽低于心肌,但仍高于 ALT(肝中 AST:ALT=2.5:1)。由于 ALT 主要存在于细胞质中,而 AST 主要存在于线粒体中。因此,病变没有累及线粒体的较轻肝病如急性肝炎时,主要是 ALT 释放入血血中 ALT 升高程度高于 AST。所以说 ALT 是反应肝细胞损伤非常灵敏的指标,1% 的肝细胞受损,血中 ALT 的浓度可增加一倍。

但在慢性肝炎,尤其是肝硬化时,病变累及线粒体时,AST 升高程度超过 ALT。所以,对肝炎患者,需同时测 AST 和 ALT,并计算 AST/ALT 的比值,以判断肝炎的变化与转归。

(三)联合脱氨基作用

联合脱氨基作用是指氨基酸在两种以上酶的联合催化下进行的脱氨基作用。

1. 转氨酶与谷氨酸脱氢酶的联合 体内绝大多数氨基酸的脱氨基作用,是先在转

考点链接

脑和骨骼肌中的主要脱氨基作用

氨酶催化下,氨基酸与 α- 酮戊二酸进行转氨基作用,生成相应的 α- 酮酸及谷氨酸,然后谷氨酸在谷氨酸脱氢酶作用下,脱去氨基再生成 α-酮戊二酸。其反应过程如图 7-3 所示。这是在肝、肾、脑等组织中最主要的脱氨基方式。其逆过程也是体内合成非必需氨基酸的重要途径。

2. 嘌呤核苷酸循环　骨骼肌和心肌中谷氨酸脱氢酶活性很低,氨基酸难于通过上述联合脱氨基作用脱去氨基,但可通过转氨酶与腺苷酸脱氨酶等多种酶的联合作用脱去氨基,

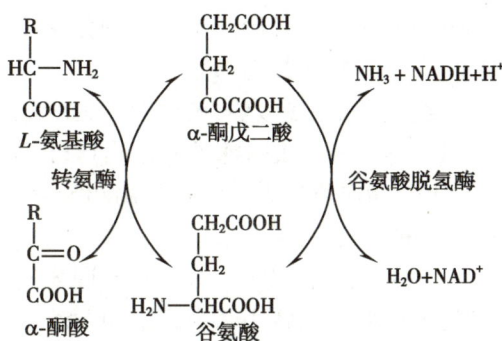

图 7-3 联合脱氨基作用

此种脱氨基方式称为嘌呤核苷酸循环,是骨骼肌中氨基酸脱氨基的主要方式,反应过程如图 7-4 所示。

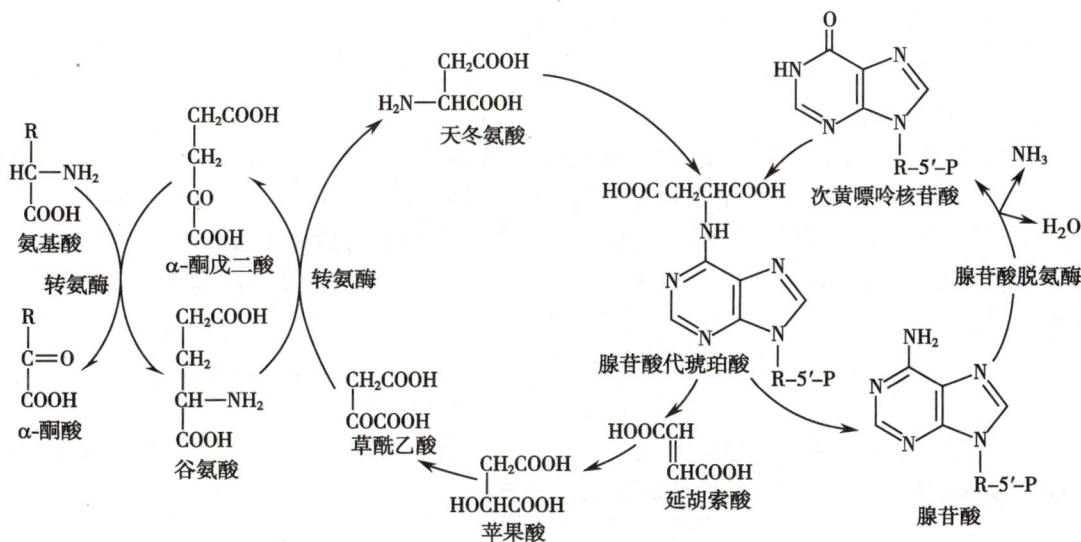

图 7-4 嘌呤核苷酸循环

三、氨代谢

氨是一种对机体有毒的物质,尤其是神经系统更敏感。例如给家兔静脉注射氯化铵,当血氨浓度达 5mg/dl 时,家兔即中毒死亡。但正常人具有清除进入体内氨的能力,血氨浓度一般不超过 60μmol/L,不会发生氨中毒。

(一)体内氨的来源

1. 氨基酸分解代谢产生的氨　体内氨的主要来源是通过氨基酸的脱氨基作用产生,部分来自氨基酸脱羧基产生的胺类经胺氧化酶催化分解产生。

2. 肠道吸收的氨　肠道的氨来自:①未被吸收的氨基酸、小分子肽及未被消化的蛋白质,在大肠杆菌的作用,发生腐败作用产生的氨;②血液中尿素渗

> **考点链接**
> 体内氨的来源和去路

> **考点链接**
> 影响肠道氨吸收的因素

透到肠道,在大肠杆菌产生的脲酶作用下水解生成的氨。自肠道吸收的氨,是体内血氨的重要来源,平均每天约为 4g。

氨主要在结肠吸收,肠道对氨的吸收受肠液 pH 的影响。当肠液 pH<6 时,NH_3 与 H^+ 形成 NH_4^+ 不易被吸收而随粪便排出体外;pH>6 时,NH_3 大量扩散入血,氨的吸收增强。因此,临床上对高血氨患者的治疗常用弱酸溶液进行结肠透析,而禁用碱性溶液如肥皂水灌肠,以减少氨的吸收。

3. 肾脏产生的氨 除氨基酸脱氨基作用产生氨外,主要来自谷氨酰胺的水解,在谷氨酰胺酶的催化下,肾小管上皮细胞中的谷氨酰胺水解生成谷氨酸与氨,这些 NH_3 分泌到肾小管管腔与尿液中 H^+ 结合成 NH_4^+ 随尿排出。碱性尿时,分泌到肾小管管腔的 NH_3 减少而进入血液,使血氨浓度升高。因此,临床上治疗肝硬化腹水的患者不宜使用碱性利尿药,以免血氨增高。

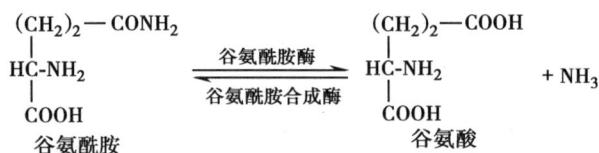

$$\underset{\text{谷氨酰胺}}{\begin{array}{c} (CH_2)_2\text{—}CONH_2 \\ | \\ HC\text{-}NH_2 \\ | \\ COOH \end{array}} \quad \overset{\text{谷氨酰胺酶}}{\underset{\text{谷氨酰胺合成酶}}{\rightleftharpoons}} \quad \underset{\text{谷氨酸}}{\begin{array}{c} (CH_2)_2\text{—}COOH \\ | \\ HC\text{-}NH_2 \\ | \\ COOH \end{array}} \quad + NH_3$$

(二) 体内氨的去路

1. 合成尿素 合成尿素是氨的最主要去路。肝脏是合成尿素的主要器官,合成尿素的途径称为鸟氨酸循环,以 NH_3 和 CO_2 为合成原料,具体步骤如下:

(1) 氨基甲酰磷酸的合成:在线粒体中的氨基甲酰磷酸合成酶 I 的催化下,NH_3 和 CO_2 首先合成氨基甲酰磷酸,此反应由 ATP 供能。N-乙酰谷氨酸是氨基甲酰磷酸合成酶 I 的别构激活剂。

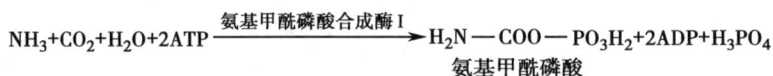

$$NH_3+CO_2+H_2O+2ATP \xrightarrow{\text{氨基甲酰磷酸合成酶 I}} \underset{\text{氨基甲酰磷酸}}{H_2N\text{—}COO\text{—}PO_3H_2} +2ADP+H_3PO_4$$

(2) 瓜氨酸的合成:在线粒体内,经鸟氨酸氨基甲酰转移酶催化,氨基甲酰磷酸与鸟氨酸反应合成瓜氨酸,后者通过线粒体内膜运送至胞质中。

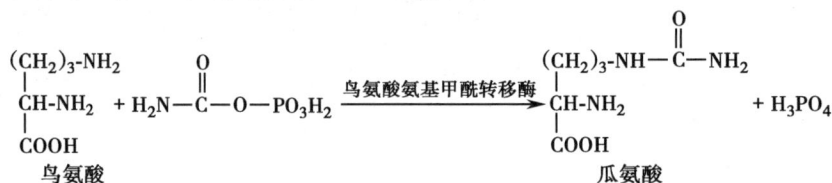

$$\underset{\text{鸟氨酸}}{\begin{array}{c} (CH_2)_3\text{-}NH_2 \\ | \\ CH\text{-}NH_2 \\ | \\ COOH \end{array}} + \underset{}{\begin{array}{c} O \\ \| \\ H_2N\text{—}C\text{—}O\text{—}PO_3H_2 \end{array}} \xrightarrow{\text{鸟氨酸氨基甲酰转移酶}} \underset{\text{瓜氨酸}}{\begin{array}{c} O \\ \| \\ (CH_2)_3\text{—}NH\text{—}C\text{—}NH_2 \\ | \\ CH\text{-}NH_2 \\ | \\ COOH \end{array}} + H_3PO_4$$

(3) 精氨酸的合成:在胞质中,瓜氨酸与天冬氨酸反应生成精氨酸代琥珀酸,由精氨酸代琥珀酸合成酶催化,后者再经精氨酸代琥珀酸裂解酶催化,生成精氨酸和延胡索酸。

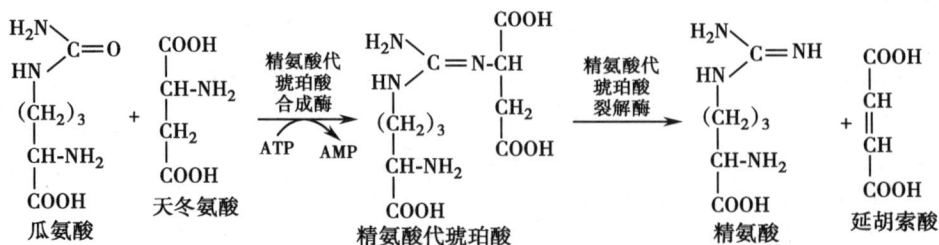

$$\underset{\text{瓜氨酸}}{\begin{array}{c} H_2N \\ \diagdown \\ C=O \\ HN \diagup \\ | \\ (CH_2)_3 \\ | \\ CH\text{-}NH_2 \\ | \\ COOH \end{array}} + \underset{\text{天冬氨酸}}{\begin{array}{c} COOH \\ | \\ CH\text{-}NH_2 \\ | \\ CH_2 \\ | \\ COOH \end{array}} \xrightarrow[\underset{ATP \quad AMP}{}]{\substack{\text{精氨酸代} \\ \text{琥珀酸} \\ \text{合成酶}}} \underset{\text{精氨酸代琥珀酸}}{\begin{array}{c} COOH \\ H_2N \quad | \\ \diagdown \quad CH \\ C=N\text{-}CH \\ HN \quad | \\ | \quad CH_2 \\ (CH_2)_3 \quad | \\ | \quad COOH \\ CH\text{-}NH_2 \\ | \\ COOH \end{array}} \xrightarrow{\substack{\text{精氨酸代} \\ \text{琥珀酸} \\ \text{裂解酶}}} \underset{\text{精氨酸}}{\begin{array}{c} H_2N \\ \diagdown \\ C=NH \\ HN \diagup \\ | \\ (CH_2)_3 \\ | \\ CH\text{-}NH_2 \\ | \\ COOH \end{array}} + \underset{\text{延胡索酸}}{\begin{array}{c} COOH \\ | \\ CH \\ \| \\ CH \\ | \\ COOH \end{array}}$$

(4) 尿素的生成:在精氨酸酶的催化下,精氨酸水解生成尿素和鸟氨酸,鸟氨酸再进入线粒体参与瓜氨酸的合成,如此循环往复。

$$\underset{\text{精氨酸}}{\underset{\text{HOOC—CH-NH}_2}{\underset{\text{(CH}_2)_3}{\underset{\text{HN}}{\overset{\text{H}_2\text{N}}{\diagdown}}}\text{C=NH}}} + H_2O \xrightarrow{\text{精氨酸酶}} \underset{\text{鸟氨酸}}{\underset{\text{COOH}}{\underset{\text{CH-NH}_2}{\overset{\text{(CH}_2)_3\text{—NH}_2}{|}}}} + \underset{\text{尿素}}{\overset{\text{H}_2\text{N}}{\underset{\text{H}_2\text{N}}{\diagup}}\text{C=O}}$$

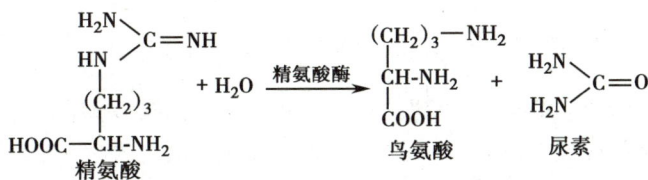

鸟氨酸循环的详细过程比较复杂,如图7-5所示。

在上述反应中,尿素分子中的两个氨基,一个由氨提供,另一个来自天冬氨酸,而天冬氨酸也是由其他氨基酸通过转氨基作用产生。因此,尿素分子中的两个氨基均直接或间接来自各种氨基酸。合成1分子尿素需消耗3分子 ATP,4 个高能键。鸟氨酸、瓜氨酸、精氨酸是鸟氨酸循环的中间产物,对循环有促进作用。故临床上常用谷氨酸、精氨酸治疗高血氨。

考点链接
尿素生成的部位、途径和意义

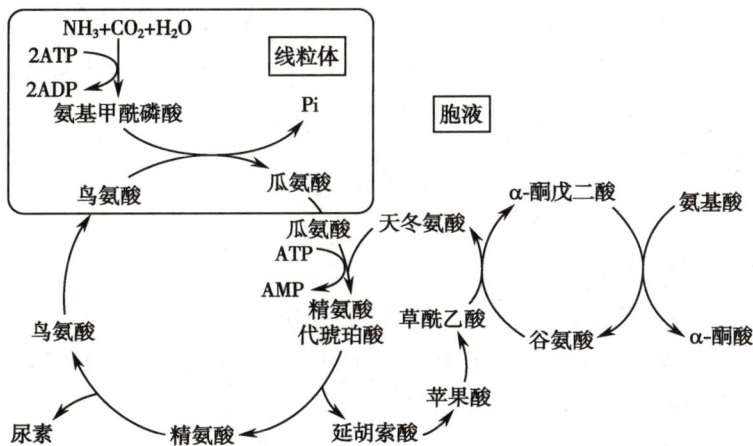

图 7-5 尿素的生成过程

合成的尿素是水溶性的无毒物质,是机体解除氨毒的主要形式。合成的尿素主要由肾脏排出,因此,血中尿素的测定常作为判断肾功能的重要指标。

2. 谷氨酰胺的生成 在脑、肌肉等组织中,氨和谷氨酸反应生成谷氨酰胺,由谷氨酰胺合成酶催化。谷氨酰胺由血液运至肾脏分解为谷氨酸和氨。所以谷氨酰胺的合成,既是机体解除氨毒的重要形式,也是氨的储存及运输形式;谷氨酰胺还是蛋白质、嘌呤碱和嘧啶碱等物质的合成原料。

考点链接
生成谷氨酰胺的意义

3. 氨代谢的其他途径 氨通过脱氨基的逆过程合成非必需氨基酸,及参与含氮物质的合成等。

知识拓展

氨 的 运 输

氨最主要的去路是在肝脏中转变为无毒的尿素再经肾脏排出体外。那么,各组织中产生的氨是怎样以无毒的形式经血液运到肝脏的呢? 现已阐明,氨在血液中主要有两种运输形式。

1. 葡萄糖-丙氨酸循环 在骨骼肌中,氨和丙酮酸通过转氨基或联合脱氨基生成丙氨酸,后者释放入血运至肝脏后,再经联合脱氨基作用放出氨,用于合成尿素。肝脏中生成丙酮酸则经糖异生作用转变成葡萄糖,后者再经血液运至肌肉中,沿糖的分解代谢转变为丙酮酸,再加氨转变为丙氨酸,此过程称为葡萄糖-丙氨酸循环。这一循环可使肌肉中的氨以丙氨酸(无毒)形式运至肝,同时,肝脏又为肌组织提供了能生成丙酮酸的葡萄糖。故丙氨酸亦是储氨和运氨的一种形式。

2. 谷氨酰胺的运氨作用 见谷氨酰胺的生成。

(三)高血氨症和氨中毒

氨的最主要去路是在肝中合成尿素,当肝脏严重受损时,尿素合成障碍,血氨浓度升高,称为高血氨症。进入脑组织的氨增多,此时,脑组织原有的谷氨酸不足以将过量的氨转变成谷氨酰胺来解氨毒,因此,脑组织动用 α-酮戊二酸来与过量的氨结合生成谷氨酸,导致三羧酸循环中的 α-酮戊二酸减少而减弱,使脑组织中 ATP 生成减少,能量缺乏,引起大脑功能障碍,严重时产生昏迷,称为肝性脑病。

四、α-酮酸的代谢

(一)合成非必需氨基酸

α-酮酸可通过脱氨基的逆过程合成相应的非必需氨基酸,或在代谢中转变成其他 α-酮酸后再经氨基化生成另一种非必需氨基酸。这是非必需氨基酸合成的重要途径。

(二)转变成糖或脂肪

不同氨基酸脱氨基产生的 α-酮酸不同,有些氨基酸(甘、丝、精、组、半胱、脯、丙、天冬、天胺、缬、甲硫、谷、谷胺)脱氨基产生丙酮酸或三羧酸循环的中间产物,可经糖异生途径转变成糖,这些氨基酸称为生糖氨基酸。有些氨基酸(亮氨酸、赖氨酸)可转变成乙酰乙酸或乙酰辅酶 A,能合成酮体,这些氨基酸称为生酮氨基酸。也有些氨基酸(异亮氨酸、苏氨酸、色氨酸、酪氨酸和苯丙氨酸)既可生成丙酮酸或三羧酸循环的中间产物,又可变成乙酰乙酸或乙酰辅酶 A,这些氨基酸称为生糖兼生酮氨基酸。

> **考点链接**
> 生糖氨基酸、生酮氨基酸的概念

(三)氧化供能

氨基酸通过脱氨基转变成三羧酸循环中的 α-酮酸,再经三羧酸循环彻底氧化生成 CO_2 和 H_2O,并释放能量供机体利用。

第三节 个别氨基酸代谢

一、氨基酸的脱羧基作用

氨基酸脱羧基作用是指在氨基酸脱羧酶催化下,氨基酸脱去羧基生成相应的胺类和 CO_2。在生理浓度时,这些胺类一般都具有重要生理作用,若浓度升高,则会引起心脑血管功能紊乱。但体内广泛存在胺氧化酶,能将胺类氧化为相应的醛,醛再继续氧化为酸,酸可氧化为 CO_2 和 H_2O 或随尿排出。

(一) γ- 氨基丁酸

在谷氨酸脱羧酶的作用下,谷氨酸脱去羧基生成 γ- 氨基丁酸。脑组织中 γ- 氨基丁酸浓度较高,其作用是抑制突触传导,是一种抑制性神经递质。

$$HOOC(CH_2)_2\overset{NH_2}{\underset{}{C}}HCOOH \xrightarrow{\text{谷氨酸脱羧酶}} HOOC(CH_2)_3NH_2 + CO_2$$

谷氨酸   γ-氨基丁酸

(二) 组胺

在组氨酸脱羧酶的作用下,组氨酸脱去羧基生成组胺。组胺是一种强烈的血管扩张剂,可引起血管扩张,增加毛细血管通透性,导致局部水肿、血压下降,甚至休克。组胺还可促进平滑肌收缩,引起支气管痉挛而导致哮喘。此外,组胺还可刺激胃蛋白酶和胃酸的分泌。

考点链接

谷氨酸、组氨酸脱羧基的产物及其作用

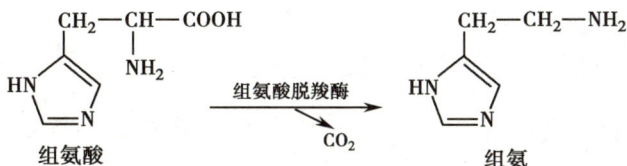

组氨酸 ──组氨酸脱羧酶→ 组胺

(三) 5- 羟色胺

色氨酸先在色氨酸羟化酶催化下生成 5- 羟色氨酸,再经 5- 羟色氨酸脱羧酶催化生成 5- 羟色胺。脑组织中的 5- 羟色胺是一种抑制性神经递质,外周组织中的 5- 羟色胺有强烈收缩血管作用。

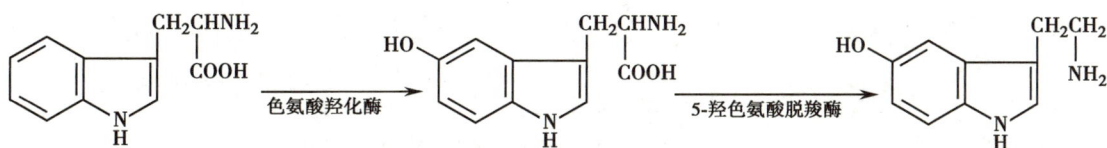

(色氨酸) ──色氨酸羟化酶→ (5-羟色氨酸) ──5-羟色氨酸脱羧酶→ (5-羟色胺)

(四) 多胺

多胺主要有精脒和精胺,由鸟氨酸脱羧产生。鸟氨酸在鸟氨酸脱羧酶作用下生成腐胺,腐胺在 S- 腺苷甲硫氨酸参与下,经丙胺转移反应生成精脒和精胺。多胺能促进核酸和蛋白质合成,具有调节细胞生长的作用。研究表明:生长旺盛的组织(胚胎、再生肝、肿瘤组织)中,多胺含量均较高。故临床测定血、尿中多胺含量作为癌症患者辅助诊断和观察病情的生化指标之一。

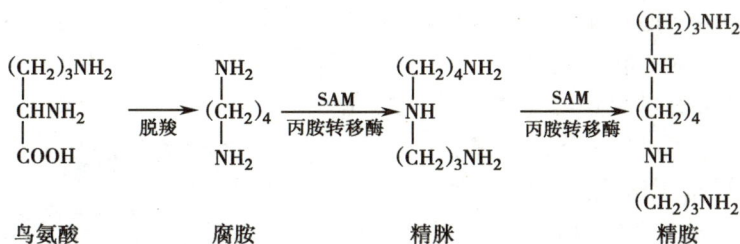

鸟氨酸 ──脱羧→ 腐胺 ──SAM 丙胺转移酶→ 精脒 ──SAM 丙胺转移酶→ 精胺

二、一碳单位的代谢

(一) 一碳单位的概念

某些氨基酸分解代谢产生的含有一个碳原子的有机基团称为一碳单位或一碳基团。体内的一碳单位有甲基($-CH_3$),亚甲基($-CH_2-$),次甲基($-CH=$),甲酰基($-CHO$)和亚氨甲基($-CH=NH$)。一碳单位不能游离存在,需与载体结合而转运,四氢叶酸(FH_4)是一碳单位的载体,FH_4的N^5和N^{10}是结合一碳单位的位置,与FH_4结合的一碳单位称为活性一碳单位,参与体内许多物质的合成。一碳单位的转移和代谢统称为一碳单位代谢。

(二) 一碳单位的来源

一碳单位主要来自于甘氨酸、丝氨酸、甲硫氨酸、色氨酸和组氨酸的分解代谢。

> **考点链接**
> 一碳单位的概念、来源及载体

1. N^5,N^{10}-亚甲基四氢叶酸($N^5,N^{10}-CH_2-FH_4$) 来自丝氨酸和甘氨酸的分解代谢。丝氨酸在羟甲基转移酶催化下,与FH_4反应生成$N^5,N^{10}-CH_2-FH_4$和甘氨酸;甘氨酸在甘氨酸裂解酶催化下也可生成$N^5,N^{10}-CH_2-FH_4$。

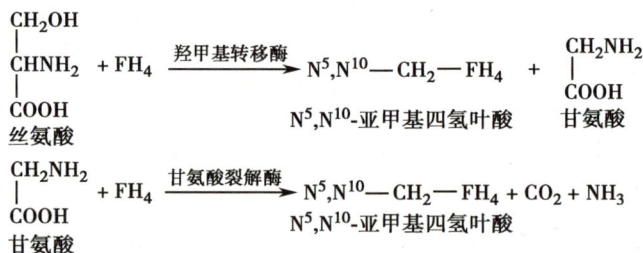

2. N^5-亚氨甲基四氢叶酸($N^5-CH=NH-FH_4$) 来自组氨酸的分解代谢。

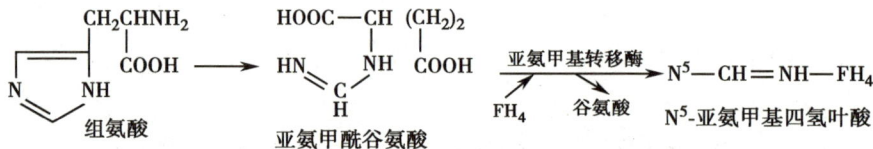

3. N^{10}-甲酰四氢叶酸($N^{10}-CHO-FH_4$) 来自色氨酸和甘氨酸的分解代谢。

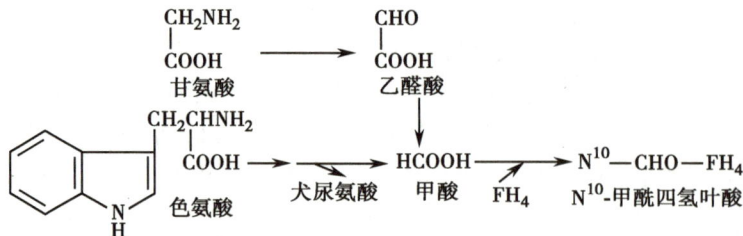

4. N^5,N^{10}-次甲基四氢叶酸($N^5,N^{10}=CH-FH_4$) 由 $N^{10}-CHO-FH_4$、$N^5-CH=NH-FH_4$、$N^5,N^{10}-CH_2-FH_4$ 转变而来。

5. N^5-甲基四氢叶酸($N^5-CH_3-FH_4$) 由 $N^5,N^{10}-CH_2-FH_4$ 不可逆的还原生成。

(三) 一碳单位代谢的生理意义

一碳单位来自蛋白质分解产生的氨基酸代

> **考点链接**
> 一碳单位代谢的生理意义

谢,参与核苷酸、核酸和甲基化合物(激素、磷脂)等许多重要物质的合成(图 7-6)。一碳单位代谢是联系蛋白质代谢和核酸代谢的枢纽,与细胞增殖、组织生长、机体发育以及生理活动等密切相关,对人体的生命活动具有重要意义。

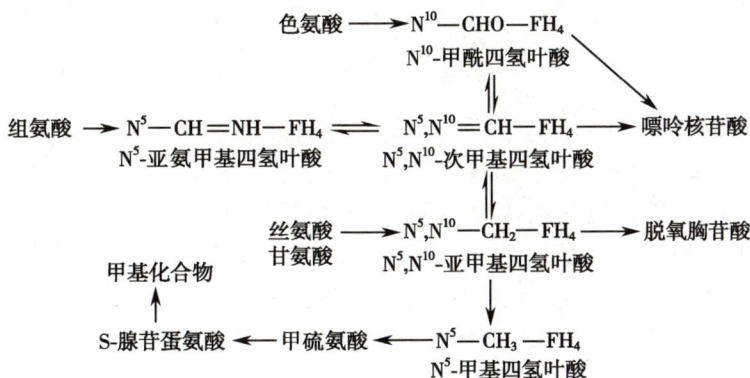

图 7-6　一碳单位的来源、转变和利用

三、含硫氨基酸的代谢

(一)甲硫氨酸代谢

甲硫氨酸先与 ATP 作用生成 S- 腺苷甲硫氨酸(SAM),SAM 是体内甲基最重要的直接供体,参与甲基化合物的合成。在甲基转移酶的催化下,SAM 将甲基供给某些化合物(RH)生成甲基化合物(RCH_3),而 SAM 去甲基后生成 S- 腺苷同型半胱氨酸,后者水解脱掉腺苷生成同型半胱氨酸,在 $N^5 —CH_3 —FH_4$ 转甲基酶(辅酶为维生素 B_{12})催化下,$N^5 —CH_3 —FH_4$ 可将 $—CH_3$ 转移给同型半胱氨酸生成甲硫氨酸,此过程称为甲硫氨酸循环(图 7-7)。此循环是利用 $N^5 —CH_3 —FH_4$ 的唯一反应,维生素 B_{12} 缺乏时,不仅 $N^5 —CH_3 —FH_4$ 不能利用,也使 FH_4 的再生减少,而影响其他一碳单位的转运,导致核酸合成障碍,影响细胞分裂,可产生巨幼红细胞贫血。

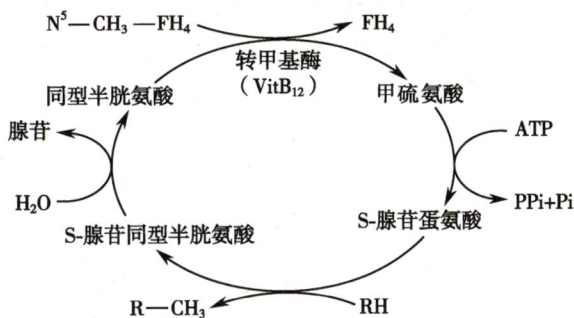

图 7-7　甲硫氨酸循环

甲硫氨酸循环的生理意义是为体内各种甲基化反应提供活性甲基。SAM 是甲硫氨酸的活性形式。SAM 的作用有:①参与合成重要的甲基化合物。如磷脂酰乙醇胺甲基化生成磷脂酰胆碱、去甲肾上腺素甲基化生成肾上腺素。②修饰蛋白质和核酸,影响其功能。如蛋白质的甲基化、RNA 的甲基化。③消除活性或毒性,参与生物转化。如烟酰胺可甲基化生成 N 甲基烟酰胺。

同型半胱氨酸不能在体内合成,它只能由甲硫氨酸转变而来,故甲硫氨酸是必需氨基酸。

考点链接
活性甲基的直接供体

（二）半胱氨酸与胱氨酸代谢

1. **半胱氨酸与胱氨酸的互变** 半胱氨酸与胱氨酸可通过氧化还原反应相互转变。

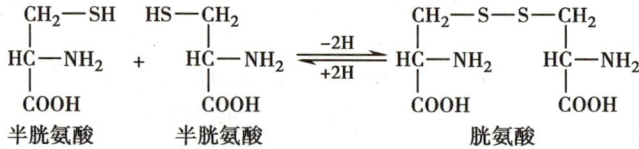

$$
\begin{array}{c}
CH_2-SH \\ | \\ HC-NH_2 \\ | \\ COOH \\ \text{半胱氨酸}
\end{array}
+
\begin{array}{c}
HS-CH_2 \\ | \\ HC-NH_2 \\ | \\ COOH \\ \text{半胱氨酸}
\end{array}
\underset{+2H}{\overset{-2H}{\rightleftharpoons}}
\begin{array}{c}
CH_2-S-S-CH_2 \\ | \qquad\qquad | \\ HC-NH_2 \quad HC-NH_2 \\ | \qquad\qquad | \\ COOH \qquad COOH \\ \text{胱氨酸}
\end{array}
$$

半胱氨酸含巯基（—SH），体内的巯基酶如乳酸脱氢酶、琥珀酸脱氢酶等的活性有赖于分子中半胱氨酸残基上的巯基，重金属离子能和酶分子上的巯基结合而抑制酶活性。

2. **牛磺酸** 半胱氨酸经氧化、脱羧生成牛磺酸，是结合胆汁酸的组成成分。

3. **谷胱甘肽** 谷胱甘肽是谷氨酸与半胱氨酸及甘氨酸缩合而成的三肽，它的活性基团是半胱氨酸残基上的巯基。具有氧化还原性质，还原型谷胱甘肽（GSH）能保护巯基酶的巯基和使某些物质处于还原状态以及维持红细胞膜结构的完整。

4. **活性硫酸根** 半胱氨酸在体内分解代谢脱去氨基和巯基，产生丙酮酸、氨和硫化氢，硫化氢被氧化成硫酸根。生成的硫酸根，一部分以无机硫酸盐形式随尿排出，一部分经 ATP 活化转变成 3′- 磷酸腺苷 -5′- 磷酸硫酸（PAPS），即"活性硫酸根"。

PAPS 可提供硫酸根与某些物质结合成硫酸酯，参与类固醇激素、胆红素等物质的生物转化过程和参与硫酸软骨素的合成。

四、苯丙氨酸和酪氨酸代谢

苯丙氨酸在体内经苯丙氨酸羟化酶催化生成酪氨酸，反应不可逆，故苯丙氨酸是必需氨基酸。极少数苯丙氨酸可经脱氨基生成苯丙酮酸。机体先天性缺乏苯丙氨酸羟化酶时，体内苯丙氨酸蓄积，生成的苯丙酮酸增多，导致苯丙酮酸尿症，苯丙酮酸可损害神经系统，致使患儿智力发育障碍。

酪氨酸在体内可转变为多种重要的生物活性物质（图 7-8）。

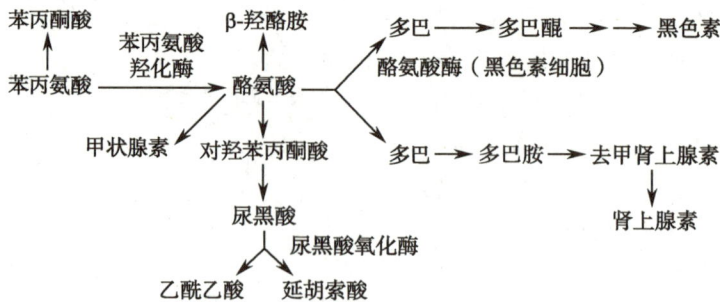

图 7-8 苯丙氨酸和酪氨酸代谢

酪氨酸是合成儿茶酚胺类神经递质（去甲肾上腺素和肾上腺素）及甲状腺素的原料。

酪氨酸转变的黑色素是皮肤、毛发、眼球的色素，先天性缺乏酪氨酸酶时，可致白化病。

酪氨酸脱氨生成对羟苯丙酮酸，再转变成尿黑酸，后者氧化分解生成乙酰乙酸和延胡索酸，所以酪氨酸和苯丙氨酸都是生糖兼生酮氨基酸。若先天性缺乏尿黑酸氧化酶，则尿黑酸堆积，排出的尿液变黑，称为尿黑酸症。

本章小结

　　蛋白质的主要生理功能是促进组织生长、更新和修复。蛋白质需要量通过氮平衡确定,组成蛋白质的20种氨基酸中,有8种为必需氨基酸。氨基酸脱氨基作用的产物为氨和α-酮酸,是氨基酸分解代谢的主要方式。脱氨基作用有氧化脱氨基作用、转氨基作用、联合脱氨基作用等三种方式。氧化脱氨基作用以谷氨酸脱氢酶活性最强,但肌肉组织含量不足;催化转氨基作用的转氨酶以ALT和AST最为重要;多数组织以转氨酶与谷氨酸脱氢酶的联合脱氨基作用进行脱氨;嘌呤核苷酸循环是肌肉组织的脱氨方式。体内氨的来源有氨基酸分解代谢、肠道吸收及肾产生。氨的去路有合成尿素、合成谷氨酰胺、合成非必需氨基酸及其他含氮物质。其中,在肝脏合成无毒的尿素是氨的最主要去路,尿素合成的过程称鸟氨酸循环。氨基酸脱羧基作用生成胺类及CO_2,生成的胺类物质有重要的生理作用。一碳单位是氨基酸在分解代谢中产生的含一个碳的有机基团,由四氢叶酸携带进行转运和代谢,主要参与核苷酸和甲基化合物的合成。临床常见氨基酸代谢障碍所致的疾病有高血氨症与肝性脑病、巨幼红细胞性贫血、白化病等。

目标测试

一、名词解释

1. 氮平衡　　　2. 必需氨基酸　　　3. 蛋白质互补作用

4. 转氨基作用　5. 联合脱氨基作用　6. 一碳单位

二、填空题

　　1. 蛋白质营养价值的高低取决于其所含必需氨基酸的_____、_____和_____。营养价值低的蛋白质可通过_____作用提高其营养价值。

　　2. 尿素是_____代谢终产物,合成尿素的器官是_____,合成尿素的途径是_____,尿素生成的意义是_____。

　　3. 体内氨基酸脱氨基作用的方式有_____、_____和_____。氨基酸脱氨基作用的产物是_____和_____,前者的代谢去路有_____、_____和_____;后者的代谢去路有_____、_____和_____。

　　4. SAM可通过_____循环产生,是体内供给_____的活性形式。

三、简答题

1. 概述体内氨基酸的代谢概况。
2. 简述血氨的来源和去路。
3. 简述一碳单位的定义和代谢的生理意义。
4. 简述体内尿素的生成过程。

(钟衍汇)

第八章 核酸化学与核苷酸代谢

学习目标

1. 掌握:核酸的分类、基本组成成分和基本组成单位;核酸的一级结构和 DNA 的二级结构特点;核苷酸从头合成的原料,分解代谢的终产物。
2. 熟悉:核酸的理化性质;DNA 的变性、复性和杂交;核苷酸的合成途径。
3. 了解:核苷酸的分解代谢;核苷酸抗代谢物的种类及作用机制。

核酸是生物体内具有复杂结构和重要功能的生物大分子,因最初从细胞核中分离出来且具有酸性,故称为核酸。核酸分为脱氧核糖核酸(DNA)和核糖核酸(RNA)。DNA 存在于细胞核和线粒体中,是遗传信息的载体;RNA 存在于细胞核和细胞质中,参与细胞内遗传信息的表达。病毒的 RNA 也可作为遗传信息的载体。

> **考点链接**
> 核酸的分类

第一节 核酸的分子组成

一、核酸的元素组成及其特点

核酸主要由碳(C)、氢(H)、氧(O)、氮(N)、磷(P)等元素组成,其中磷元素是核酸的特征元素,且含量比较恒定,约为 9%~10%,故可通过测定生物样品中 P 的含量来推算样品中核酸的含量。

$$样品中核酸含量 = 样品中磷的含量 \times 10.5$$

二、核酸的基本组成成分

核酸在核酸酶的作用下水解为核苷酸,核苷酸完全水解后可以得到碱基、戊糖和磷酸,因此碱基、戊糖和磷酸是核酸的基本组成成分。

> **考点链接**
> 核酸的基本组成成分

(一)磷酸

DNA 和 RNA 分子中均含有磷酸(H_3PO_4),所以核酸呈酸性。磷酸为三元酸,在一定条件下可通过酯键同时连接两个核苷酸中的戊糖,使多个核苷酸连接成长链。

（二）戊糖

核酸中的糖为五碳糖,即戊糖,可分为核糖和脱氧核糖两类。RNA 分子中为 β-D- 核糖,DNA 分子中为 β-D-2- 脱氧核糖。为了与含氮碱基中各碳原子的编号相区别,戊糖的碳原子编号标以 C-1′、C-2′、…C-5′（图 8-1）。

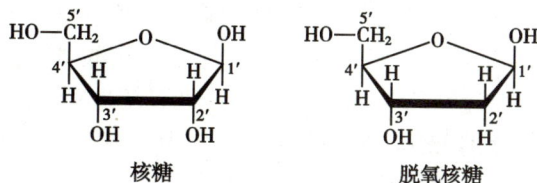

图 8-1 核糖和脱氧核糖的结构式

（三）含氮碱

构成核酸的碱基有嘌呤碱和嘧啶碱两大类,常见的嘌呤碱包括腺嘌呤（A）和鸟嘌呤（G）,常见的嘧啶碱包括胞嘧啶（C）、尿嘧啶（U）和胸腺嘧啶（T）。DNA 分子中一般含有 A、G、C、T 四种碱基,RNA 分子中一般含有 A、G、C、U 四种碱基（图 8-2）。

除了上述常见的五种碱基外,某些 RNA 中还含有微量的碱基衍生物,称为稀有碱基,主要存在于 tRNA 中,它们大多数是常见碱基的甲基化衍生物。

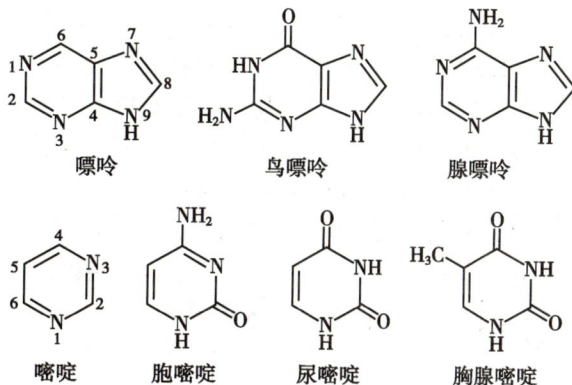

图 8-2 嘌呤碱和嘧啶碱的结构式

三、核酸的基本组成单位——核苷酸

考点链接
核酸的基本组成单位

核酸在核酸酶的作用下水解为核苷酸,即核酸的基本组成单位为核苷酸,核苷酸进一步水解为磷酸和核苷。

（一）核苷

戊糖 C-1′原子上的羟基和嘌呤的 N-9 原子或嘧啶的 N-1 原子上的氢通过脱水缩合形成糖苷键。碱基和不同的戊糖以糖苷键连接形成的化合物称为核苷或脱氧核苷。RNA 中的核苷有四种:腺苷、鸟苷、胞苷和尿苷;DNA 中的脱氧核苷也有四种:脱氧腺苷、脱氧鸟苷、脱氧胞苷和脱氧胸苷（表 8-1）。

表 8-1 DNA 和 RNA 的分子组成

	脱氧核糖核酸（DNA）	核糖核酸（RNA）
碱基	A、G、C、T	A、G、C、U
戊糖	β-D-2′- 脱氧核糖	β-D- 核糖
磷酸	H_3PO_4	H_3PO_4
核苷	脱氧腺苷、脱氧鸟苷、脱氧胞苷、脱氧胸苷	腺苷、鸟苷、胞苷、尿苷
核苷一磷酸	脱氧腺苷一磷酸（dAMP） 脱氧鸟苷一磷酸（dGMP） 脱氧胞苷一磷酸（dCMP） 脱氧胸苷一磷酸（dTMP）	腺苷一磷酸（AMP） 鸟苷一磷酸（GMP） 胞苷一磷酸（CMP） 尿苷一磷酸（UMP）

（二）核苷酸

核苷或脱氧核苷 C-5′ 原子上的羟基与一分子磷酸通过磷酸酯键相连形成的化合物称为核苷酸或脱氧核苷酸。根据连接的磷酸基团数目不同，核苷酸可以分为核苷一磷酸（NMP）、核苷二磷酸（NDP）和核苷三磷酸（NTP）（N 代表 A、G、C、U；M、D、T 分别代表"一"、"二"、"三"；P 代表磷酸）。脱氧核苷酸可分为脱氧核苷一磷酸（dNMP）、脱氧核苷二磷酸（dNDP）和脱氧核苷三磷酸（dNTP）（N 代表碱基 A、G、C、T）。如 GMP 是鸟苷一磷酸，dCDP 是脱氧胞苷二磷酸，ATP 是腺苷三磷酸等。

（三）几种重要的游离核苷酸

1. 多磷酸核苷酸 多磷酸核苷酸在体内具有许多重要的功能，如 NTP 和 dNTP 含有两个高能磷酸键，水解时释放出大量的热量，在多种物质的合成中起活化或供能作用，其中最重要的是 ATP，ATP 是体内能量的直接来源和利用形式。

2. 环化核苷酸 体内常见的环化核苷酸有 3′,5′-环腺苷酸（cAMP）和 3′,5′-环鸟苷酸（cGMP），它们作为激素的第二信使，在信息传递中起重要作用。

3. 辅酶类核苷酸 有的核苷酸衍生物还是重要的辅酶，如烟酰胺腺嘌呤二核苷酸（NAD^+，辅酶Ⅰ）、烟酰胺腺嘌呤二核苷酸磷酸（$NADP^+$，辅酶Ⅱ），黄素单核苷酸（FMN）、黄素腺嘌呤二核苷酸（FAD）是多种脱氢酶的辅酶。

第二节 核酸的分子结构

案例分析

　　在一例杀人抢劫案的现场，办案的警察发现了犯罪嫌疑人留下的血迹，运用现代生物技术手段——DNA 指纹法，提取了犯罪嫌疑人的 DNA，很快案件告破。

　　请问：1. 为什么 DNA 可以提供犯罪嫌疑人的信息？

　　　　　2. DNA 鉴定技术还有哪些应用？

一、核苷酸在多核苷酸链中的连接方式

核酸中核苷酸的连接方式是 3′,5′-磷酸二酯键，即由一个核苷酸的 3′-羟基与另一个核苷酸的 5′-磷酸脱水缩合形成。核苷酸借 3′,5′-磷酸二酯键连接而成的线性大分子，称为多核苷酸链。每条核苷酸链具有两个末端，即带有游离磷酸基的末端称 5′-末端和带有游离羟基的末端称 3′-末端。

二、核酸的一级结构

核酸的一级结构是核酸中核苷酸的排列顺序。由于核苷酸间的差异主要是碱基不同，所以也称为碱基序列。核酸具有方向性，以 5′→3′ 为正方向，书写时 5′-末端写在左侧，中间部分为核苷酸残基，3′-末端写在右侧。由于多核苷酸链很长，分子很复杂，因此在文献书写时大都采用简写式（图 8-3）。

考点链接

核酸的一级结构

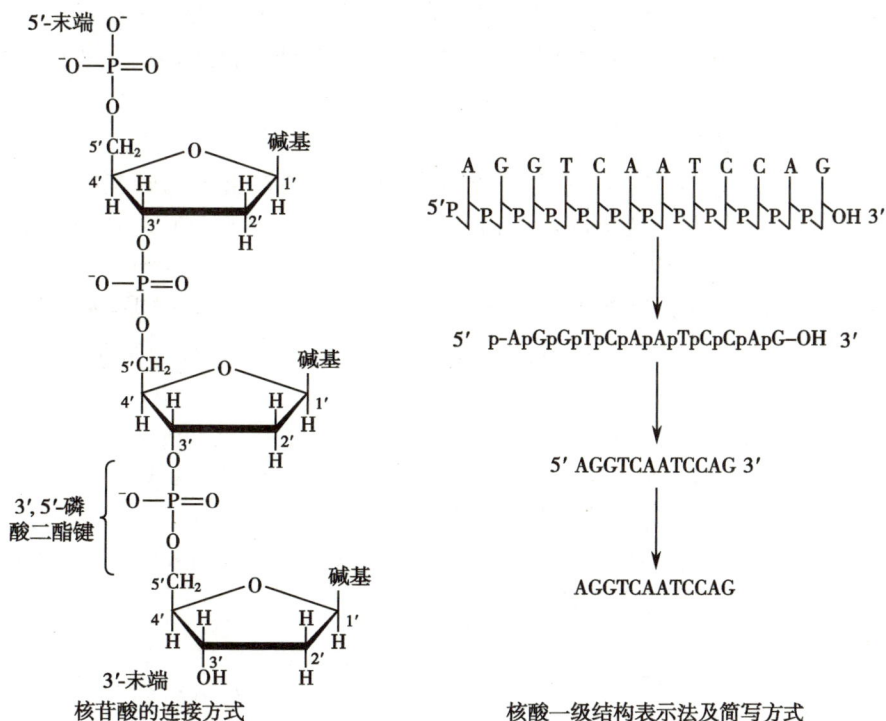

图 8-3 核苷酸的连接方式、核酸一级结构表示法及简写方式

核苷酸的连接方式

核酸一级结构表示法及简写方式

5′ p-ApGpGpTpCpApApTpCpCpApG—OH 3′

5′ AGGTCAATCCAG 3′

AGGTCAATCCAG

三、核酸的空间结构

核酸的空间结构包括二级结构和三级结构。

(一) DNA 空间结构

1. DNA 的二级结构 1953 年,沃森和克里克根据 X 线衍射图谱及其化学分析结果,提出了 DNA 结构的双螺旋模型,它是由两条反向平行的多核苷酸链以右手螺旋方式围绕同一中心轴盘曲而成的双螺旋结构(图 8-4)。其要点如下:

考点链接

DNA 双螺旋结构要点

(1) 两链逆向平行:一条链的走向是 5′→3′,另一条链的走向是 3′→5′。两条链以脱氧核糖与磷酸构成骨架,位于螺旋外侧;碱基位于螺旋内侧,碱基平面与中轴垂直。

(2) 碱基配对规则:一条链上的每一碱基均与另一条链处于同一平面上的碱基通过氢键形成碱基对。即 A 与 T 配对,G 与 C 配对。A 与 T 之间形成两个氢键,G 与 C 之间形成三个氢键。这种相互配对的碱基称为互补碱基。DNA 分子的两条链称为互补链。这种互补配对规则在遗传信息的传递中起重要作用。

(3) 螺距与直径:双螺旋中相邻碱基对之间距离为 0.34nm,每一螺旋含 10 个碱基对,故螺距为 3.4nm,螺旋的直径为 2nm。

(4) 维系双螺旋结构稳定的因素:在双螺旋内横向稳定靠两条链间互补碱基的氢键,纵向稳定则靠碱基平面间的疏水性堆积力,尤其以碱基堆积力更为重要。

2. DNA 的三级结构 DNA 的三级结构是指双螺旋进一步盘曲折叠成的空间构象。原

97

核细胞 DNA 双螺旋常盘绕成环状或麻花状,真核细胞 DNA 在双螺旋结构的基础上先盘绕成超螺旋结构,然后形成核小体,由核小体组成的串珠样纤维再经多层次的螺旋化形成染色体。

(二) RNA 空间结构

RNA 分子量小,稳定性差,通常为单链结构,也可以通过链内的碱基配对形成局部双螺旋。RNA 依据其结构和功能不同分为信使 RNA(mRNA)、转运 RNA(tRNA)、核糖体 RNA(rRNA)三类。RNA 空间结构研究比较清楚的是 tRNA。

1. mRNA mRNA 分子中带有遗传密码,其功能是为蛋白质合成提供模板。mRNA 分子中每三个相邻的核苷酸组成一组,在蛋白质翻译合成时代表一个特定的氨基酸,这种核苷酸三联体称为遗传密码。

2. tRNA tRNA 分子内的核苷酸通过碱基互补配对形成多处局部双螺旋结构,形成了三叶草状二级结构(图 8-5)。此结构由四个螺旋区和三个环组成,四个螺旋区构成四个臂,其中 3′末端的螺旋区称为氨基酸臂,是结合氨基酸的部位;三个环分别为二氢尿嘧啶环(DHU 环)、TΨC 环和反密码环,反密码环中部的三个碱基可以与 mRNA 中的三联体密码子形成碱基互补配对,构成所谓的反密码子。

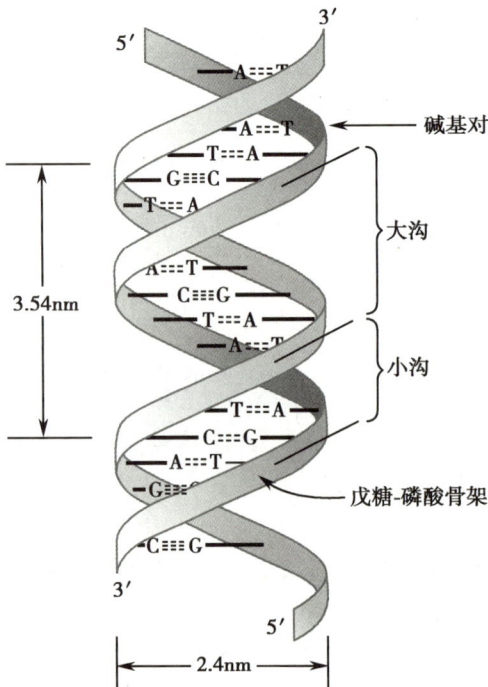

图 8-4 DNA 双螺旋结构示意图

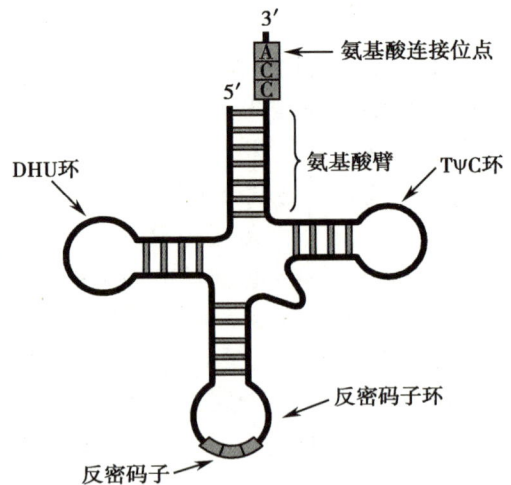

图 8-5 tRNA 二级结构示意图

3. rRNA rRNA 是细胞中含量最多的 RNA,占总量的 80%。rRNA 与蛋白质一起构成核糖体,是蛋白质生物合成的场所。

第三节　核酸的理化性质

案例分析

　　羊水穿刺是产前诊断的一种方法,它从羊水细胞里抽提出微量DNA,加热变性成单链DNA,加入与之特异配对的引物形成杂交,并大量扩增,通过检测了解基因有无缺失或异常。

　　请问:1. 什么是DNA的变性?
　　　　　2. 以上所提到的"杂交"其原理是什么?

一、核酸的一般性质

　　核酸具有酸性的磷酸基和碱性的含氮碱基,为两性电解质,因磷酸基的酸性较强,通常表现为较强的酸性。在中性或偏碱性的pH溶液中核酸带负电荷,利用这一性质,可通过电泳或离子交换的方法分离纯化核酸。

　　溶液中不同构象的核酸分子,沉降速率有较大差异,因此可通过超速离心法分离纯化核酸,如用超速离心法分离环状、线性、开环、超螺旋等不同构象的DNA分子。

　　核酸分子中的嘌呤碱和嘧啶碱都含有共轭双键,具有紫外吸收性质,最大吸收值在260nm附近,这一性质可用于核酸、核苷酸、核苷和碱基的定性定量分析。

　　在碱性条件下,RNA不稳定,可在室温下水解,利用这一性质可以测定RNA的碱基组成,也可清除DNA溶液中混杂的RNA。

二、DNA的变性与复性

　　1. DNA的变性　　DNA变性是指在某些理化因素作用下,DNA双链互补碱基对之间的氢键断裂,使双链DNA解开形成单链的过程。DNA变性只改变其空间结构,并不破坏DNA一级结构。引起DNA变性的因素有加热、酸、碱、有机溶剂、尿素、酰胺等,在实验室内最常用的DNA变性方法是加热,也称为DNA的热变性。变性后DNA的理化性质也随之发生改变,如黏度下降、对260nm的紫外吸收值增加等。

　　2. DNA的复性　　当DNA变性条件缓慢地去除后,两条解离的单链可重新配对,恢复原来的双螺旋结构,这一过程称为DNA复性。热变性的DNA经缓慢冷却使其复性的过程,称为退火。复性后DNA的理化性质及生物学活性均可以恢复。但热变性DNA迅速冷却至4℃以下,复性不能进行,这一特性被用来保存DNA的变性状态。

考点链接

DNA的变性与复性

三、分子杂交

　　核酸的分子杂交是指由不同来源的单链核酸分子结合成杂化的双链核酸的过程(图8-6)。杂交可发生在DNA-DNA、RNA-RNA和DNA-RNA之间,分子杂交的基础是核酸的热变性与复性。

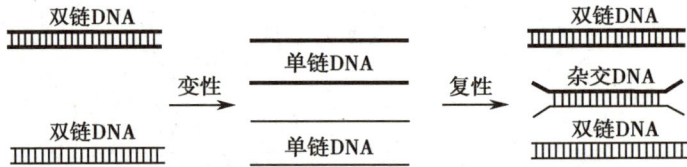

图 8-6 核酸分子复性与杂交示意图

对天然或人工合成的 DNA 或 RNA 片段进行放射性核素或荧光标记,做成探针,经杂交后检测放射性核素或荧光物质的位置,寻找与探针有互补关系的 DNA 或 RNA,可用于测定基因拷贝数、基因定位、确定生物的遗传进化关系等。

前沿知识

核酸诊断技术

核酸诊断是用分子生物学的理论和技术,通过直接探查核酸的存在状态或缺陷,从核酸结构、复制、转录或翻译水平分析核酸的功能,从而对人体状态与疾病做出诊断的方法,又称为分子诊断。它的目标分子是 DNA 或 RNA,反映核酸的结构和功能。检测的基因有内源性(即机体自身的基因)和外源性(如病毒、细菌等)两种,前者用于诊断基因有无病变,后者用于诊断有无病原体感染。主要技术手段包括核酸分子杂交、聚合酶链反应、恒温扩增、基因测序和生物芯片技术。该技术的出现对诊断学来说是一次革命,标志人们对疾病的认识由传统的表现性诊断转为基因诊断或"逆向诊断",成为分子生物学、分子遗传学与医学在理论、技术上相结合的典范。与传统诊断比较,核酸诊断不仅可以诊断出表型疾病,而且可发现隐形致病因素,特异性强、灵敏度高、稳定性强,诊断范围广、适应性也更强。

第四节 核苷酸代谢

病例分析

男性,53 岁。近半年来发现手指、足部关节偶尔疼痛,尤其是喝酒或吃海鲜后疼痛加剧。经医生诊断,该患者右足大踇趾和左手手指关节红肿发热疼痛,足不能着地,走路困难,经化验血尿酸浓度为 1.32mmol/L。

请问:1. 该患者有可能患哪种疾病?

2. 在日常饮食中该注意哪些问题?

一、核苷酸的合成代谢

核苷酸的合成代谢有从头合成和补救合成两种途径。从头合成是指利用 5- 磷酸核糖、一碳单位、CO_2 和氨基酸等简单物质为原料,经过一系列酶促反应合成核苷酸的过程。补救合成途径是指利用体内游离的碱基或核苷,经过简单的反应合成核苷酸的过程。其中,从头合成是体内大多数组织核苷酸合成的主要途径,而骨髓、脑等少数组织因缺乏从头合成途径的酶,只能进行补救合成。

(一) 嘌呤核苷酸的合成

1. 嘌呤核苷酸的从头合成途径 嘌呤核苷酸从头合成的基本原料包括 5- 磷酸核糖、谷氨酰胺、天冬氨酸、甘氨酸、一碳单位和 CO_2(图 8-7)。从头合成主要在肝脏进行,其次为小肠黏膜和胸腺。反应过程分两个阶段:首先以 5- 磷酸核糖为原料逐步合成次黄嘌呤核苷酸(IMP),IMP 再转化为 AMP 和 GMP。AMP 和 GMP 经过磷酸化反应分别生成 GTP 和 ATP,GTP 和 ATP 是合成 RNA 的原料。

> 💡 **考点链接**
> 嘌呤核苷酸从头合成的原料

2. 嘌呤核苷酸的补救合成 补救合成途径是细胞利用现有的嘌呤碱与 5- 磷酸核糖 -1- 焦磷酸(PRPP)反应形成嘌呤核苷酸的过程,或利用现有的嘌呤核苷合成嘌呤核苷酸的过程。催化反应的酶有腺嘌呤磷酸核糖转移酶(APRT)和次黄嘌呤 - 鸟嘌呤磷酸核糖转移酶(HGPRT)。

(二) 嘧啶核苷酸的合成

1. 嘧啶核苷酸的从头合成途径 嘧啶核苷酸从头合成的基本原料包括 5- 磷酸核糖、谷氨酰胺、天冬氨酸和 CO_2(图 8-8)。从头合成主要在肝脏进行,与嘌呤核苷酸的合成不同,嘧啶核苷酸的合成首先合成嘧啶环,再与磷酸核糖连接成尿嘧啶核苷酸(UMP),UMP 再转化成 UTP 和 CTP。

> 💡 **考点链接**
> 嘧啶核苷酸从头合成的原料

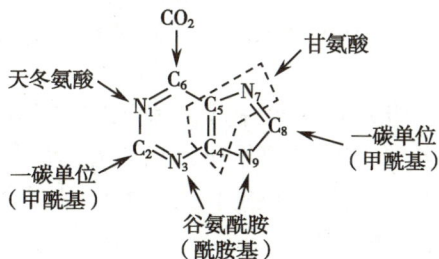

图 8-7 嘌呤碱的元素来源

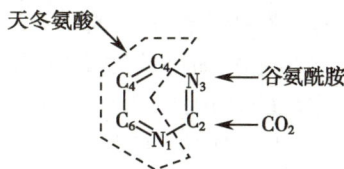

图 8-8 嘧啶碱的元素来源

2. 嘧啶核苷酸的补救合成 补救合成途径是细胞利用尿嘧啶、胸腺嘧啶及乳清酸作为底物,在嘧啶磷酸核糖转移酶的催化下生成相应的嘧啶核苷酸,但对胞嘧啶不起作用。各种嘧啶核苷酸可以在相应的核酸激酶的催化下,与 ATP 作用生成相应的多磷酸嘧啶核苷酸。

(三) 脱氧核苷酸的合成

脱氧核苷酸由二磷酸核苷还原生成,此反应由核糖核苷酸还原酶催化。二磷酸脱氧核苷在激酶催化下,消耗 ATP 生成三磷酸脱氧核苷酸,成为 DNA 的合成原料。

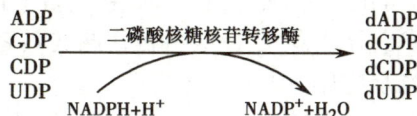

脱氧胸腺嘧啶核苷酸(dTMP)的生成是经脱氧尿嘧啶核苷酸(dUMP)甲基化生成,N^5, N^{10}-CH_2-FH_4 是一碳单位的供体。N^5,N^{10}-CH_2-FH_4 供出一碳单位后生成二氢叶酸(FH_2),后者再还原成 FH_4。

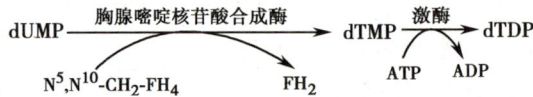

$$dUMP \xrightarrow{\text{胸腺嘧啶核苷酸合成酶}} dTMP \xrightarrow{\text{激酶}} dTDP$$

$$N^5,N^{10}\text{-}CH_2\text{-}FH_4 \quad\quad FH_2 \quad\quad ATP \quad ADP$$

dUMP 一是来源于 dUDP 水解,二是来源于 dCMP 脱氨基,以后者为主。以上生成的二磷酸脱氧核苷在激酶的催化下生成三磷酸脱氧核苷。

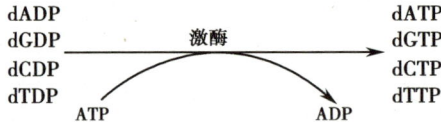

$$
\begin{array}{l}
dADP \\
dGDP \\
dCDP \\
dTDP
\end{array}
\xrightarrow{\text{激酶}}
\begin{array}{l}
dATP \\
dGTP \\
dCTP \\
dTTP
\end{array}
$$

$$ATP \quad\quad ADP$$

二、核苷酸的分解代谢

核苷酸的分解代谢是逐步进行的,核苷酸在核苷酸酶作用下水解为核苷和磷酸,核苷再经核苷酶催化水解为戊糖和碱基,也可经核苷磷酸化酶催化生成磷酸戊糖和碱基。

(一)嘌呤核苷酸的分解

人体内嘌呤核苷酸的分解代谢主要在肝、小肠及肾中进行。生成的嘌呤碱最终氧化成尿酸,经肾随尿排出体外。正常人血浆中尿酸的含量为 0.12~0.36mmol/L,男性略高于女性。尿酸的水溶性较差,痛风患者血浆中尿酸含量超过 0.48mmol/L,尿酸盐晶体即可沉积于关节、肾脏、软组织、软骨等处,而导致关节炎、尿路结石及肾脏疾病,引起疼痛、畸形及功能障碍。痛风多见于成年男性,原因尚不完全清楚,可能与嘌呤核苷酸代谢酶缺陷有关。此外,长期高嘌呤饮食、体内核酸大量分解或肾脏疾病导致的尿酸排出障碍,均可导致血中的尿酸浓度升高。

临床上常用别嘌呤醇治疗痛风,其原理是别嘌呤醇的结构与次黄嘌呤结构类似,可竞争性抑制黄嘌呤氧化酶,抑制尿酸的生成。其次,临床上还可给予痛风患者丙磺舒、苯溴马隆等促进尿酸排泄的药物,以达到降低血尿酸水平、治疗痛风的目的。此外,痛风患者应注意饮食结构,少吃动物内脏、海鲜、豆类等含嘌呤较多的食物。

(二)嘧啶核苷酸的分解

人体内嘧啶核苷酸的分解代谢主要在肝脏中进行,在核苷酸酶及核苷磷酸化酶的作用下,脱去磷酸、核糖,产生嘧啶碱,生成的胞嘧啶脱氨基后转变为尿嘧啶,尿嘧啶最终分解成 NH_3、CO_2 和 β-丙氨酸。胸腺嘧啶最终分解成 NH_3、CO_2 和 β-氨基异丁酸。嘧啶碱的分解产物易溶于水,可直接随尿排出,也可以进一步分解。

三、核苷酸抗代谢物及应用

核苷酸抗代谢物是一些嘌呤、嘧啶、氨基酸或叶酸的类似物。它们以竞争性抑制或"以假乱真"的方式干扰或阻断核苷酸的合成代谢,从而进一步阻止核酸和蛋白质的生物合成。肿瘤细胞的核酸和蛋白质合成十分旺盛,因此这些抗代谢物具有抗肿瘤作用。

(一)嘌呤核苷酸抗代谢物及应用

嘌呤的类似物主要有 6-巯基嘌呤(6-MP)、8-氮杂鸟嘌呤等,临床上以 6-MP 最常用。

6-MP 的结构与次黄嘌呤相似,在体内可转变为 6-MP 核苷酸,6-MP 核苷酸可抑制 IMP 转变为 AMP 和 GMP;6-MP 能直接通过竞争性抑制影响 HGPRT,阻止嘌呤核苷酸补救合成途径;6-MP 核苷酸还可反馈抑制 PRPP 酰胺转移酶,从而阻断嘌呤核苷酸的从头合成。

(二)嘧啶核苷酸抗代谢物及应用

嘧啶类似物主要有 5- 氟尿嘧啶(5-FU),是临床上常用的抗肿瘤药物。5-FU 的结构与胸腺嘧啶相似,在体内必须转变成一磷酸脱氧核糖氟尿嘧啶核苷(FdUMP)及三磷酸氟尿嘧啶核苷(FUTP)后,才能发挥作用。FdUMP 和 dUMP 的结构相似,抑制胸苷酸合成酶,阻断 dTMP 的合成,从而抑制 DNA 的合成。此外,FUTP 以 FUMP 的形式在 RNA 合成时掺入,可以破坏 RNA 的结构与功能。

📖 本章小结

核酸分为 DNA 和 RNA 两类,其基本组成单位是核苷酸;核苷酸由碱基、戊糖和磷酸组成。DNA 分子中的碱基成分为 A、G、C、T,RNA 分子中为 A、G、C、U。核糖或脱氧核糖与碱基通过糖苷键形成核苷,核苷与磷酸通过酯键结合构成核苷酸。核酸的一级结构即指 DNA 和 RNA 中核苷酸排列顺序,也称碱基序列,DNA 的二级结构是双螺旋结构。RNA 分为 mRNA、tRNA 和 rRNA 三类,其中 tRNA 的结构为三叶草型。核酸是两性物质,具有紫外吸收特性。DNA 在一定条件下可以发生变性和复性,这也是分子杂交的理论基础。核苷酸的代谢包括合成代谢和分解代谢,嘌呤核苷酸最终氧化成尿酸随尿排出,嘧啶核苷酸最终生成 NH_3、CO_2、β- 丙氨酸和 β- 氨基异丁酸随尿排出或继续分解。

📝 目标测试

一、名词解释

1. 核苷   2. 核苷酸   3. 核酸的一级结构   4. 变性   5. 复性

二、选择题

1. 只存在于 RNA 不存在于 DNA 的碱基是
   A. 胸腺嘧啶   B. 胞嘧啶   C. 尿嘧啶
   D. 腺嘌呤   E. 鸟嘌呤
2. 核酸分子中核苷酸之间的连接键是
   A. 离子键   B. 氢键   C. 磷酸二酯键
   D. 磷酸一酯键   E. 疏水键
3. 关于 DNA 和 RNA 水解后的产物正确的说法是
   A. 碱基不同、戊糖相同   B. 戊糖不同、碱基相同
   C. 碱基和戊糖均不同   D. 碱基和戊糖均相同
   E. 所有碱基都不同
4. 关于 DNA 的二级结构说法错误的是
   A. 两条链成反向平行

  B. 两链碱基配对规则是 A-T、G-C

  C. 碱基平面与中心轴垂直

  D. 两链的碱基位于螺旋外侧

  E. 两条多核苷酸链围绕同一中心轴盘曲成双螺旋

5. 下列哪种物质在关节、软组织处沉积可引起痛风症?

  A. 次黄嘌呤   B. 黄嘌呤   C. 尿酸

  D. 尿素   E. 尿嘧啶

6. 人体内嘌呤碱分解的最终产物是

  A. 尿酸   B. 尿素   C. 酮体

  D. 肌酐   E. 肌酸

7. 别嘌呤醇治疗痛风的机制是能够抑制

  A. 腺苷脱氢酶   B. 尿酸氧化酶   C. 黄嘌呤氧化酶

  D. 鸟嘌呤脱氢酶   E. 核苷磷酸化酶

三、填空题

1. 核苷酸是由_____、_____和_____组成的,核苷酸中的戊糖分别为_____和_____。

2. 核酸的基本组成单位是_____,组成 DNA 的碱基分别为_____、_____、_____和_____。

3. 多核苷酸链中连接相邻核苷酸的化学键为_____。

4. DNA 二级结构是_____结构,其维持横向稳定的作用力是_____。

5. 核酸具有两性性质,通常表现为_____性,在波长为_____nm 的紫外光处有最大吸收峰。

6. 核苷酸合成的途径有_____和_____。

7. 嘌呤核苷酸代谢的终产物为_____。

四、简答题

1. 简述 DNA 和 RNA 组成成分和基本单位的异同?

2. 简述 DNA 双螺旋结构的特点。

3. 什么是分子杂交,它有哪些应用?

(陈 方)

第九章 遗传信息的传递与表达

学习目标

1. 掌握：遗传的中心法则、复制、半保留复制、转录、逆转录、翻译、基因工程等概念；DNA 复制体系与 RNA 转录体系的比较；RNA 在蛋白质生物合成中的作用。
2. 熟悉：DNA、RNA 和蛋白质的生物合成的原料和主要酶系；转录后加工与修饰。
3. 了解：蛋白质生物合成与医学的关系；基因工程的基本过程及其在医学中的应用。

  DNA 分子的脱氧核苷酸序列中储存着生物的遗传信息。基因是具有遗传效应的 DNA 功能片段，是遗传信息的功能单位，其编码的活性产物主要为蛋白质和 RNA。

  在生物体内，以亲代 DNA 为模板合成子代 DNA 的过程称为复制，通过复制 DNA 分子将亲代的遗传信息高度保真地传递给子代。以 DNA 为模板合成 RNA 的过程称为转录，遗传信息经转录由 DNA 分子传递到 RNA 分子上。以 mRNA 为直接模板合成蛋白质的过程称为翻译，它将遗传信息表达为蛋白质执行遗传性状。1958 年，Crick 将生物体内遗传信息的这种传递规律（DNA→RNA→蛋白质）归纳为遗传学的中心法则。

  后续的研究发现病毒 RNA 也具有承载遗传信息的能力。从 RNA 病毒中发现的逆转录酶能以 RNA 为模板指导 DNA 的合成，此合成过程与转录相反，故称反转录或逆转录。此外，RNA 也能进行自我复制。这些发现更好地完善了遗传学的中心法则（图 9-1）。此法则很好地表现了遗传物质与生物学性状的关联。

考点链接

复制、转录、遗传学的中心法则的概念

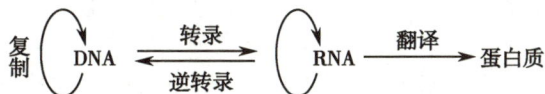

图 9-1　遗传学的中心法则

第一节　DNA 的生物合成

  DNA 的生物合成主要包括 DNA 复制、逆转录合成 DNA 和 DNA 修复合成，其中 DNA 复制是 DNA 生物合成的主要方式。自然界中的绝大多数生物体通过 DNA 复制将亲代的遗传信息准确地传递给子代，从而保证了遗传的高保真性。

一、DNA 的复制

(一) DNA 复制的特点

1. 半保留复制　1958 年,Meselson 和 Stahl 以大肠埃希菌作为实验材料,采用 ^{15}N 作 DNA 标记,证实 DNA 的复制方式为半保留复制。DNA 复制时,亲代 DNA 的双链解旋为两股单链,各自作为复制模板,通过碱基互补配对,合成子代 DNA 双链。所合成的子代 DNA 双链中,一股单链完全来自于亲代的

DNA 母链,另一股单链是通过碱基互补配对新合成的,这种复制方式称为半保留复制(图 9-2),半保留复制是 DNA 复制的基本方式。这样,一分子亲代 DNA 复制合成了与之完全相同的两分子子代 DNA,其意义在于将亲代 DNA 中的遗传信息准确无误地传递给子代,保证了遗传的高保真性和物种的延续性。

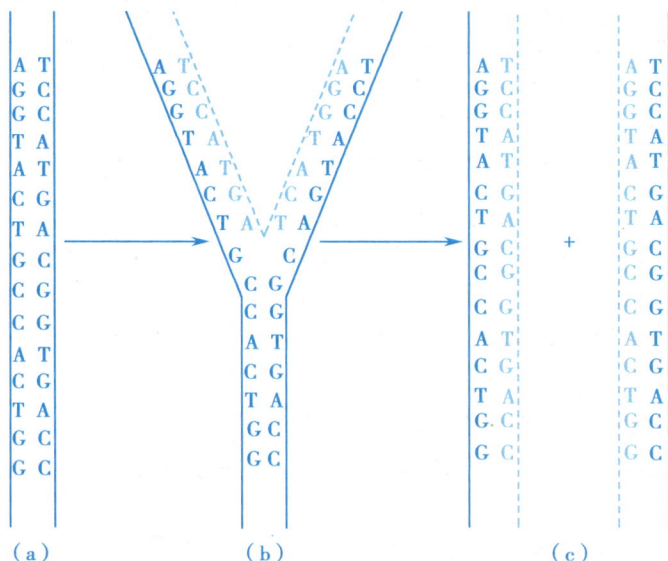

图 9-2　半保留复制

2. 双向复制　DNA 复制往往从一段特殊的 DNA 序列开始,这段碱基序列所处的部位称为复制起始点。复制时,在复制起始点处局部 DNA 双链向两个相反方向解旋成两股单链,各自作为模板,子链随模板延伸。此时,已解旋的两股模板单链与未解旋的双螺旋形成"Y"字形结构的复制叉,称为双向复制。

3. 半不连续复制　DNA 复制时,一股子链的合成方向与解链方向相同且能连续合成,此链称为前导链;另一股子链的合成方向与解链方向相反,合成速度较慢且不能连续合成,此链称为后随链。这种连续合成前导链而不连续合成后随链的现象称为半不连续复制(图 9-3)。

(二) DNA 复制体系

DNA 复制是一个相当复杂的酶促脱氧核苷酸聚合反应,需要模板、底物、引物、多种酶类及特异的蛋白因子等参与。

1. **模板** DNA双链解旋而成的两股单链都可作为复制的模板,严格按照碱基互补配对规律指导底物合成子代DNA。

2. **底物** DNA合成的底物(或原料)为四种三磷酸脱氧核苷(dNTP),即dATP、dGTP、dCTP和dTTP。

3. **引物** 引物是一小段RNA片段,它的作用是提供3'-OH末端使脱氧核苷酸依次聚合。DNA聚合酶不能直接催化两个游离的脱氧核苷酸聚合,必须借助引物提供的3'-OH末端生成3',5'-磷酸二酯键,从而聚合脱氧核苷酸。

4. **酶类和蛋白因子** 参与DNA复制的酶类及特异的蛋白因子主要包括:DNA解旋酶、拓扑异构酶、引物酶、单链结合蛋白、DNA聚合酶和DNA连接酶等。

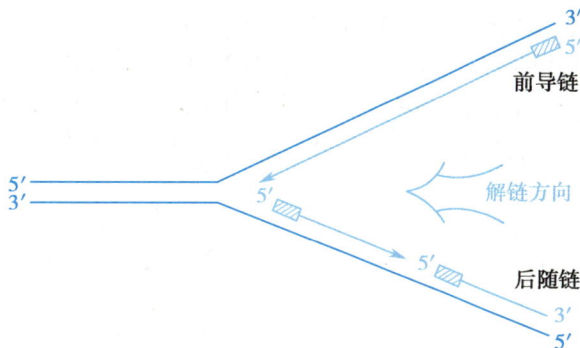

图9-3 半不连续复制

考点链接

DNA复制体系所需的模板、底物、引物、酶类和蛋白因子

(1) DNA聚合酶:DNA聚合酶全称为依赖DNA的DNA聚合酶(DNA pol)。DNA聚合酶能催化聚合脱氧核苷酸生成子链DNA。DNA聚合酶有三种作用:

1) 5'→3'聚合活性:DNA聚合酶需要RNA引物存在,它以DNA为模板,根据碱基互补的原则,以四种三磷酸脱氧核苷(dNTP)为底物,按模板DNA上的核苷酸顺序,催化脱氧核苷酸聚合成DNA子链。聚合子链的延长方向是5'→3',合成过程中还需要Mg^{2+}参与。

2) 3'→5'核酸外切酶活性:是从3'→5'方向水解DNA链上的脱氧核苷酸。在DNA复制中,能识别并切除合成的DNA子链末端与模板DNA不配对的脱氧核苷酸,这种功能称为校对功能,保证了DNA复制中的高保真性和准确性。

3) 5'→3'核酸外切酶活性:是从5'→3'方向水解DNA链上的脱氧核苷酸。在DNA损伤的修复中可能起重要作用,对完成的DNA片段去除5'端的RNA引物也是必须的。

前沿知识

1958年,A. Kornberg在原核生物大肠埃希菌中首次发现DNA聚合酶。后续研究发现大肠埃希菌有3种DNA聚合酶,分别为:DNA polⅠ、DNA polⅡ和DNA polⅢ,DNA polⅠ具有DNA聚合酶的三种作用,主要功能是校对错误,切除引物,填补空缺,损伤修复。DNA polⅡ具有5'→3'聚合活性和3'→5'核酸外切酶活性,一般在DNA polⅠ和DNA polⅢ缺失的情况下暂时起作用,可能主要参与DNA损伤的应急修复。DNA polⅢ具有5'→3'聚合活性和3'→5'核酸外切酶活性,是原核生物复制延长中真正起催化作用的酶,聚合反应活性较高。

(2) DNA解旋酶:催化DNA双链之间的氢键断裂,解开为两股单链,充分暴露DNA双链内侧的碱基序列,以发挥模板作用。

(3) 拓扑异构酶:DNA解链时反向旋转速度太快,往往致使复制叉前端的DNA分子出现打结、缠绕、连环的现象。拓扑异构酶的主要作用是松解超螺旋结构,改变DNA的拓扑构

象,梳理 DNA 链配合复制进程。拓扑异构酶分为Ⅰ型和Ⅱ型两种,两者都具有水解和连接 3′,5′- 磷酸二酯键的功能。拓扑异构酶Ⅰ型在不耗能的情况下,切断 DNA 双链中的一股单链,使 DNA 分子不打结,再适时封闭切口,松解超螺旋结构。拓扑异构酶Ⅱ型利用 ATP 供能,可切断 DNA 双链,松弛超螺旋结构并连接恢复松弛状态 DNA 的断端。可使 DNA 分子边解链边复制。

(4)单链结合蛋白(SSB):单链结合蛋白能结合 DNA 单链,使解旋的 DNA 双链维持单链状态,不能进行 DNA 复性,并防止 DNA 单链被核酸酶水解,从而保证复制的顺利进行。

(5)引物酶:复制起始时,在模板 DNA 链的复制起始部位催化生成与模板互补的 RNA 引物。

(6)DNA 连接酶:在供能的情况下,DNA 连接酶连接 DNA 链的 5′- 末端和 3′- 末端生成 3′,5′- 磷酸二酯键,能将相邻的 DNA 片段连接成完整的 DNA 链(图 9-4)。

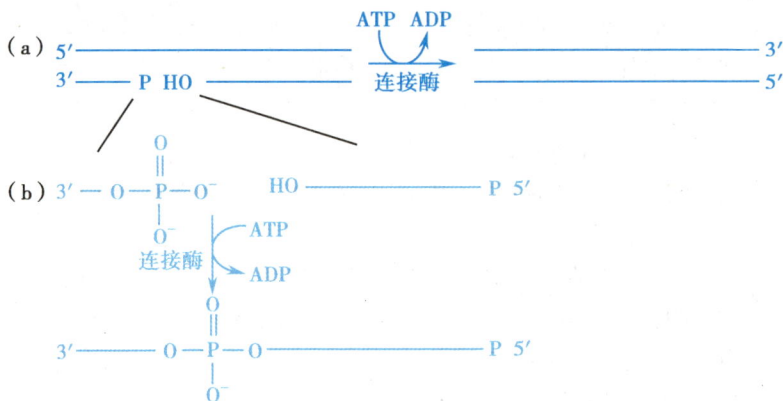

图 9-4　DNA 连接酶的作用

DNA 连接酶不能连接单独存在的 RNA 单链或 DNA 单链,只能连接 DNA 双链中的单链缺口。DNA 连接酶既能连接复制中出现的缺口,又能连接 DNA 修复、重组中的缺口,是基因工程的重要工具酶之一。

(三)DNA 复制过程

DNA 复制是一个复杂且连续的过程。原核生物和真核生物的复制过程相似,都经历起始、延长和终止三个阶段,但真核生物的复制过程较原核生物复杂。以下主要介绍原核生物的 DNA 复制过程。

1. 复制起始　复制不能从基因上任何部位随机起始,而是有固定起始点。原核生物的 DNA 呈环状,仅有一个复制起始点,如大肠埃希菌上的复制起始点为 oriC,而真核生物则有多个复制起始点。DNA 复制起始包括 DNA 解旋形成复制叉、引发体形成和引物合成。复制起始时,在拓扑异构酶和解旋酶的作用下,辨认复制起始点,局部解开 DNA 双链。此时,已解开的两股单链与未解旋的双链形成“Y”字形结构,称为复制叉。SSB 结合到 DNA 单链上,使复制叉保持适当的长度而不复性。在此结构基础上,引物酶和蛋白因子在复制起始区域共同形成的复合结构,称为引发体。依据模板的碱基排列顺序,引物酶从 5′→3′方向催化 NTP 聚合成 RNA 引物,引物长度在十几个至几十个核苷酸不等(图 9-5)。此时,复制进入延长阶段。

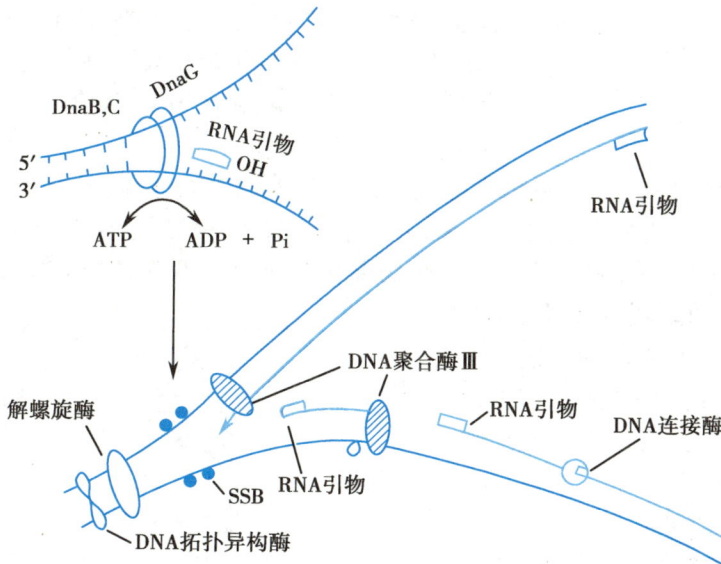

图 9-5　引发体和复制叉的生成

2. 复制延长　DNA 复制延长的实质是脱氧核苷酸不断形成 3′,5′-磷酸二酯键连接。以解开的两股 DNA 单链为模板,依据碱基互补配对规律,DNA pol Ⅲ 催化底物 dNTP 以 dNMP 形式依次聚合到引物或延长子链的 3′-OH 上,由 3′,5′-磷酸二酯键将 dNMP 聚合成两股新的 DNA 子链。

　　DNA 双螺旋结构是由两条相互平行且走向相反的脱氧多核苷酸链右手螺旋而成。DNA 聚合酶只能催化 DNA 子链从 5′→3′方向合成。复制时,DNA 双链解旋为两股单链,以 3′→5′方向作为模板的链,其子链合成的方向与解链方向一致,所生成的子链 DNA 是连续合成的,这股链称为前导链;另一股以 5′→3′方向作为模板的链,合成方向与解链方向相反,复制时则不能形成连续的互补链,而是先形成一小段 RNA 引物,然后 DNA 聚合酶催化四种脱氧核苷三磷酸聚合成 DNA 片段,此片段称为冈崎片段。DNA 聚合酶切除引物填补空缺后,DNA 连接酶将冈崎片段连接为一股完整的链,此链合成速度较慢,称为后随链。DNA 复制延长很高效,在条件适宜时,大肠埃希菌每秒钟能聚合 2500 个核苷酸,20 分钟即可繁殖一代。

　　3. 复制终止　DNA 复制终止主要包括切除引物,填补空缺和连接缺口。DNA 双链合成到一定长度后,引物被水解。切除引物后留下的空隙,由 DNA pol Ⅰ 从 5′→3′方向催化 dNTP 延长冈崎片段,填补留下的缺口由 DNA 连接酶连接形成完整的 DNA 双链(图 9-6)。

二、逆转录合成 DNA

(一)逆转录的概念与逆转录酶

　　绝大多数生物的遗传物质是 DNA,但某些病毒的遗传物质是 RNA,这些病毒 RNA 亦可作为模板

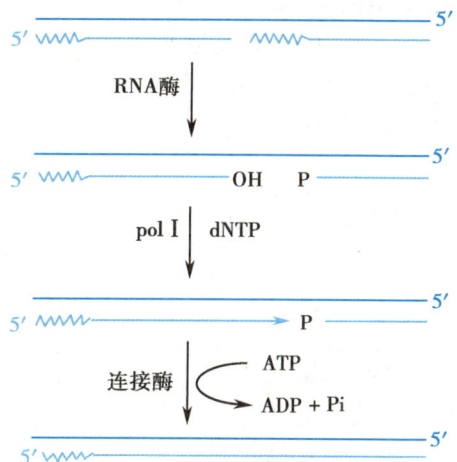

图 9-6　复制的终止

合成 DNA。以 RNA 为模板合成 DNA 的过程称为逆转录或反转录,此过程与转录相反。催化此过程的酶叫逆转录酶,全称为依赖 RNA 的 DNA 聚合酶。

(二) 逆转录过程

逆转录是合成 DNA 的一种特殊方式。RNA 病毒以 RNA 为模板,逆转录酶催化 dNTP 聚合生成其互补的 DNA 单链,形成 RNA-DNA 杂化双链。然后杂化双链中的 RNA 被逆转录酶水解,再以 DNA 单链为模板,逆转录酶催化合成第二条互补的 DNA 链(cDNA),形成 DNA 双链分子。在某些情况下,新合成的 DNA 携带着 RNA 的遗传信息重组到宿主的基因组中,并能随宿主细胞一起复制和表达,可造成宿主细胞发生癌变(图 9-7)。

(三) 逆转录的意义

逆转录和逆转录酶的发现在生物学研究领域具有重要的意义。逆转录扩展和完善了中心法则,突显了 RNA 的重要性。逆转录酶是分子生物学研究的重要工具酶,常用于基因工程中获取目的基因。逆转录往往与细胞恶性转化有关,为肿瘤的研究和防治提供了重要线索。此外,逆转录病毒改造后可作为信息载体,用于肿瘤和遗传性疾病的基因治疗。

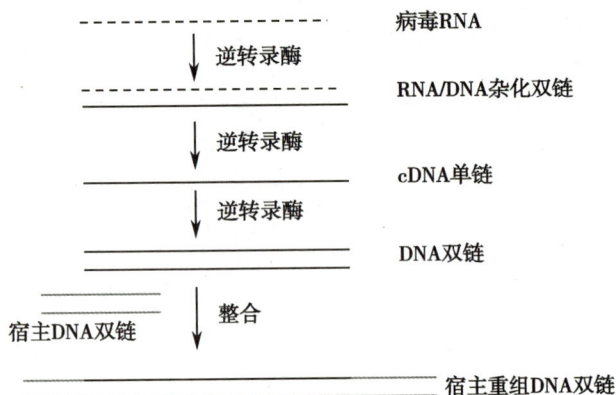

图 9-7 逆转录过程

第二节 RNA 的生物合成

RNA 的生物合成包括转录和 RNA 的复制。以 DNA 为模板合成 RNA 的过程称为转录,是绝大多数生物体内 RNA 合成的主要方式。转录能将生物体的遗传信息从 DNA 传递到 RNA,mRNA 是指导蛋白质合成的直接模板,转录从功能上衔接了 DNA 和蛋白质。

转录和 DNA 复制有很多的相似之处。如:它们都以 DNA 为模板,互补链的合成方向都是 $5' \rightarrow 3'$。两者的不同点见表 9-1。

表 9-1 转录与 DNA 复制的区别

	转录	DNA 复制
模板	DNA 双链中的一条链	DNA 双链中的两条链
原料	NTP	dNTP
酶	RNA 聚合酶	DNA 聚合酶
引物	不需要	需要
产物	RNA	DNA
碱基配对	A-U、C-G、T-A	C-G、A-T
方式	不对称转录	半保留复制,不连续复制

一、RNA 转录体系

转录合成过程需要底物、DNA 模板、RNA 聚合酶、Mg^{2+} 和 Zn^{2+} 等,但不需要引物。

(一) 转录模板

转录只能以 DNA 双链中的一条单链作为模板,且转录只局限于基因组的部分序列,能转录合成 RNA 的基因片段称为结构基因。DNA 双链中能指导 RNA 合成的一条单链称为模板链或有意义链,另一条无转录功能的互补链称为编码链或反意义链,这种模板的选择性称为不对称转录。在包含多个结构基因的 DNA 双链中,模板链并非都在同一条 DNA 单链上,有些结构基因以其中一条单链作为模板转录,而另一些结构基因的模板链是 DNA 双链的另一条互补链(图 9-8)。

考点链接

编码链、模板链和不对称转录的概念

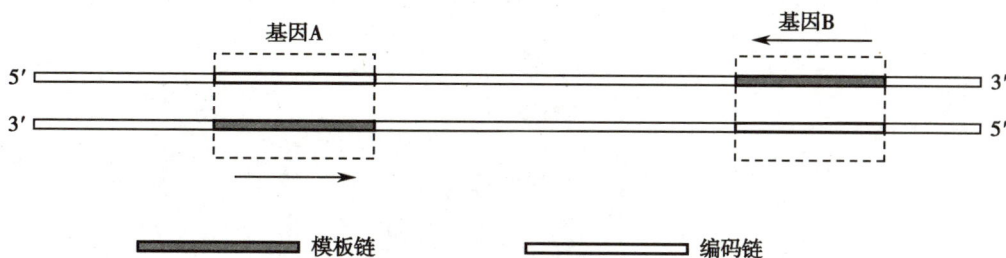

图 9-8　转录模板

(二) 转录原料

转录 RNA 的底物是四种核糖核苷酸(NTP),即 UTP、CTP、GTP 和 ATP。

(三) RNA 聚合酶

RNA 聚合酶全称为依赖 DNA 的 RNA 聚合酶(RNA pol)。转录时,以 DNA 双链的一条单链作为模板,依据碱基互补配对,RNA 聚合酶催化 NTP 从 $5' \rightarrow 3'$ 方向聚合生成 RNA。

原核生物大肠埃希菌仅有一种 RNA 聚合酶,由 4 种亚基 α_2、β、β' 和 σ 组成的五聚体蛋白质($\alpha_2\beta\beta'\sigma$),其中 $\alpha_2\beta\beta'$ 称为核心酶,能催化模板指导的 RNA 合成。

考点链接

原核生物 RNA 聚合酶的组成及功能

σ 亚基具有辨认转录起始点的功能,转录启动后脱离其他亚基。大肠埃希菌 RNA 聚合酶的组成及功能见表 9-2。

表 9-2　大肠埃希菌 RNA 聚合酶的组成及功能

亚基	分子量	亚基数目	功能
α	36 512	2	决定可被转录的基因
β	150 618	1	催化 NTP 聚合
β'	155 613	1	结合 DNA 模板,解旋双链
σ	70 263	1	辨认转录起始点

二、转录过程

原核生物转录的过程分为起始、延长和终止三个阶段。

(一) 转录起始

转录起始时,首先 RNA 聚合酶的 σ 亚基辨认 DNA 模板链上的启动子,并以 RNA 聚合酶全酶的形式与启动子结合,随后 RNA 聚合酶局部解开 DNA 双链,范围在 17 个碱基对左右,使 DNA 模板链暴露。按照碱基互补配对规律,在 DNA 模板的指导下结合第一个核苷酸(一般为 GTP 或 ATP),形成起始复合物,接着 3′- 端加入第二个核苷酸,形成磷酸二酯键。当第一个磷酸二酯键生成后,σ 亚基就从全酶上脱落下来,RNA 合成进入延长阶段。

(二) 转录延长

当 σ 亚基释放后,RNA 聚合酶核心酶变构,与模板结合松弛。核心酶沿 DNA 模板链的 3′→5′ 方向滑动,催化合成 RNA 链,形成 RNA-DNA 杂合双链,这种由核心酶 -DNA-RNA 形成的转录复合物称为转录泡。随着 RNA 链的合成,其 5′- 端脱离模板向转录泡外延伸(图 9-9)。

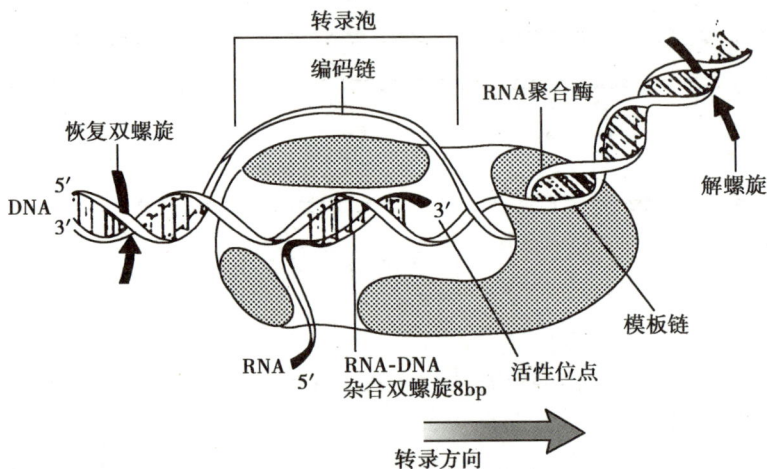

图 9-9 转录延长

(三) 转录终止

根据是否需要蛋白质因子的参与,原核生物的转录终止分为依赖 ρ 因子与非依赖 ρ 因子两种方式。

1. **依赖 ρ 因子的转录终止** 在 T4 噬菌体感染的大肠埃希菌中发现的能控制转录终止的蛋白质,称为 ρ 因子,又称终止因子。ρ 因子能识别新生 RNA 3′- 端富含 C 区段的终止信号,并与之结合,然后 ρ 因子借助 ATP 释放的能量快速滑动,直到遇到转录终止位点的 RNA 聚合酶,RNA-DNA 杂化双链解开,释放 RNA,转录终止。

2. **非依赖 ρ 因子的转录终止** DNA 转录终止处富含 G-C 回文序列,其下游存在连续的 A-T 序列,称为终止子。该区域转录出的 RNA 产物可形成茎环结构或发夹结构,阻止核心酶的移动,使模板 - 核心酶 -RNA 复合物易于解体。此外,模板回文序列后的 AAAAAA 与转录产物 RNA 的 UUUUUU 配对氢键较易断裂,使 RNA 链脱落,自动终止转录(图 9-10)。

(四) 转录后加工修饰

转录生成的 RNA 为无生物活性的初级转录产物,称为 RNA 前体。RNA 前体必须通过一定方式的加工修饰才具有生物学活性。原核生物的结构基因是连续的核苷酸序列,其RNA前体简单加工即可。真核生物的断裂基因是由编码序列和非编码序列镶嵌排列,故其初级转录产物需要经过加工修饰,才能成为成熟的RNA。

1. mRNA的加工 真核生物mRNA的初级转录产物为核不均一RNA(hnRNA),该前体需经过5′-端和3′-端的首尾修饰和剪接修饰,才能成为成熟的mRNA。

(1) 5′-端帽子结构的加入:大多数真核生物mRNA的5′-端有7-甲基鸟嘌呤三磷酸鸟苷的"帽子"结构。在细胞核中,hnRNA的5′-端核苷酸释放磷酸后,由鸟

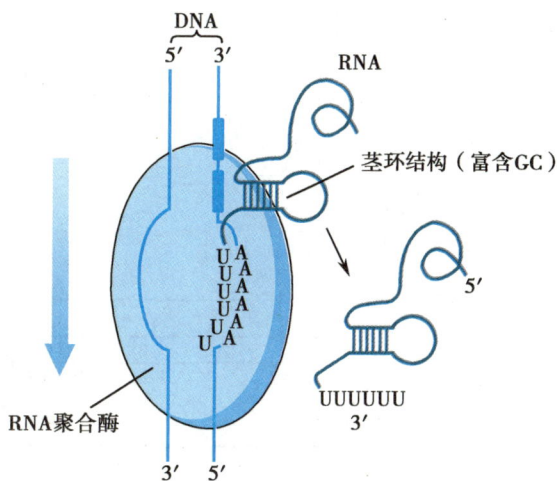

图9-10 非依赖ρ因子的转录终止

考点链接
mRNA转录后的加工修饰

苷酸转移酶催化连接GTP,并在甲基转移酶催化下进行甲基化,形成7-甲基鸟嘌呤三磷酸鸟苷(m^7GpppG)的"帽子"结构。帽子结构可保护mRNA免受核酸外切酶的水解,并为多肽链合成提供启动信号,启动蛋白质的生物合成。

(2) 3′-端多聚腺苷酸尾的形成:首先核酸外切酶切去hnRNA 3′-端的一些核苷酸序列,然后由聚合酶催化合成多聚腺苷酸(poly A)的"尾巴"结构。多聚腺苷酸尾可维持mRNA的模板活性。

(3) hnRNA的剪接:在断裂基因中,具有编码蛋白质的功能序列称为外显子,不具有编码蛋白质的功能序列称为内含子。转录生成的hnRNA中含有外显子和内含子。剪切内含子,连接外显子成为成熟mRNA的过程称为hnRNA的剪接(图9-11)。

2. tRNA的加工

(1) 剪接:在核酸内、外切酶的催化下,tRNA前体切除5′-端、3′-端及反密码环中多余的核苷酸序列并连接外显子。

(2) 3′-端加入CCA-OH结构:在核苷酸转移酶的催化下,tRNA前体的3′-端加入CCA-OH结构,使其具有携带氨基酸转运到核糖体的功能。

(3) 碱基修饰:茎环结构中的部分碱基经化学修饰后转变为稀有碱基。如:腺嘌呤(A)甲基化生成^mA、腺嘌呤(A)脱氨生成次黄嘌呤(I)、尿嘧啶(U)被还原为二氢尿嘧啶(DHU)等。

3. rRNA的加工 原核生物的rRNA前体为30S,经剪切、修饰后生成成熟的16S rRNA、23S rRNA和5S rRNA。23S rRNA、5S rRNA及相关蛋白一起,装配成核糖体的大亚基,16S rRNA及相关蛋白一起组装成核糖体的小亚基。

真核生物的rRNA前体为45S。经核酸内切酶剪切和核糖甲基化修饰后生成成熟的18S rRNA、5.8S rRNA和28S rRNA。28S rRNA、5S rRNA、5.8S rRNA及相关蛋白共同组装成核糖体的大亚基,18S rRNA及相关蛋白装配成核糖体的小亚基。

考点链接
RNA转录后加工修饰

113

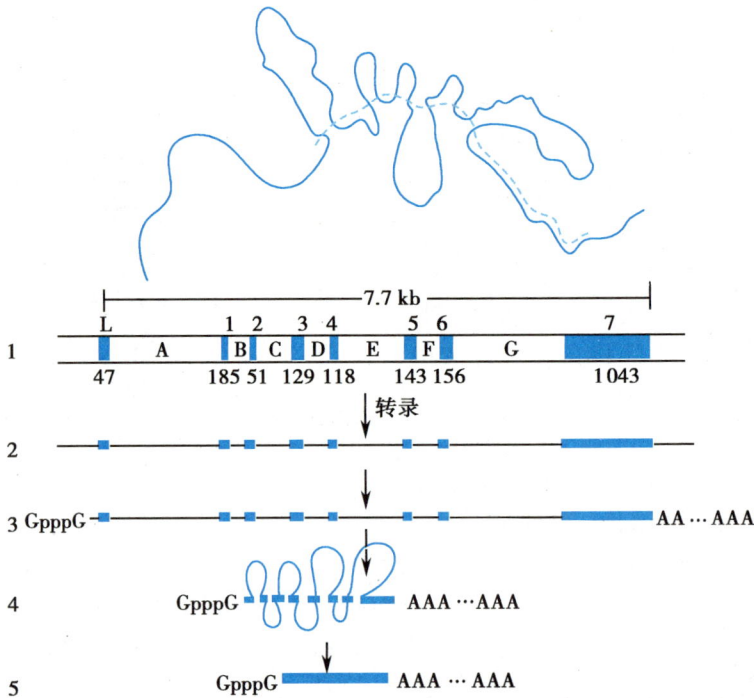

图 9-11 mRNA 的加工修饰

1.卵清蛋白基因结构;2.转录初级产物 hnRNA;3.hnRNA 首、尾修饰;4.剪切内含子;5.拼接外显子

第三节 蛋白质的生物合成

蛋白质的生物合成又称为翻译,是指以 mRNA 为模板合成蛋白质的过程,其本质是将 mRNA 分子中核苷酸序列编码的遗传信息解读为蛋白质的氨基酸序列。蛋白质的生物合成包括起始、延长和终止三个连续的阶段。蛋白质的分子结构与功能之间

考点链接

翻译的概念

有紧密的联系,蛋白质的一级结构改变引起其功能改变,从而导致分子病;蛋白质的空间结构改变可导致构象病。

一、蛋白质生物合成的体系

蛋白质的生物合成是体内最复杂的过程之一,合成蛋白质需要 3 种 RNA 、20 种氨基酸、相关酶与蛋白因子、Mg^{2+}、K^+ 等无机离子、ATP 或 GTP 等物质。

(一) 蛋白质生物合成所需酶类和蛋白质因子

1. 氨基酰 -tRNA 合成酶 此酶位于细胞质中,具有绝对特异性,对氨基酸和 tRNA 都能特异地识别。在 ATP 供能的情况下,能特异催化氨基酸的活化以及与相应 tRNA 结合生成氨基酰 -tRNA。

考点链接

蛋白质生物合成需要的物质

2. 转肽酶 此酶位于核糖体的大亚基上,能催化 P 位的肽酰基转移至 A 位的氨基酰 -tRNA 的氨基上,催化酰基与氨基缩合形成肽键。

3. 蛋白因子 蛋白质的生物合成还需要多种蛋白因子的参与,主要有起始因子(IF)、延长因子(EF)和终止因子(RF)。原核生物的 IF 有三种:IF-1、IF-2、IF-3,其功能是促进起始 tRNA、mRNA 与核糖体小亚基结合,促进大、小亚基分离。原核生物的 EF 包括 EF-Tu、EF-Ts 和 EF-G,其作用是促使氨基酰 -tRNA 进入 A 位,并促进移位过程。原核生物有 RF-1、RF-2 和 RF-3 三种终止因子,其具有特异识别 mRNA 上的终止密码子的功能。

(二)三种 RNA 在蛋白质合成中的作用

1. mRNA 的作用 mRNA 是蛋白质生物合成的直接模板。在 mRNA 上,从 $5'→3'$ 方向,每三个相邻的核苷酸组成一个三联体,编码一个氨基酸,这种三联体称为遗传密码或密码子。mRNA 上的 4 种核苷酸随机排列组合可形成 4^3 即 64 个密码子。其中 AUG 既能编码甲硫氨酸,又是蛋白质生物合成的启动信号,称为起始密码子;UAA、UGA、UAG 不能编码氨基酸,是多肽链合成的终止信号,称为终止密码子,其余的 61 个密码子可编码 20 种氨基酸(表 9-3)。

表 9-3 遗传密码表

第一个核苷酸 (5'- 端)	第二个核苷酸				第三个核苷酸 (3'- 端)
	U	C	A	G	
U	苯丙氨酸	丝氨酸	酪氨酸	半胱氨酸	U
	苯丙氨酸	丝氨酸	酪氨酸	半胱氨酸	C
	亮氨酸	丝氨酸	终止密码	终止密码	A
	亮氨酸	丝氨酸	终止密码	色氨酸	G
C	亮氨酸	脯氨酸	组氨酸	精氨酸	U
	亮氨酸	脯氨酸	组氨酸	精氨酸	C
	亮氨酸	脯氨酸	谷氨酰胺	精氨酸	A
	亮氨酸	脯氨酸	谷氨酰胺	精氨酸	G
A	异亮氨酸	苏氨酸	天冬酰胺	丝氨酸	U
	异亮氨酸	苏氨酸	天冬酰胺	丝氨酸	C
	异亮氨酸	苏氨酸	赖氨酸	精氨酸	A
	甲硫氨酸	苏氨酸	赖氨酸	精氨酸	G
G	缬氨酸	丙氨酸	天冬氨酸	甘氨酸	U
	缬氨酸	丙氨酸	天冬氨酸	甘氨酸	C
	缬氨酸	丙氨酸	谷氨酸	甘氨酸	A
	缬氨酸	丙氨酸	谷氨酸	甘氨酸	G

遗传密码有以下特点:

(1)通用性:所有的原核生物和真核生物都共用同一套遗传密码,称为遗传密码的通用性。

(2)方向性:mRNA 开放阅读框中的碱基排列顺序具有方向性。翻译从 5'- 端的起始密码子开始,按 $5'→3'$ 方向逐一阅读,直至遇到 3'- 端的终止密码子为止,与此相应的多肽链的合成方向为 N- 端至 C- 端。

(3)连续性:mRNA 密码子间无间隔核苷酸。蛋白质的生物合成从起始密码子开始,连续阅读,直至终止密码子为止,密码子间没有任何间隔。如果 mRNA 上缺失或插入非 3 倍碱基,会引起 mRNA 阅读框发生框移,导致移动后的氨基酸序列发生改变,其所编码的蛋白质的生物学活性丧失,称为

考点链接

遗传密码的特点

115

移码突变。

(4) 简并性：mRNA 中有 61 个密码子可编码氨基酸，但生物体内的氨基酸仅有 20 种，这意味着多个密码子可编码同一种氨基酸，这种现象称为简并性。除甲硫氨酸和色氨酸只有一个密码子编码外，其余氨基酸至少由 2 个及以上密码子编码。

(5) 摆动性：密码子与反密码子间的碱基配对不严格，尤其是密码子的第三位碱基与反密码子的第一位碱基间的配对并不严格遵循碱基互补配对规律，如密码子第 3 位的 A、C 或 U 可与反密码子第 1 位的 I 配对，这种现象称为摆动性（图 9-12）。

2. tRNA 的作用 tRNA 具有转运氨基酸到核糖体的功能。其 3'- 端的 CCA-OH 结构可特异地与氨基酸结合，生成氨基酰 - tRNA。翻译时，tRNA 的反密码子准确与 mRNA 上的密码子识别并对号入座。

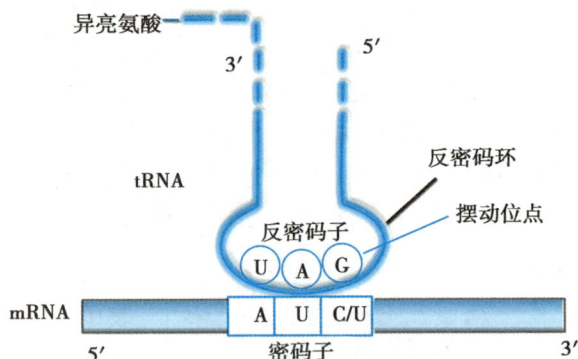

图 9-12 反密码子与密码子的摆动配对

转运起始氨基酸的 tRNA 是起始 tRNA，由于起始密码子 AUG 编码产生甲硫氨酸（Met），故起始 tRNA 表示为 tRNA^{Met}。在原核生物中，起始 tRNA 携带的甲硫氨酸需甲酰化后形成 N- 甲酰甲硫氨酸 -tRNA 才能被识别，用 "fMet- tRNA^{fMet}" 表示。在真核生物中，起始 tRNA 携带的甲硫氨酸未被甲酰化，与其结合的 tRNA^{Met} 有两种：具有起始功能的 Met-tRNA$_i^{Met}$ 和在肽链延伸中起作用的 Met- tRNA^{Met}。

3. rRNA 的作用 rRNA 与多种蛋白质共同构成核糖体（又称核蛋白体），是蛋白质合成的场所，是蛋白质生物合成的"装配厂"。核糖体由大、小两个亚基组成。原核生物的核糖体为 70S，由 50S 的大亚基和 30S 的小亚基组成。真核生物的核糖体为 80S，由 60S 的大亚基和 40S 的小亚基组成。

> **考点链接**
>
> 三种 RNA 在蛋白质生物合成中的作用

核糖体小亚基具有结合模板 mRNA 和起始 tRNA，结合和水解 ATP 的功能。原核生物的核糖体大亚基有 A 位、P 位和 E 位三个 tRNA 结合位点。A 位称为受位或氨基酰位，能结合氨基酰 -tRNA；P 位称为给位或肽酰位，能结合肽酰 -tRNA；E 位是出口位，可释放已卸载氨基酸的 tRNA（图 9-13）。

二、蛋白质生物合成过程

蛋白质的生物合成过程十分复杂，涉及氨基酸的活化与转运、多肽链的合成及合成后的加工修饰等。

（一）氨基酸的活化与转运

氨基酸必须通过活化才能参与蛋白质的合成。在氨基酰 -tRNA 合成酶催化下，氨基酸与 tRNA 特异结合形成氨基酰 -tRNA 的过程称为氨基酸的活化。每活化一分子氨基酸需消耗 2 个高能磷酸键。

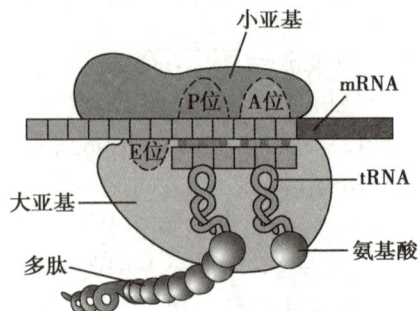

图 9-13 原核生物核糖体结构模式图

$$\text{氨基酸} + \text{tRNA} + \text{ATP} \xrightarrow{\text{氨基酰-tRNA 合成酶}} \text{氨基酰-tRNA} + \text{AMP} + \text{PPi}$$

（二）肽链合成过程——核糖体循环

原核生物多肽链的合成过程包括起始、延长和终止三个阶段，所有阶段都在核糖体上完成，此为广义的核糖体循环。

1. 起始阶段　多肽链合成的起始阶段是模板 mRNA、起始氨基酰-tRNA 与核糖体大、小亚基结合形成翻译起始复合物的过程，此过程需要 IF、GTP 和 Mg^{2+} 的参与。

（1）核糖体大、小亚基分离：起始因子 IF-1、IF-3 与核糖体的小亚基结合，促进核糖体大、小亚基分离。

（2）mRNA 在核糖体小亚基定位结合：在 mRNA 5′-端起始密码子的上游约 8~13 个核苷酸处有一段富含嘌呤碱基（如—AGGAGG—）的保守序列，称为 S-D 序列，可被核糖体小亚基 16S rRNA 辨认互补结合。然后小亚基沿 mRNA 向 3′-端滑动并定位于起始密码子处。

（3）fMet-tRNA^{fMet} 的结合：fMet-tRNA^{fMet}、GTP 和 IF-2 结合形成复合物，识别并结合对应于小亚基 P 位的 mRNA 起始密码子 AUG 处。

（4）核糖体大小亚基结合形成起始复合物：GTP 水解释能，促使 3 种 IF 释放，同时，大亚基与 fMet-tRNA^{fMet} 和小亚基结合，形成翻译起始复合物（图 9-14）。

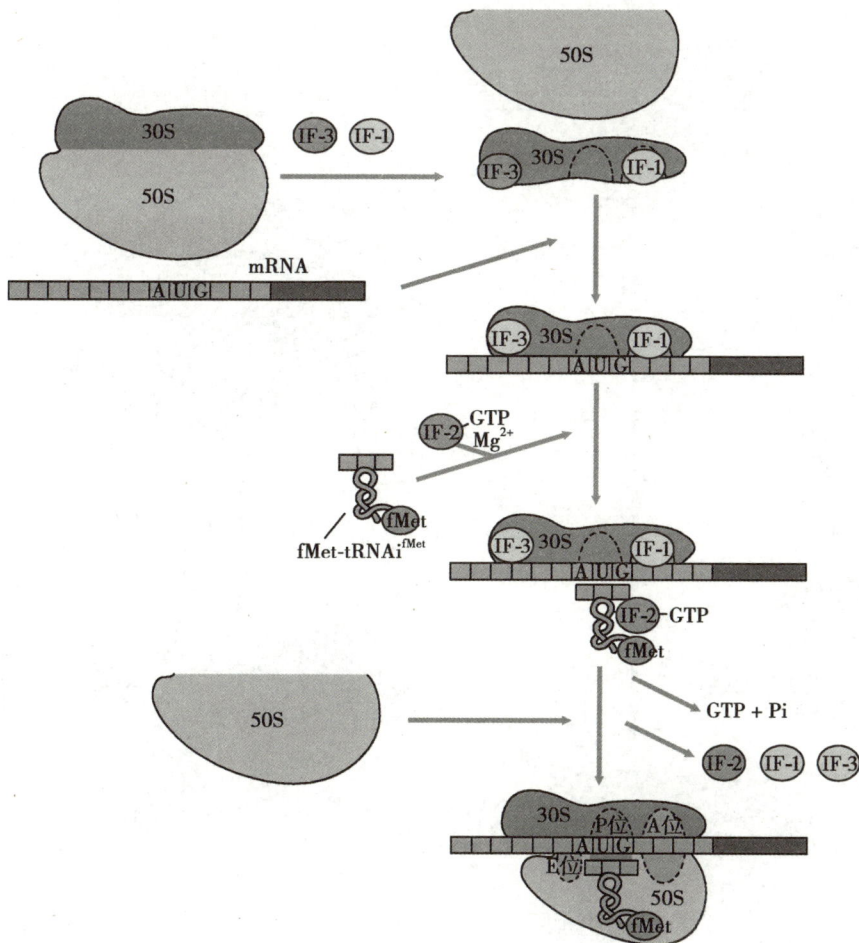

图 9-14　原核生物翻译起始复合物的组装

2. 延长阶段　肽链的延长阶段是在翻译起始复合物的基础上,氨基酰-tRNA 按 mRNA 上的密码子序列在核糖体上依次对号入座形成肽键,肽链不断延长的过程。由于多肽链是在核糖体上循环合成,故又称狭义的核糖体循环。每次循环经进位、成肽和转位三个步骤,肽链便增加一个氨基酸。延长阶段需要延长因子(EF)的参与。

(1)进位:又称注册,是指在延长因子的作用下,氨基酰-tRNA 依据 mRNA 遗传密码指导进入核糖体 A 位的过程。此过程需延长因子 EF-Tu 和 EF-Ts 参与,还需 GTP 供能。Tu-Ts 为二聚体,当 GTP 与 EF-Tu 结合时,EF-Ts 释放,相应的氨基酰-tRNA 与 EF-Tu-GTP 结合为氨基酰-tRNA-Tu-GTP 进入 A 位,然后 GTP 水解释能,驱动 GDP 与 EF-Tu 从核糖体释出,重新形成 Tu-Ts 二聚体。

(2)成肽:是指在转肽酶的催化下,核糖体 P 位的起始氨基酰-tRNA 所携带的甲酰甲硫氨酰基(或肽酰基)转移到 A 位,并与 A 位上新进的氨基酰-tRNA 的氨基缩合成肽键的过程。

(3)转位:在延长因子 EF-G(转位酶)的催化下,核糖体向 mRNA 的 3'-端移动一个密码子的距离,使 A 位的肽酰-tRNA 移入 P 位,而卸载的 tRNA 则移入 E 位。A 位空出,为下一个新的氨基酰-tRNA 进位准备了条件。

核糖体沿 mRNA 模板遗传密码的指导,连续进行进位→成肽→转位的循环过程,使多肽链从 N-端→C-端延伸,直至终止密码子出现在 A 位为止(图 9-15)。

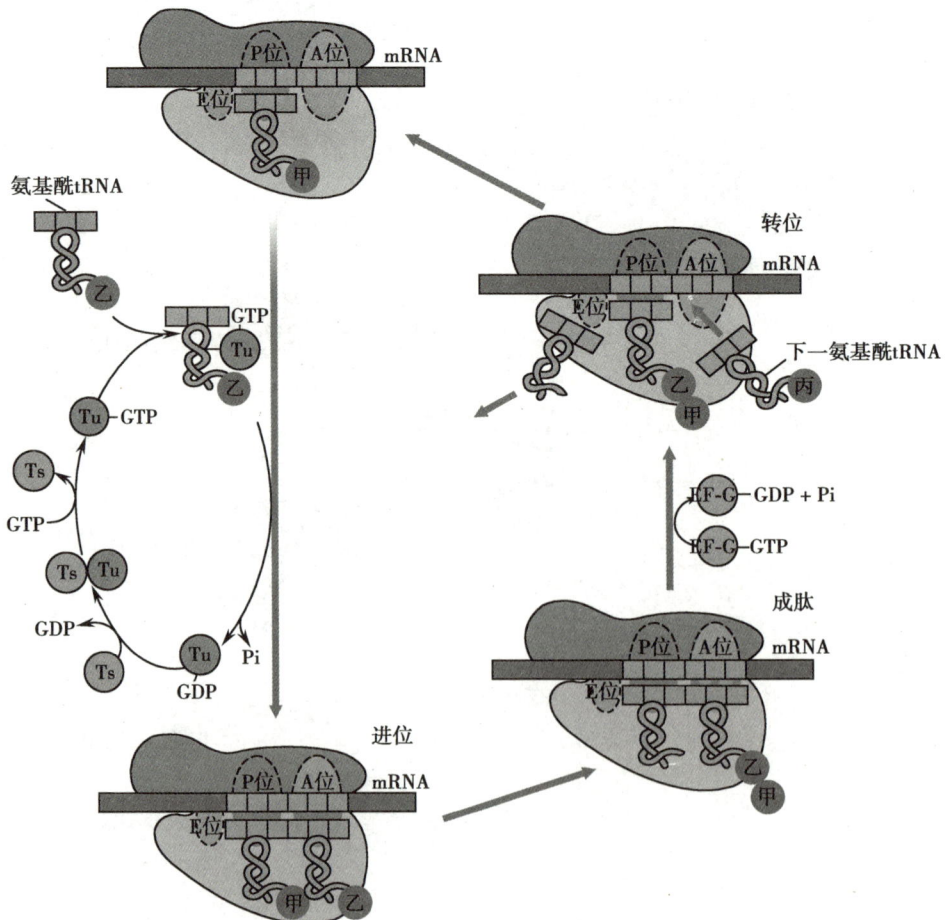

图 9-15　原核生物肽链的合成过程

3. 肽链合成终止　当核糖体的 A 位出现 mRNA 的终止密码子（UAA，UAG，UGA）后，释放因子（RF）予以识别进入 A 位并水解释出合成的多肽链，促使 mRNA、空载 tRNA 和 RF 脱离核糖体，核糖体大、小亚基分离，进入下一次翻译起始过程（图 9-16）。

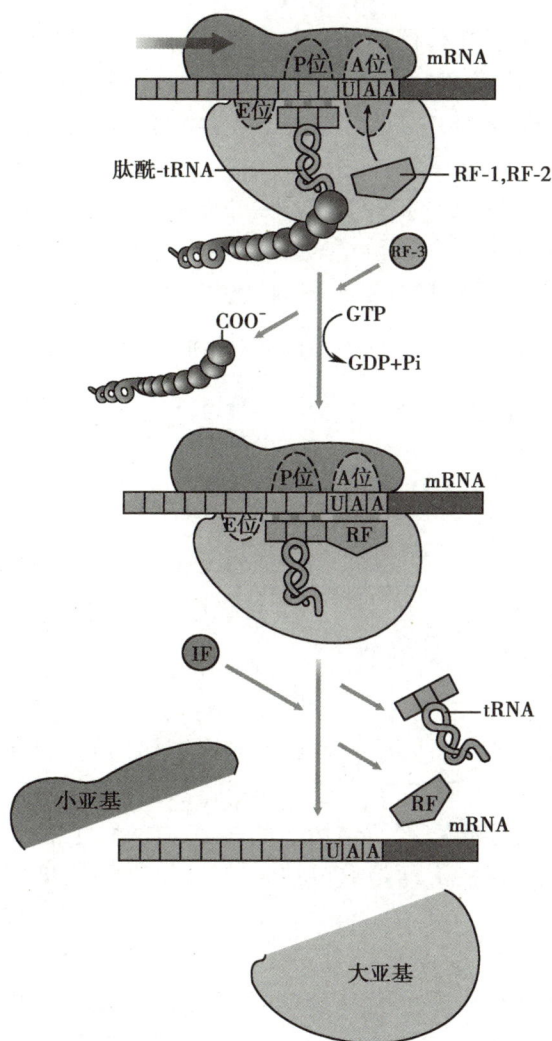

图 9-16　原核生物的翻译终止过程

（三）蛋白质翻译后加工和输送

新生多肽链并不具有生物活性，它们必须经过加工修饰，才能转变为具有一定功能的蛋白质，此过程称为翻译后加工。加工修饰涉及蛋白质一级结构和空间结构的加工，以多肽链折叠为天然的三维构象最为常见，此外，还有个别氨基酸侧链的共价修饰、水解和亚基聚合等。

第四节　蛋白质生物合成在医学中的应用

蛋白质是生物体的物质基础，又是生命活动的直接执行者，蛋白质的生物合成与遗传、分化、生长、免疫、肿瘤发生及某些药物的作用都有密切关系。当蛋白质合成障碍时，生命活动也会受到严重影响而引起各种疾病,可见蛋白质的生物合成与医学的关系密切,在医学领域有着广泛应用。

一、分子病

分子病是由于 DNA 分子遗传信息的改变而导致合成的 mRNA 和蛋白质一级结构的改变所引起的遗传性疾病。最典型的病例为镰状细胞贫血,是人类发现的第一个分子病。此病红细胞内血红蛋白 β- 链的结构发生了异常,使血红蛋白的功能发生改变,在氧分压较低时,血红蛋白从红细胞中析出,红细胞被扭曲成镰刀形,并极易破裂,引起溶血性贫血。其发病的分子基础是:控制 β- 链合成的基因片段上,正常的一个脱氧胸苷酸被脱氧腺苷酸所取代,使 mRNA 分子上编码谷氨酸的密码子 GAA 突变为编码缬氨酸的密码子 GUA,结果正常血红蛋白 β- 链上 N- 末端的第 6 位谷氨酸被缬氨酸所替代(表 9-4)。

表 9-4 镰状细胞贫血血红蛋白遗传信息的异常

	正常	异常
相关 DNA	…CTT…	…CAT…
相关 mRNA	…GAA…	…GUA…
β- 链 N- 末端第 6 位氨基酸残基	谷氨酸	缬氨酸
Hb 种类	HbA	HbS

二、蛋白质生物合成的阻断剂

(一) 抗生素

许多抗生素通过阻碍细菌蛋白质的生物合成达到抑菌或抗癌的功效。如:链霉素、新霉素可与核糖体小亚基结合,引起读码错误,抑制起始阶段;四环素可阻止氨基酰 -tRNA 与小亚基结合,抑制进位;嘌呤霉素的结构与酪氨酰 -tRNA 相似,可替代酪氨酰 -tRNA 进入核糖体 A 位,从而影响成肽;夫西地酸可抑制转位酶的活性,抑制转位,从而影响多肽链的延伸。

(二) 干扰素

干扰素是真核细胞被病毒感染后生成的一类具有抗病毒作用的蛋白质。干扰素可诱导特异蛋白激酶活化,促使真核生物的起始因子 eIF-2 磷酸化失活,从而抑制蛋白质生物合成。

三、常用分子生物学技术

(一) 基因工程

基因是具有特定遗传效应的 DNA 序列,是遗传的物质基础。通过复制基因可将亲代的遗传信息传递给子代,使子代呈现出与亲代相似的性状。自然界中不同物种或个体间经常发生基因转移和重组,这是基因变异和物种进化的基础。

1. 基因工程的概念 基因工程又称重组 DNA 技术,是指以分子生物学的方法为研究手段,在体外将外源 DNA 与载体 DNA 构建为 DNA 重组体,然后将其导入宿主细胞并在宿主体内扩增、表达,从而得到大量表达产物的技术。

2. 工具酶 基因工程操作中常需要一些工具酶。常用

考点链接
基因工程的概念

的有限制性核酸内切酶、DNA 聚合酶、DNA 连接酶、逆转录酶、多聚核苷酸激酶、末端转移酶和碱性磷酸酶等。

3. 目的基因　目的基因是基因工程需分离、改造、扩增或表达的基因。载体携带目的基因导入宿主细胞并表达，可使宿主出现预期的新遗传性状。

4. 载体　载体有携带目的基因的作用，载体按功能分为表达载体和克隆载体。常见的载体有质粒、噬菌体、病毒、细菌人工染色体载体和酵母人工染色体载体，其中以质粒的应用最为广泛。

5. 基因工程的基本过程　基因工程的基本过程包括：①目的基因的获取；②载体的选择与构建；③DNA 重组体的构建；④DNA 重组体导入宿主细胞；⑤DNA 重组体的筛选与鉴定（图 9-17）。

（1）目的基因的获得：目的基因是基因工程中需要研究分析的基因。获取目的基因的方法有人工合成法、基因组文库、cDNA 文库获取、PCR 法等。

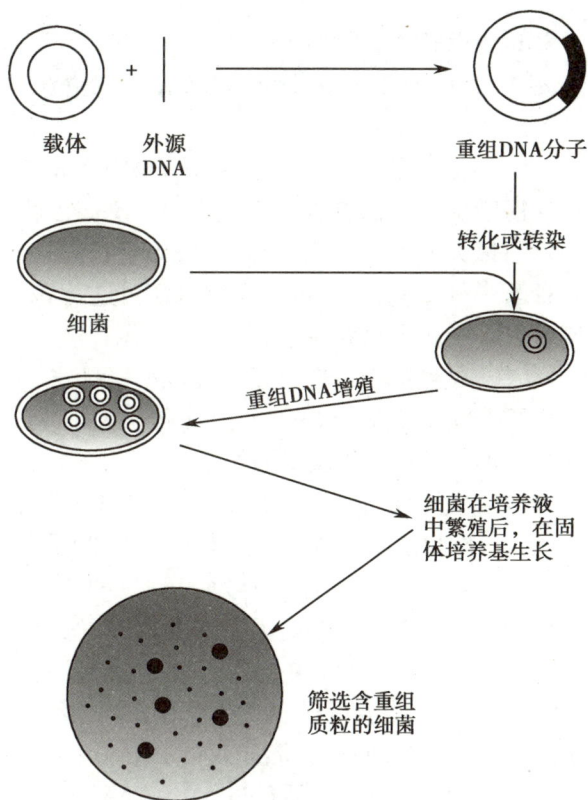

图 9-17　基因工程的基本过程

考点链接

基因工程的基本过程

（2）载体的选择与构建：载体应具备的条件：①分子量较小；②有自主复制的能力；③有限制性核酸内切酶的切割位点；④有易辨认识别的遗传标记；⑤拷贝数高，易于分离提取。

（3）DNA 重组体的构建：在 DNA 连接酶的催化下，将目的基因与载体基因整合成一个重组 DNA 分子的过程。其连接方式包括黏性末端连接和平端连接。

（4）DNA 重组体导入宿主细胞：载体性质不同，重组体导入宿主细胞的方式也不同，主要有转化、转染和感染。转化是将 DNA 重组体导入原核细胞的过程；转染是将 DNA 重组体导入真核细胞的过程；感染是将病毒载体构建的 DNA 重组体导入受体细胞的过程。

（5）DNA 重组体的筛选与鉴定：DNA 重组体导入宿主细胞后，经培养可得到大量的转化菌落或转染噬菌斑，从中选择和鉴定出含目的基因的菌株的过程称为筛选。

前沿知识

黄 金 大 米

黄金大米，又称"金色大米"，是一种转基因大米，由美国先正达公司研发。利用转基因技术把维生素 A 合成的前体 β-胡萝卜素基因转入到水稻中，以种植出富含 β-胡萝卜素的金黄色大米，以此缓解发展中国家因缺乏维生素 A 而导致的儿童失明及死亡现状。转基因技术备受关注，支持者与反对者就转基因的安全性展开激烈争论。近日，超过百位诺贝尔奖获得者联名发表公开信,呼吁绿色和平组织停止反对转基因,尤其是停止对"黄金大米"的反对,但该呼吁并未改变绿色和平组织对转基因的态度。

6. 基因工程与医学的关系　基因工程是生物工程技术的核心,在医学研究、疾病诊治和法医学鉴定方面有着广泛地应用。基因工程制药突破了传统的制药产业,利用基因工程技术可以大规模生产药物和制剂,如生长激素、胰岛素、红细胞生成素、白细胞介素、疫苗和各种酶类等。此外,基因工程技术还可进行转基因和基因打靶操作,从而获取转基因产物,制备人类疾病的动物模型。

(二) 聚合酶链反应(PCR)技术

聚合酶链反应(PCR)是 1985 年由 Kary Mullis 等人发现,是在体外模拟细胞内 DNA 复制机制的一种体外扩增基因技术。

PCR 技术又称基因体外扩增,是以 DNA 为模板,以能与模板碱基互补的核苷酸片段为引物,在体外由 *Taq* DNA 聚合酶催化 dNTP 聚合扩增 DNA 的过程。

PCR 技术反应过程可分为三步:①变性:将 PCR 反应体系加热至 94℃,DNA 双链间的氢键被破坏,DNA 双链变性为单链 DNA;②退火:将温度降低至适宜温度(一般比目的基因的 T_m 低 5℃),一对引物分别与其互补的 DNA 模板结合;③延伸:将温度升至 72℃,由 DNA 聚合酶催化 dNTP 沿 5′→3′ 方向聚合形成双链 DNA。以上三步反应为一个循环,经多次循环(25~30 次)后即可达到扩增 DNA 的目的(图 9-18)。

考点链接

PCR 的概念及反应过程

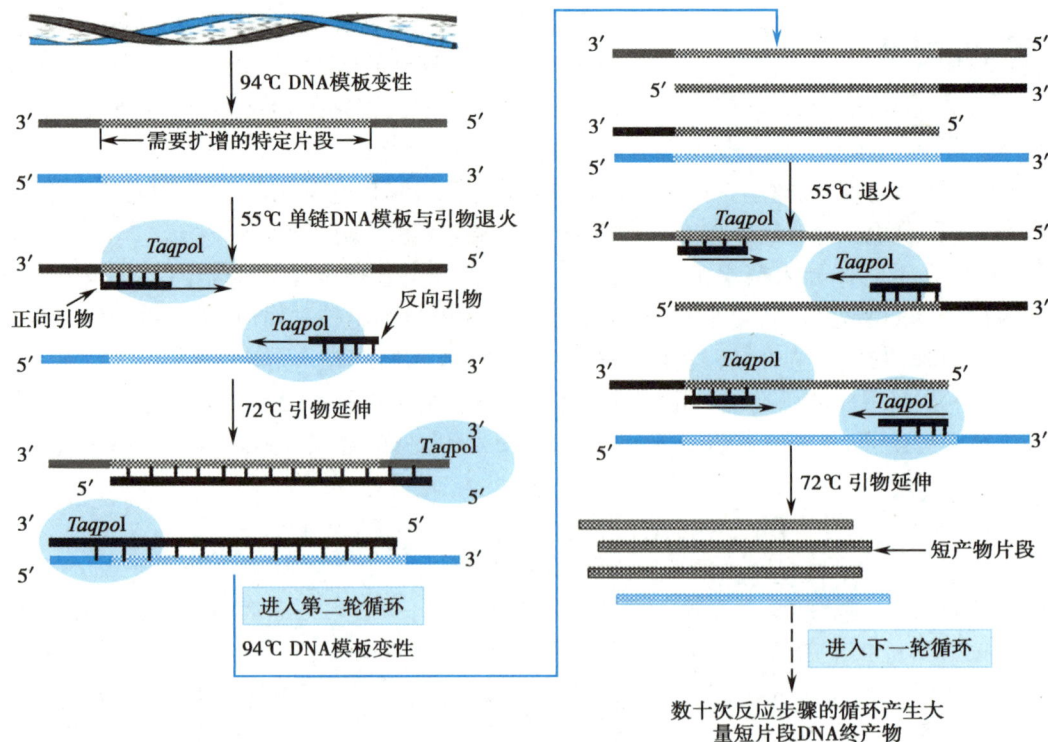

图 9-18　PCR 技术原理示意图

PCR 技术广泛应用于分子生物学和医学遗传学研究领域。因 PCR 技术能快速扩增目的基因且操作简单,目前,该技术在分子生物学、医学、生物化学和法学等领域已得到了广泛应用。在临床医学中,PCR 技术常用于病原体(细菌、病毒和寄生虫等)的检测、遗传病产前诊断、基因诊治、肿瘤研究、癌基因研究、病毒性传染病诊断。

前沿知识

人类基因组计划

人类基因组计划是美国科学家于 1985 年率先提出,旨在阐明人类基因组 30 亿个碱基对的排列顺序,发现所有人类基因并搞清其在染色体上的位置,破译人类全部遗传信息,弄清楚它的生物学功能,并绘制成直观图谱,进而弄清楚基因组所编码的所有蛋白质的表达情况,最终达到从整体系统水平上认识人体构造与功能并帮助制订有效治疗策略和开发有效治疗药物的目的,使人类在分子水平上全面地认识自我。

计划于 1990 年正式启动,2000 年 6 月 26 日,参与人类基因组计划的美国,英国,德国,法国,日本,中国和有关科学家分别宣布,人类基因组工作草图已经绘制成功。

人类只有一个基因组,随着人类基因组逐渐被破译,人们的生活也将发生巨大变化。基因药物已经走进人们的生活,很多疾病的病因将被揭开,利用基因治疗更多的疾病不再是一个奢望。生活起居、饮食习惯有可能根据基因情况进行调整,人类的整体健康状况将会提高。

本章小结

生物体内遗传信息严格遵循遗传学的中心法则进行传递。以亲代 DNA 为模板合成子代 DNA 的过程称为复制。复制需要模板、底物、引物、多种酶类及特异的蛋白因子等参与。复制过程需经历起始、延长和终止三个阶段。以 RNA 为模板指导 DNA 合成的过程称为反转录。

以 DNA 为模板合成 RNA 的过程称为转录。转录合成过程需要底物、DNA 模板、RNA 聚合酶、Mg^{2+} 和 Zn^{2+} 等。原核生物转录的过程分为起始、延长和终止三个阶段。转录生成的 RNA 为无生物活性的产物,必须通过加工修饰才具有生物学活性。

以 mRNA 为直接模板合成蛋白质的过程称为翻译。蛋白质的生物合成需要 RNA、氨基酸、相关酶与蛋白因子等物质。翻译过程包括起始、延长和终止三个连续的阶段。

蛋白质的生物合成在医学中有广泛应用,一些遗传性疾病如分子病就是由于基因突变引起的。一些抗生素是因为抑制蛋白质合成而达到抑菌作用。基因工程是根据需要获得目的基因,通过重组后导入宿主细胞进行扩增、表达的技术。PCR 技术是以 DNA 在体外由 DNA 聚合酶催化 dNTP 聚合扩增 DNA 的技术。基因工程和 PCR 技术在医学研究、基因诊断、基因治疗、遗传病预防、生化制药等方面有着广泛地应用。

目标测试

一、名词解释

1. 复制　　2. 转录　　3. 翻译　　4. 半保留复制　　5. 逆转录　　6. 基因工程

二、填空题

1. DNA 复制具有_____、_____和_____特点。

2. 转录以_____为模板合成_____的过程，其合成的方向是_____，蛋白质生物合成的方向是_____。

3. 生物体内有_____个密码子，其中_____是起始密码，终止密码子是_____、_____和_____。

4. DNA 复制合成的方向与解链方向一致，能连续合成的链称为_____；合成方向与解链方向相反，不能连续合成的链称为_____。

5. 肽链的延长阶段包括_____、_____和_____三个步骤。

三、简答题

1. 简述 DNA 复制所需的酶类及蛋白质。

2. 何谓遗传密码，遗传密码有什么特点？

3. 简述三种 RNA 在蛋白质生物合成中的作用。

4. mRNA 转录后如何进行修饰加工？

5. 简述基因工程的基本操作步骤。

（鲁正宏）

第十章 水和无机盐代谢

学习目标

1. 掌握:体液电解质的含量与分布特点;水和无机盐的生理功能;水的来源和去路;钙磷的生理功能。
2. 熟悉:体液的含量与分布;钠、钾、氯的代谢;钙、磷在体内的含量、分布、吸收与排泄;血钙与血磷。
3. 了解:钙磷代谢的调节、微量元素代谢。

除糖、脂肪、蛋白质外,水和无机盐也是人体必不可少的营养物质。体液是指人体细胞内外的水以及溶解于水中的无机盐、有机物构成的液体。体液中的无机盐以及部分以离子形式存在的有机物统称为电解质。保持体液容量、分布和组成的动态平衡是维持正常生命活动的必要条件。疾病及内外环境的变化可能会破坏此平衡,对机体产生多种不利影响,严重时甚至可危及生命。因此,掌握水和无机盐代谢的基本知识,对治疗及护理均有重要的意义。

案例分析

某患儿,15个月,因腹泻、呕吐4天入院。发病以来,每天腹泻6~8次,水样便,呕吐4次,不能进食,每日补5%葡萄糖溶液1000ml,尿量减少,腹胀。

体检:精神萎靡,体温37.5℃(肛)(正常36.5~37.7℃),脉搏速弱,150次/分,呼吸浅快,55次/分,血压86/50mmHg(11.5/6.67KPa),皮肤弹性减退,两眼凹陷,前囟下陷,腹胀,肠鸣音减弱,腹壁反射消失,膝反射迟钝,四肢凉。

实验室检查:血清Na^+ 125mmol/L,血清K^+ 3.2mmol/L。

问题:该患儿出现哪方面的异常?为什么?

第一节 体 液

一、体液的含量与分布

体液通常分为两大部分:细胞内液(分布于细胞内的液体)和细胞外液(分布于细胞外的液体)。细胞外液又分为血浆和组织间液(或细胞间液)两部分,其中组织间液还包括胸、腹膜腔液、淋巴液、脑脊液和关节滑液等。细胞外液构成了机体的内环境，是组织细胞之间和机体与外环境沟通的介质，细胞必须从细胞外液中摄取营养物质，同时细胞内产生的代谢产物也必须通过细胞外液转运和排出。正常成人体液的总含量约占体重的 60%，各部分体液含量约占体重的百分比分别为：细胞内液 40%，细胞外液 20%，组织间液 15%，血浆 5%（图 10-1）。

胃肠道消化液、尿液、渗出液等均可认为是细胞外液的特殊部分，这些特殊液体的大量丢失可影响体液的容量、渗透压和酸碱平衡。

影响体液含量的因素有年龄、性别、体型等。如新生儿体液约占体重的 80%，婴儿约占 70%，儿童约占 65%，他们比成年人更容易脱水；女性体液含量比男性少，故成年女子比男子耐受体液丢失的能力相对低；脂肪组织含水少，故肥胖者体内水分较少。

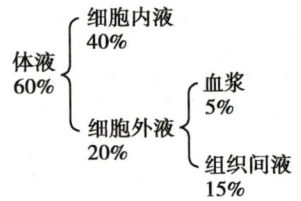

图 10-1 体液的分布及含量

二、体液电解质的含量与分布

体液的主要成分是水，以及电解质（如无机盐、蛋白质、有机酸等）和非电解质（如葡萄糖、尿素、胆固醇等），人体各部分体液中电解质的种类和含量有较大差别。有以下特点：

1. 细胞内外液呈电中性 无论细胞内液或细胞外液，其所含阴阳离子的摩尔电荷总量相等，呈电中性。

2. 细胞内外液电解质含量差别很大 细胞外液中阳离子以 Na^+ 为主，阴离子以 Cl^- 和 HCO_3^- 为主；而细胞内液中阳离子以 K^+ 为主，阴离子以 HPO_4^{2-} 和蛋白质负离子为主。这种差异的存在及维持，是细胞完成基本生命活动所必需的。

考点链接
体液电解质的分布

3. 细胞内外液渗透压基本相等 体液中电解质浓度若以摩尔电荷浓度表示，细胞内液的电解质总量大于细胞外液，但细胞内外液的渗透压基本相等，原因是细胞内液含有二价离子（HPO_4^{2-}、SO_4^{2-}、Mg^{2+}）和蛋白质较多，而这些电解质产生的渗透压较小。

4. 血浆蛋白质总量明显高于组织间液 血浆和细胞间液大部分电解质的含量基本接近，但血浆中蛋白质含量明显高于细胞间液，这种差别对维持血容量和血浆与细胞间液之间的水交换有着重要作用。

电解质含量和分布的特点与体液的酸碱平衡、电荷平衡、渗透压平衡以及物质交换等密切相关。体液中主要的电解质含量见表 10-1。

表 10-1 各种体液中电解质含量

电解质	血浆		细胞间液		细胞内液	
	离子 mmol/L	电荷 mmol/L	离子 mmol/L	电荷 mmol/L	离子 mmol/L	电荷 mmol/L
正离子						
Na^+	145	(145)	139	(139)	10	(10)
K^+	4.5	(4.5)	4	(4)	158	(158)
Ca^+	2.5	(5)	2	(4)	3	(6)
Mg^{2+}	0.8	(1.6)	0.5	(1)	15.5	(31)
合计	152.8	(156)	145.5	(148)	186.5	(205)

续表

电解质	血浆		细胞间液		细胞内液	
	离子 mmol/L	电荷 mmol/L	离子 mmol/L	电荷 mmol/L	离子 mmol/L	电荷 mmol/L
负离子						
Cl^-	103	(103)	112	(112)	1	(1)
HCO_3^-	27	(27)	25	(25)	10	(10)
HPO_4^{2-}	1	(2)	1	(2)	12	(24)
SO_4^{2-}	0.5	(1)	0.5	(1)	9.5	(19)
蛋白质	2.25	(18)	0.25	(2)	8.1	(65)
有机酸	5	(5)	6	(6)	16	(16)
有机磷酸		(−)		(−)	23.3	(70)
合计	138.75	(156)	144.75	(148)	79.9	(205)

三、体液的交换

各部分体液间不断进行着水、电解质以及小分子有机物的交换,以保证营养物质和代谢产物的相互沟通,使内环境保持平衡。

(一)消化液与血浆之间的交换

正常成人每天分泌约 8200ml 消化液,其中包含多种消化酶和电解质,与血浆基本等渗。这些消化液绝大部分随食物的吸收而被消化道重吸收,随粪便排出体外的大约只有 150ml 左右。严重呕吐及腹泻可使消化液大量丢失,导致严重脱水、酸碱平衡紊乱及电解质失衡。

(二)血浆与细胞间液之间的交换

血浆和细胞间液之间的交换通过毛细血管壁进行。毛细血管壁也是一种半透膜,除大分子蛋白质外,水、电解质、小分子有机物都能自由透过。血浆与细胞间液之间物质交换取决于两方面力量的对比。毛细血管血液静水压与细胞间液胶体渗透压促进液体渗出毛细血管;细胞间液静水压和血浆胶体渗透压促使液体进入毛细血管,上述两方面力量的总和称为“有效滤过压”。在毛细血管动脉端,有效滤过压为:(3.99+1.995)−(3.325+1.33)=1.33kPa,因此水分与营养物质从血管渗出进入细胞间液;而在毛细血管静脉端,有效滤过压(1.596+1.995)−(3.325+1.33)=−1.064kPa,因此水及代谢废物从细胞间液进入血管内。此外有一部分细胞间液由于淋巴管内的负压而经淋巴系统进入血液。在正常情况下,体液从毛细血管壁的渗出量与进入量基本相等。血浆与细胞间液的交换非常迅速,每分钟可交换 2L 多,并保持动态平衡。这不仅保证了血浆与细胞间液之间进行物质交换,而且还维持了它们的容量和渗透压的平衡。

(三)组织间液与细胞内液之间的交换

细胞内外液之间进行物质交换的屏障是细胞膜,其对物质的通透有着较为严格的限制。当细胞内外液之间出现渗透压差时,主要靠水的转移来维持细胞内外的渗透。细胞内水分丢失过多或进入细胞的水分过多时,都将导致体液渗透压失衡,引起细胞功能紊乱。

第二节 水 代 谢

一、水的生理功能

水是机体中含量最多的组成成分,水在体内的生理功能主要有:

考点链接
水的生理功能

(一) 调节体温

水是良好的体温调节剂。水的比热大,能吸收较多热量而本身温度升高并不多;水的蒸发热大,蒸发少量的汗就能散发大量的热;水的流动性大,通过血液循环使物质代谢释放的热量迅速均匀地分布于全身,并从体表散发。

(二) 促进物质代谢

水是良好的溶剂,能使物质溶解,加速体内一系列生化反应的进行,有利于营养物质的消化、吸收和运输以及代谢产物的排泄。水还直接参加许多化学反应如水解、水化、脱水和氧化等,促进物质代谢。

(三) 润滑作用

水有润滑作用,如泪液可防止眼球干燥,有利于眼球转动;唾液有利于吞咽及咽部湿润;关节腔中的滑液有利于关节的活动;胸腔和腹膜腔液以及呼吸道和胃肠道黏液有利于呼吸道与消化道的运转,减少摩擦,起到良好的润滑作用。

(四) 维持组织的形态与功能

体内的水以自由水和结合水两种形式存在。结合水是指与蛋白质、多糖、电解质等物质结合的水,它与自由水不同,无流动性,参与构成细胞原生质的特殊形态,以保证一些组织具有特殊的生理功能。如心肌含有约 79% 的水,血液含有约 83% 的水,两者相差无几,但心肌中主要含的是结合水,可使心脏具有一定坚实的形态,保证心脏强有力地推动血液循环。

二、水的来源和去路

(一) 水的来源

1. 饮水 水的主要来源,成人每天摄入水量约 1200ml。饮水量多少与气候、劳动强度以及各种生理情况有关。

2. 食物水 正常成人每日随食物摄入的水量约为 1000ml。

3. 代谢水 指糖、脂肪、蛋白质等营养物质在代谢过程中经过氧化生成水,又称内生水,量比较恒定,每天约为 300ml。

(二) 水的去路

1. 肾排出 肾是排水的主要器官,是水的主要去路,对体内水的平衡起着调节作用。一般情况下正常成人每天排出的尿量约为 1500ml,但人体每天的尿量受水的来源、环境气候和劳动强度等多种因素的影响变化较大。人体每天约有 35g 的固体物质需要随尿排出,主要是尿素、肌酐、尿酸等代谢产物。正常成人肾

考点链接
水的来源和去路

排尿的最大浓度为 6%~8%,故每天至少需要 500ml 尿量才能将这些代谢废物排出体外,否则将会导致代谢废物在体内潴留而引起中毒。临床上把每天尿量少于 500ml 称为少尿,少

于 100ml 称为无尿。

2. **皮肤蒸发** 皮肤以非显性出汗和显性出汗两种方式排水。非显性出汗即皮肤的水分蒸发,成人每天约 500ml,因其中含电解质很少,可看成纯水。显性出汗为汗腺分泌,排水量随环境温度、运动量或劳动强度等的不同而有很大差异。显性汗是一种低渗溶液,在排水的同时也伴有 Na^+ 和 Cl^- 的排出及少量 K^+ 的排出。所以大量出汗时,除补水外,还要补盐。

3. **肺呼出** 肺呼吸进行气体交换时也要排出部分水,每天约 350ml。

4. **粪便排出** 成人每天通过胃肠道随粪便排出的水量约为 150ml。每天消化道分泌的消化液约有 8L,为血浆的两倍。在正常情况下,约有 98% 以上的消化液被重吸收,只有不到 2% 的消化液随粪便丢失。因此,当严重呕吐、腹泻、胃肠减压等引起消化液大量丢失时,应根据丢失消化液的具体情况来补充水和电解质。

机体每天水的来源和去路保持着动态平衡,大约为 2500ml。若机体完全不能进水,每天仍会丢失 1500ml 水(最低尿量 500ml、非显性汗液 500ml、肺呼出 350ml、粪便排出 150ml),这是人体每天必然丢失水量,也称为最低生理需水量。因此临床上对昏迷或不能进食和饮水的患者,每天至少需补充 1500ml 水才能维持正常的生命活动。如有额外丢失,补液量还需要相应增加。

第三节 钠、氯、钾代谢

一、无机盐的生理功能

(一)维持体液渗透压和酸碱平衡

Na^+、Cl^- 是维持细胞外液渗透压的主要离子;K^+、HPO_4^{2-} 是维持细胞内液渗透压的主要离子。这些离子同时也是体液中各种缓冲对的主要组成成分,在维持体液酸碱平衡中起重要作用。

(二)维持神经、肌肉正常的应激性

神经、肌肉的应激性和兴奋性与体液中的某些离子浓度有关。Na^+、K^+ 可提高神经肌肉的应激性,而 Ca^{2+}、Mg^{2+} 等的作用则相反。

$$神经、肌肉的应激性 \propto \frac{[Na^+]+[K^+]}{[Ca^{2+}]+[Mg^{2+}]+[H^+]}$$

可见,Na^+、K^+ 浓度升高时,神经肌肉应激性增强;Ca^{2+}、Mg^{2+} 浓度升高,神经肌肉应激性降低,所以缺钙时神经肌肉的应激性增强可导致手足抽搐。

上述离子也影响心肌的应激性:

$$心肌细胞的应激性 \propto \frac{[Na^+]+[Ca^{2+}]+[OH^-]}{[K^+]+[Mg^{2+}]+[H^+]}$$

其中 K^+ 浓度对心肌细胞的应激性影响值得临床医护人员注意。K^+ 浓度升高会抑制心肌细胞的兴奋性,患者可出现心动过缓,严重者导致心跳停止于舒张期;K^+ 浓度降低者可出现心动过速,严重者导致心跳停止于收缩期。Na^+ 和 Ca^{2+} 可拮抗 K^+ 对心肌细胞的作用。

(三)维持或影响酶的活性

有些无机离子是酶的辅助因子或是酶的激活剂。如

考点链接
无机盐的生理功能

各种 ATP 酶需要一定浓度的 Na^+、K^+、Ca^{2+} 和 Mg^{2+} 的存在才表现活性；Cl^- 是淀粉酶的激活剂；细胞色素氧化酶需要 Fe^{2+} 和 Cu^{2+} 等。

（四）构成骨骼、牙齿及其他组织

骨中的无机盐又称骨盐，占骨干重的 65%~70%，其中阳离子主要为 Ca^{2+}，其次为 Mg^{2+}、Na^+ 等；阴离子主要为 PO_4^{3-}，其次为 CO_3^{2-}、OH^-。其他组织和体液也含有无机盐。

（五）构成体内有特殊功能的化合物

如血红蛋白和细胞色素中的铁、维生素 B_{12} 中的钴、甲状腺素中的碘、磷脂和核酸中的磷等都参与了体内某些有特殊功能化合物的构成。

二、钠、氯与钾的代谢

（一）含量与分布

钠主要来自食盐，成人每天需要氯化钠约为 4.5~9.0kg。体内约有 40% 的钠存在于骨骼，50% 的钠分布于细胞外液，只有 10% 的钠分布于细胞内液。正常成人血钠浓度为 135~145mmol/L。氯主要分布于细胞外液，血浆氯的含量为 98~106mmol/L。钾主要来自于植物性食物及肉类。正常成人每天需钾约 2.5g，约有 70% 的钾储存于肌细胞中，血清钾浓度为 3.5~5.5mmol/L。

（二）吸收与排泄

正常情况下，食物中的 Na^+、Cl^- 和 K^+ 主要由消化道吸收。钠、氯和钾主要由肾排出，少量由粪便与汗液排出。

肾对血钠的调节能力很强，其特点是"多吃多排、少吃少排、不吃不排"。钠作为重要的无机盐，对于人体的功能是非常重要的，但钠过量是高血压、肥胖及动脉粥样硬化的重要诱发因素之一，应引起注意。

肾对钾的调节能力不如对钠那么严格，其特点是"多吃多排、少吃少排，不吃也排"。当饮食中无钾时，每日随尿排出的钾仍有 1.5~3.0g，所以对长期不能进食的患者要监测其血钾含量，以确定是否需要补钾。

> **考点链接**
> 钠钾排泄的特点

临床上在补钾时一定要慎重，在肾功能基本正常的前提下，应尽可能选择口服补钾。若静脉补钾，则原则是：输入的 K^+ 不宜过浓、不宜过多、不宜过快、不宜过早、见尿补钾，以避免引起暂时性的血钾增高。

（三）物质代谢对血钾的影响

糖原、蛋白质合成时，钾进入细胞内，当它们分解时，则有同量的钾释出细胞。因此，在创伤愈合期或静脉注射胰岛素和葡萄糖时，可能造成血钾下降；反之，当严重创伤或缺氧的情况下，则应警惕高钾血症的发生。

> **考点链接**
> 物质代谢对钾分布的影响

> **知识拓展**
>
> ### 警惕！这8种药物易引起高钾血症
>
> 钾离子紊乱是临床上最常见的电解质紊乱之一，常与其他电解质紊乱同时存在。当血钾 >5.5mmol/L 称为高钾血症，>7.0mmol/L 则为严重高钾血症。高钾血症分为急、

慢性两种,急性发生者为急症,应及时抢救,否则可致心搏骤停。

由于药物作用导致排泄减少或细胞内外钾分布异常,细胞内钾向细胞外转移,或口服或注射含钾多的药物,使血清钾 >5.5mmol/L,称为药源性高钾血症。如补充钾剂过多,使用保钾利尿剂,服用强心苷中毒,静脉滴注高渗氯化钠及甘露醇注射液等均易导致药源性高钾血症,具体来说分为以下八类:

1. 抗菌药物　如青霉素钾盐、两性霉素 B、头孢噻吩、头孢噻啶等。
2. 抗肿瘤药　如长春新碱等。
3. 非甾体抗炎药　如吲哚美辛等。
4. 利尿剂　如螺内酯、氨苯蝶啶、阿米洛利。
5. 抗心功能不全药。
6. 免疫抑制剂。
7. 抗高血压药。
8. 其他　如抗凝血药肝素、肌肉松弛药琥珀胆碱等。

此外,有些药在不同情况下可对血钾的影响不一,可能升高,也可能降低,具有潜在的双重危害,用药需慎重。

第四节　钙、磷代谢

一、钙磷的含量与分布

钙和磷是体内含量最多的无机盐。正常成人体内钙总量约为 700~1400g。磷的总量约为 400~800g。绝大部分钙、磷存在于骨组织与牙齿中,其余部分以溶解状态分布于体液和软组织。

二、钙磷的吸收与排泄

(一) 钙的吸收与排泄

1. 吸收　食物中的钙主要在小肠上段,尤其是十二指肠被主动吸收。影响钙吸收的因素包括:①维生素 D:维生素 D 促进钙的吸收,当维生素 D 缺乏时,钙的吸收降低,这是影响钙吸收的主要因素。②肠道 pH:肠道 pH 偏酸时,促进食物中的复合钙转化为离子钙,有利于钙的吸收。③食物中成分的影响:食物中钙、磷比例适合(Ca：P=1：1~1：2)时,有利于钙的吸收。食物中含有过多的碱性磷酸盐、草酸盐及植酸时,在小肠下段可与钙生成不溶于钙盐而降低钙的吸收。④年龄:钙的吸收与年龄呈反比关系,婴儿吸收率为 50%,儿童吸收率为 40%,成人为 25%,老年人则更低。有人认为系老年人肾功能减退使 $1,25\text{-}(OH)_2\text{-}D_3$ 生成降低所致。

2. 排泄　体内的钙 80% 由肠道排泄,20% 经肾排泄,其排出量受维生素 D 和甲状旁腺素的调节。

(二) 磷的吸收与排泄

1. 吸收　食物中磷为磷酸化合物(磷脂、磷蛋白等),在小肠上端主要以酸性磷酸盐

> **考点链接**
> 影响钙磷吸收的因素

（$H_2PO_4^-$）的形式被吸收,吸收率为 70%~90%,较钙吸收率高。维生素 D 促进磷的吸收,肠 pH 偏酸有利于磷的吸收,但食物中 Ca^{2+}、Mg^{2+}、Fe^{3+} 过多时,易与磷酸根结合成不溶性磷酸盐,而影响磷的吸收。

2. 排泄　与钙刚好相反,由肠道排泄的磷约占 20%~40%,多以磷酸钙形式排出,由肾排出的磷约占 60%~80%,当肾功能不良时,尿磷减少,血磷升高。肾对磷的排泄受维生素 D 和甲状旁腺素的调节。

三、钙磷的生理功能

1. 参与构成骨骼和牙齿　钙、磷是构成骨盐的主要成分,参与构成骨骼和牙齿。骨骼是机体的支架,又是体内钙磷的储存库。

2. 钙离子的生理作用　分布在体液和软组织中的钙不多,其中钙离子部分（Ca^{2+}）对生理功能具有重要作用,主要包括:①降低毛细血管及细胞膜的通透性;②降低神经、肌肉的应激性;③增强心肌收缩力;④作为第二信使在细胞信息传递中起重要作用;⑤作为凝血因子之一,参与血液凝固;⑥是很多酶的激活剂。

四、血钙与血磷

（一）血钙

血钙是指血浆或血清中的钙。正常成人血钙浓度平均为 2.45mmol/L。血钙主要以离子钙和结合钙两种形式存在,各约占 50%。结合钙绝大部分与清蛋白结合,小部分与小分子有机物（如柠檬酸）结合。与清蛋白结合的钙不能透过毛细血管,称为不可扩散钙;与小分子物质结合的钙及 Ca^{2+} 能透过毛细血管,称为可扩散钙。发挥生理作用的钙主要是 Ca^{2+}。血浆 Ca^{2+} 与蛋白结合钙之间处于一种动态平衡,此平衡受血液 pH 的影响。

考点链接　血钙的存在形式

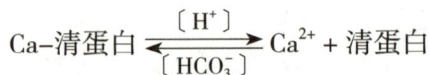

$$Ca-清蛋白 \underset{[HCO_3^-]}{\overset{[H^+]}{\rightleftharpoons}} Ca^{2+} + 清蛋白$$

当血液 pH 下降时,结合钙释放出 Ca^{2+},使血 Ca^{2+} 浓度升高,如尿毒症合并代谢性酸中毒的患者,Ca^{2+} 浓度升高;当血液 pH 升高,Ca^{2+} 与清蛋白结合形成结合钙,使血 Ca^{2+} 浓度下降,如碱中毒时,Ca^{2+} 浓度降低,神经肌肉的应激性增强,严重时可出现由低血钙引起的抽搐现象。

（二）血磷

血磷实际上是指血浆中的无机磷,以 HPO_4^{2-} 和 $H_2PO_4^-$ 两种形式存在,正常成人平均为 12mmol/L。

血钙和血磷浓度保持一定的数量关系。当血钙和血磷浓度以 "mg/dl" 表示时,[Ca]×[P] =35~40,此关系称为钙磷乘积。当此乘积大于 40 时,钙、磷以骨盐的形式沉积于骨组织中;若两者乘积小于 35,则发生骨盐溶解,甚至发展成佝偻病或软骨病。

考点链接　钙磷乘积的意义

五、钙、磷代谢的调节

钙、磷代谢主要受到 1,25-二羟维生素 D_3、甲状旁腺素、降钙素三者的调节。通过调节使血浆中的钙、磷浓度和两者的比例关系保持正常。

（一）1,25-二羟维生素 D_3

1,25-二羟维生素 D_3 由维生素 D_3 经肝、肾的羟化作用生成。1,25-二羟维生素 D_3 能够促进小肠对钙、磷的吸收；也能促进肾小管对钙、磷的重吸收；对于骨组织兼有溶骨和成骨双重作用。1,25-二羟维生素 D_3 总的作用是使血钙和血磷升高。

（二）甲状旁腺素

甲状旁腺素（PTH）由甲状旁腺主细胞合成和分泌。PTH 能够促进溶骨作用，抑制成骨作用，使骨组织中的钙盐释放入血增多；PTH 还能促进肾小管对钙的重吸收以及对磷的排泄。PTH 总的作用是使血钙升高、血磷降低。

（三）降钙素

降钙素（CT）是由甲状腺滤泡旁细胞合成和分泌。CT 作用于骨组织，能够促进成骨作用，抑制溶骨作用；作用于肾可抑制肾小管对钙、磷的重吸收。CT 总的作用是使血钙和血磷降低。

第五节　微量元素的代谢

微量元素是指体内含量占体重 0.01% 以下的元素，其中对维持人体健康有重要意义的称为必需微量元素，目前公认的人体必需微量元素有铁、铜、锌、锰、铬、钼、硒、镍、钒、锡、钴、氟、碘、硅等 14 种。

一、铁的代谢

（一）体内铁的概况

1. 来源　正常成年人体内含铁约 3~5g。动物性食物如肝脏、瘦肉含铁丰富。植物性食物中黄豆、油菜等含铁较高。用铁质炊具烹调食物可明显增加膳食中铁的含量。

体内铁的来源，除来自食物外，还可来自体内红细胞衰老破坏后释出的血红蛋白，它以铁蛋白的形式贮存体内，铁蛋白在需要时可重新合成血红蛋白、肌红蛋白等。

2. 吸收与排泄　铁的吸收部位主要在十二指肠、胃和空肠。胃酸可促进铁的吸收。在肠道 pH 条件下，Fe^{2+} 溶解度大于 Fe^{3+}，所以 Fe^{2+} 更容易吸收。食物中的还原性物质，如维生素 C、葡萄糖、半胱氨酸等都能促进铁的吸收。高磷酸及高钙食物不利于铁的吸收，同时植酸、草酸、鞣酸等也妨碍铁的吸收，因为它们能与铁生成不溶性化合物。

正常情况下，铁的吸收与排泄保持动态平衡。正常人每天经各种途径排出的铁约 0.5~1mg，大部分铁随粪便排出，也有一部分随尿排出。

（二）铁的生理作用

铁在体内主要是参与合成铁卟啉，而铁卟啉是血红蛋白、肌红蛋白、细胞色素、过氧化氢酶等的组成成分。因此铁与红细胞的运氧功能、能量代谢以及多种物质的代谢密切相关。铁缺乏时，可导致贫血。

二、碘的代谢

（一）体内碘概况

正常成人体内碘含量约 25mg，每天需碘量为 100~300μg。地方性甲状腺肿的流行区应增加碘的供给。

海盐及海洋性植物(海带、紫菜等)是碘的最佳来源。食物中的碘只有在胃肠道被还原成 I^- 后,才能被吸收。碘在体内的主要去路是在甲状腺内合成甲状腺素。体内碘主要随尿液排出,少量由粪便排出。哺乳期妇女通过乳汁能排出一定量的碘。

(二)碘的生理功能

碘的生理功能主要是通过甲状腺素的作用发挥。成人缺碘可引起甲状腺肿大。小儿缺碘则可引起呆小症,表现为智力、体力发育迟缓等症状。为防治地方性碘缺乏症的发生,最简便有效的方法就是食盐加碘。

三、硒的代谢

(一)体内硒的概况

硒是人体必需的一种微量元素,体内含量约 4~10mg,主要分布在肝、胰和肾。硒主要在小肠吸收。体内的硒大部分经尿排出。

(二)硒的生理功能

硒是谷胱甘肽过氧化物酶的组成成分,能防止过氧化物对人体的损害,保护细胞膜结构和功能的完整性;硒是多种酶的组成成分或激活剂,与物质代谢和能量代谢关系密切;硒还有促进人体生长、保护心血管和心肌健康、解除体内重金属毒性的作用等。硒的缺乏与多种疾病有关,如克山病、心肌炎、扩张型心肌病、大骨节病等。硒已被认为具有抗癌作用,对预防恶性肿瘤、心血管疾病有明显效果。

知识扩展

硒 与 健 康

硒是人体必需的微量元素,具有破坏和清除体内自由基,延缓衰老,与体内金属汞、铅、镉等结合形成金属硒蛋白复合物而解毒的作用。硒能够清除人体代谢产生的大量毒物和废物,破坏在动脉血管壁沉积的胆固醇,防止动脉血管硬化、高血压、冠心病以及其他心脑血管疾病。

硒与四十多种疾病有关,包括糖尿病、白内障、龋齿等。根据中国营养学会 1988 年规定,正常人每天的安全补硒量为 $400\mu g$,正常人每天膳食中硒的供给量为 50~200μg,儿童、健康人补硒量可少一些,约为 60~100μg。心脑血管疾病患者以及患有肝炎、糖尿病、白内障、恶性肿瘤等的患者则需要多补一些硒,应在 150~200μg 之间。坚持适量补硒,是增强人体健康、防止疾病、延年益寿的有效措施。

四、锌的代谢

(一)体内锌的概况

正常成人体内含锌约 2~3mg,体内锌广泛分布,尤以视网膜、胰岛及前列腺组织中最多。头发含锌约为 125~250$\mu g/g$,其含量常作为人体内锌含量的指标。正常成人每天锌需要量为 15~20mg。锌在小肠内吸收,在血中与清蛋白结合而运输。锌主要随胰液和胆汁经肠道排出,部分锌可从尿和汗排出。

(二)锌的生理作用

锌是许多酶的组成成分或激活剂,其生理功能通过酶作用体现。锌参与 DNA 聚合酶组成,与 DNA 复制、细胞增殖等功能相关;锌参与碳酸酐酶组成,在转运 CO_2、调节酸碱平衡中起重要作用;锌参与乳酸脱氢酶、谷氨酸脱氢酶等组成,与体内糖、氨基酸等物质代谢密切相关;锌在基因表达调控中也发挥着重要作用;锌具有延长胰岛素作用时间及增强其活性的作用。

小儿缺锌会引起生长不良和生殖器官发育受损等现象,缺锌患者还有伤口愈合迟缓、记忆力下降等症状。

五、其他微量元素的代谢

(一)氟

氟是骨骼和牙齿的组成成分,所以膳食中适量的氟有助于保护骨骼和牙齿。氟主要来源于水,一般饮水中约含 1mg/L,茶叶含氟较多,干燥茶叶可高达 100mg/kg。若食物和饮水中含氟量过少,可影响牙齿的形成,易患龋齿;含量过高,则引起牙齿斑釉及慢性中毒,一般认为饮水中氟的含量以百万分之一(1ppm,相当于 1mg/L)较为合适。

(二)铜

人体各组织中均含铜,其中以肝、脑、心、肾和胰的含量较多。成人体内铜总量约100~150mg。铜是多种酶类的组成成分,血浆铜蓝蛋白含有铜,细胞色素氧化酶、过氧化氢酶、酪氨酸酶、单胺氧化酶、抗坏血酸氧化酶、铜锌超氧物歧化酶(Cu、Zn-SOD)等均含铜。含铜的酶多属氧化酶类,机体缺铜时这些酶活性下降。

铜缺乏的主要表现为贫血,因为铜缺乏时铜蓝蛋白含量降低,影响铁的吸收、运输和利用。

(三)钴

体内钴主要存在于维生素 B_{12} 中,食物中的无机钴在小肠可与铁共用同一主动转运机制吸收,从尿、粪便、汗液及毛发排出。肠道细菌能利用钴合成维生素 B_{12}。

(四)锰

锰是体内某些金属酶的成分,也是一些酶的激活剂。如精氨酸酶、丙酮酸羧化酶及锰 - 超氧化物歧化酶(Mn-SOD)等,另有一些如糖苷转移酶、磷酸烯醇式丙酮酸羧化酶以及谷氨酰胺合成酶则必需由 Mn^{2+} 激活。因此,锰是人体必需的微量元素之一。

人体锰缺乏的典型病例尚未有报道,但发现某些疾病存在锰代谢紊乱,如癫痫患者血锰含量降低。此外,锰的缺乏还可能与关节疾病、骨质疏松、先天畸形及精神忧郁等疾病的发生有关。锰在食物中分布广泛,通常都能满足需要。

此外,钼是醛氧化酶、黄嘌呤氧化酶及亚硫酸盐氧化酶的组成成分。铬是胰岛素作用辅助因子——糖耐量因子(GTF)的成分。钒与细胞内氧化还原反应有关,并可能参与 Na^+、K^+-ATP 酶、磷酸转移酶及蛋白激酶等的调节。锡可能对大分子物质的结构有影响。硅与结缔组织及骨骼的形成有关。

💻 本章小结

体液由水、无机盐、一些有机物和蛋白质组成。体液中的溶质常以离子状态存在,故称为电解质。各部分体液中电解质含量不尽相同,相互之间不断交换,以保证营养物质和代谢产物的相互作用,使内环境保持平衡。

　　水具有调节体温,促进并参与物质代谢,润滑,维持组织器官的正常形态、硬度和弹性等作用。水的主要来源有饮水、食物、代谢水;排出途径有呼吸蒸发、皮肤蒸发、粪便排出、肾排出。无机盐具有维持体液的渗透压和酸碱平衡、维持神经肌肉的应激性、维持或调节酶的活性、构成骨骼、牙齿及其他组织、构成体内有特殊功能的化合物等作用。机体所需钠、氯、钾主要来自食盐;大部分经肾排出,少量随粪便及汗液排出。水和电解质的平衡在神经和激素的调节下,主要通过肾实现;参与调节的主要激素是抗利尿激素和醛固酮。

　　人体内绝大部分钙、磷存在于骨组织与牙齿中,其余部分存在于体液和软组织。钙、磷除参与构成骨骼和牙齿外,体液和软组织中的钙离子对生理功能具有重要调节作用,磷主要以磷酸根的形式在体内发挥生理作用。钙的主要吸收部位为小肠上段,且受多种因素影响;磷的主要吸收部位为空肠,凡影响钙吸收的因素都能影响磷的吸收。钙主要经肠道排泄,少数经肾排泄;磷大部分经肾排出,少量经肠道排出。血浆中的钙、磷浓度存在着此消彼长的关系,以 mg/dl 表示时,$[Ca] \times [P] = 35 \sim 40$,此关系称为钙磷乘积。钙磷代谢主要受甲状旁腺素、降钙素和 1,25-二羟维生素 D_3 的调节,使血浆中钙、磷浓度和两者的比例关系保持正常。

　　微量元素是指其体内含量占体重 0.01% 以下的元素,其中对维持人体健康有重要意义的称为必需微量元素,在体内起着极其重要的作用。

📖 目标测试

一、名词解释

1. 体液　　2. 最低生理需水量　　3. 钙磷乘积　　4. 微量元素

二、填空题

1. 正常人体液总量占体重的_____,其中细胞外液占体重的_____,血浆占体重的_____。

2. K^+ 对心肌的兴奋性有_____作用,Ca^{2+} 对心肌的兴奋性有_____作用。

3. 血钙的形式存在有_____和_____两种。

4. 对于不能进食的成人,每日最低补液量是_____。

5. 体内水排出的主要途径有_____、_____、_____、_____。

三、简答题

1. 简述体液的含量、分布及影响因素。

2. 简述无机盐的生理功能。

3. 简述肾脏对钠、钾的排泄特点。

4. 血浆钙的存在形式有哪些? 简述血液 pH 的改变对血浆钙存在形式的影响。

(张　婧)

第十一章 酸 碱 平 衡

学习目标

1. 掌握:血液的缓冲体系、肺及肾在调节酸碱平衡中的作用。
2. 熟悉:血浆碳酸氢盐缓冲体系的缓冲作用及其与血浆 pH 的关系。
3. 了解:体内酸性、碱性物质的来源;酸碱平衡失常的基本类型及主要生化指标。

正常情况下,机体不断摄入各种酸性和碱性物质,同时体内物质代谢过程中又不断产生酸性和碱性代谢产物。但体液 pH 总是稳定在一个相对恒定的范围内(7.35~7.45)。机体这种能调节体内酸性和碱性物质的含量和比例,使体液 pH 总是维持在恒定范围内的过程称为酸碱平衡。体液 pH 的相对恒定主要取决于三方面的调节:体液自身的缓冲作用(几秒钟内即可发生);肺对 CO_2 呼出的调节(体液 pH 改变后 15~30 分钟内发生);肾对 H^+ 或 NH_4^+ 排出的调节(体液 pH 改变后几小时内发生)。三方面作用互相协调、相互制约,共同维持体液 pH 的相对恒定。如果体内的酸碱物质超过机体的调节范围,或三种调节作用中的某一种出现障碍,则有可能导致机体酸碱平衡紊乱,从而出现酸中毒或碱中毒。体液 pH 的相对恒定对维持正常的物质代谢和生理功能具有十分重要的意义。

案例分析

女性,46 岁,患糖尿病 10 余年,因昏迷状态入院。

体格检查:血压 90/40mmHg,脉搏 101 次 / 分,呼吸深大,28 次 / 分。

实验室检查:血糖 10.1mmol/L,K^+ 5.6mmol/L,Na^+ 160mmol/L,Cl^- 104mmol/L;pH 7.13,PCO_2 30mmHg,AB 9.9mmol/L,SB 10.9mmol/L,BE-18.0mmol/L,尿:酮 体(+++)、糖(+++)、酸性。

辅助检查:心电图出现传导阻滞。

思考:1. 该患者的各项血气指标说明了什么?

2. 发生了何种酸碱平衡紊乱?其依据是什么?

第一节 体内酸碱物质的来源

物质的分解代谢、食物、药物及饮料等都可产生酸性和碱性物质。正常膳食情况下体内产生的酸性物质多于碱性物质。

一、酸性物质的来源

（一）体内物质代谢产生

代谢过程中产生的酸性物质可分为挥发性酸和固定酸两大类。

1. **挥发性酸** 糖、脂肪和蛋白质在体内完全氧化的终产物是 CO_2 和 H_2O，两者可化合生成碳酸（$CO_2+H_2O→H_2CO_3$）。由于 H_2CO_3 通过肺部时能重新分解成 CO_2 呼出体外，故将 H_2CO_3 称为挥发性酸。正常成人每日约产生 300~400L CO_2，相当于 10~20mol 碳酸，是体内产生量最多的酸性物质，释放的 H^+ 每日可达 10~20mol。

2. **固定酸** 物质代谢可不断产生一些酸性物质，如丙酮酸、乳酸、β-羟丁酸、乙酰乙酸、尿酸等有机酸以及磷酸、硫酸等无机酸，这些酸性物质不能由肺呼出，过量时主要经肾排泄，因此称为固定酸或非挥发性酸。正常成人每日产生的固定酸约相当于 50~90mmol 的 H^+。

（二）摄取食物或药物

机体从食物中直接获得一些酸性物质，如调味用的醋酸、饮料中的柠檬酸等。某些药物如阿司匹林、氯化铵（NH_4Cl）等在体内也可产生酸，但这些外源性酸性物质数量较少。

二、碱性物质的来源

（一）摄取成碱食物

蔬菜、水果中含丰富的有机酸盐（如苹果酸、柠檬酸的钠盐和钾盐），其有机酸根可与 H^+ 生成有机酸，再被氧化分解成 CO_2 和 H_2O 排出体外。余下的 Na^+、K^+ 则可与 HCO_3^- 结合生成 $NaHCO_3$、$KHCO_3$，使体内碱性物质含量增加。所以，蔬菜、水果是成碱食物，是体内碱性物质的主要来源。

（二）体内代谢产生

如氨基酸分解代谢产生的 NH_3、胺类等，但量较少。

（三）服用药物

如小苏打（$NaHCO_3$）、氢氧化铝、苯妥英钠、乳酸钠等均为碱性物质。

> **知识拓展**
>
> ### 碱性食物益于健康
>
> 常吃碱性食物对健康有利。
>
> 蔬菜类：凡是绿叶蔬菜均属于碱性食物。它们富含丰富的维生素以及矿物质，蔬菜中的大量纤维素能促进胃肠蠕动，帮助排便。
>
> 水果类：水果是食物中最易消化的碱性食物，是体内最好的清洁工。它可以迅速中和体内过多的酸性物质，维持体液的酸碱平衡，增强机体的抗病力。

第二节 酸碱平衡的调节

机体对酸碱平衡的调节主要通过血液的缓冲作用、肺的呼吸功能以及肾的重吸收和排泄功能三方面的协同作用实现。三方面都是在神经-激素系统统一调节下进行。

一、血液的缓冲作用

较强的酸性或碱性物质进入血液后,被血液稀释以及被缓冲体系缓冲,转变为较弱的酸性或碱性物质,使血液 pH 不致发生明显的变化。

(一)血液的缓冲体系

1. 血液缓冲体系的组成   血液缓冲体系根据存在部位不同分为血浆缓冲体系和红细胞缓冲体系。

血浆缓冲体系有:

$$\frac{NaHCO_3}{H_2CO_3} \quad \frac{Na_2HPO_4}{NaH_2PO_4} \quad \frac{Na\text{-}Pr}{H\text{-}Pr} \quad (Pr:血浆蛋白)$$

红细胞缓冲体系有:

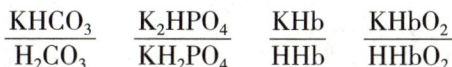

$$\frac{KHCO_3}{H_2CO_3} \quad \frac{K_2HPO_4}{KH_2PO_4} \quad \frac{KHb}{HHb} \quad \frac{KHbO_2}{HHbO_2}$$

(Hb:血红蛋白;HbO_2:氧合血红蛋白)

血浆中的主要阳离子为 Na^+,所以弱酸盐为钠盐;红细胞中的主要阳离子为 K^+,所以弱酸盐为钾盐。血浆中以 $NaHCO_3/H_2CO_3$ 缓冲对的缓冲能力最强;红细胞中以 KHb/HHb 和 $KHbO_2/HHbO_2$ 缓冲对的缓冲能力最为重要。

> **考点链接**
> 血液中的缓冲对

2. 血浆 pH 与碳酸氢盐缓冲体系的关系   血浆 pH 主要取决于其所含 $NaHCO_3$ 与 H_2CO_3 的浓度比值。正常人血浆 $NaHCO_3$ 浓度平均为 24mmol/L,H_2CO_3 浓度平均为 1.2mmol/L,两者比值为 20/1。血浆 pH 按亨德森 - 哈塞巴(Henderson-Hasselbalch)方程式计算为:

$$pH = pK_a + \lg \frac{[NaHCO_3]}{[H_2CO_3]}$$

式中 pK_a 是 H_2CO_3 的电离平衡常数的负对数,温度在 37℃时为 6.1,将数值代入上式得到:

$$pH = 6.1 + \lg \frac{20}{1} = 7.4$$

上式充分说明了血浆 pH 与血浆 $[NaHCO_3]/[H_2CO_3]$ 之间的关系,血浆中 $[NaHCO_3]/[H_2CO_3]$ 只要维持在 20/1,血浆 pH 即为 7.4。

即:血液 pH 取决于缓冲体系中两种成分的浓度比,而不是取决于它们的绝对浓度。如果其中任何一方的浓度发生改变,只要另一方也作相应的增减,使其比值保持不变,则血液 pH 也不变。碳酸氢盐缓冲体系中 H_2CO_3 受肺的呼吸作用调节,称为呼吸因素,其浓度可反映体内呼吸状态;$NaHCO_3$ 受肾调节,其浓度可反映体内代谢情况,称为代谢因素。

> **考点链接**
> 血浆 pH 与血浆 $[NaHCO_3]/[H_2CO_3]$ 之间的关系

（二）血液缓冲体系的缓冲机制

1. **对固定酸的缓冲** 固定酸（HA）进入血液后,血液缓冲体系中的缓冲碱与其反应,其主要作用的是 $NaHCO_3$,它可使酸性较强的固定酸转变为酸性较弱的 H_2CO_3:

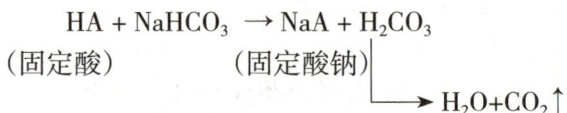

$$HA + NaHCO_3 \longrightarrow NaA + H_2CO_3$$

（固定酸）　　　　（固定酸钠）

$$\longrightarrow H_2O + CO_2 \uparrow$$

同时 H_2CO_3 在碳酸酐酶的作用下分解为 CO_2 和 H_2O,CO_2 经肺呼出体外,使体内酸的浓度降低,而消耗的 $NaHCO_3$ 可由肾补充。

血浆中 $NaHCO_3$ 主要用来缓冲固定酸,在一定程度上可以代表血浆对固定酸的缓冲能力,习惯上把血浆 $NaHCO_3$ 称为碱储。此外,血浆中还有其他缓冲体系也有一定的缓冲能力。

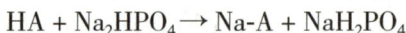

$$HA + NaPr \longrightarrow NaA + HPr$$

$$HA + Na_2HPO_4 \longrightarrow Na\text{-}A + NaH_2PO_4$$

2. **对挥发酸的缓冲** 挥发酸主要由红细胞中的血红蛋白和氧合血红蛋白缓冲体系缓冲,缓冲作用与氧的运输过程相偶联。

当血液流经组织时,由于组织中 PCO_2 较高,组织细胞代谢产生的 CO_2 不断地扩散至血浆和红细胞。进入红细胞内的 CO_2 在碳酸酐酶的催化下与 H_2O 化合生成 H_2CO_3。同时,红细胞内的 $KHbO_2$ 解离释放出 O_2 转变为 KHb。KHb 的碱性比 $KHbO_2$ 强,可以对 H_2CO_3 进行缓冲。

红细胞内生成的 HCO_3^- 扩散到血浆,以 $NaHCO_3$ 的形式在血中运输。同时血浆中等量的 Cl^- 向红细胞内转移,以维持正、负电荷的平衡。

当血液流经肺时,CO_2 不断被呼出,H_2CO_3 浓度也不断下降。与此同时,HHb 与 O_2 结合生成 $HHbO_2$。$HHbO_2$ 的酸性较强,可释放 H^+ 和 HCO_3^- 反应生成 H_2CO_3,继而分解成 CO_2 和 H_2O。

此时红细胞内 HCO_3^- 浓度迅速下降,血浆中 HCO_3^- 便向红细胞内扩散,红细胞内 Cl^- 则向血浆转移。由此可见,当血液流经组织和肺时,在血浆和红细胞之间进行着 HCO_3^- 和 Cl^- 的交换,这种交换称为氯离子转移。

3. **对碱的缓冲** 当碱性物质进入血液时,缓冲体系中的缓冲酸可与其反应,使强碱转变为弱碱。起主要缓冲作用的是 H_2CO_3。

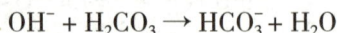

$$OH^- + H_2CO_3 \longrightarrow HCO_3^- + H_2O$$

$$OH^- + H_2PO_4^- \longrightarrow HPO_4^- + H_2O$$

$$OH^- + HPr \longrightarrow Pr^- + H_2O$$

反应生成的 HCO_3^- 和 HPO_4^{2-} 可由肾随尿排出。当血液缓冲体系对酸性物质进行缓冲后,血浆中 HCO_3^- 含量因消耗而减少,同时伴有 H_2CO_3 浓度增多。对碱性物质进行缓冲后,会使血中 HCO_3^- 浓度升高,H_2CO_3 浓度降低。HCO_3^- 与 H_2CO_3 的浓度比值会发生改变。但正常情况下这种变化却很小,因为机体还可通过肺和肾的调节来维持酸碱平衡稳定。

二、肺对酸碱平衡的调节作用

肺对酸碱平衡的调节作用是通过呼出 CO_2 的多少来调节血中 H_2CO_3 的浓度。经肺排出 CO_2 的量,受延髓

考点链接

肺对酸碱平衡的调节

呼吸中枢的控制。当血浆 PCO_2 升高或 pH 降低时,呼吸中枢兴奋,呼吸加深加快,增加 CO_2 排出,使血浆 H_2CO_3 浓度下降。当血浆 PCO_2 降低或 pH 升高时,呼吸中枢受抑制,呼吸变浅变慢,将 CO_2 保留在体内,使血浆 H_2CO_3 浓度升高。由此可见,呼吸中枢通过控制呼吸运动的频率和深浅来调节血中 H_2CO_3 的浓度,以维持[$NaHCO_3$]/[H_2CO_3]的正常比值,使血液 pH 维持在 7.35~7.45 之间。

三、肾对酸碱平衡的调节作用

肾是机体调节酸碱平衡最主要的器官。肾对酸碱平衡的调节作用是通过排出体内过多的酸或碱,调节血中 $NaHCO_3$ 的浓度,以维持血液 pH 在正常范围内。当血浆 $NaHCO_3$ 浓度降低时,肾加强排出酸性物质和重吸收 $NaHCO_3$,使血液 pH 不至于降低发生酸中毒;当血浆 $NaHCO_3$ 含量过高时,肾则减少 $NaHCO_3$ 的重吸收,增加碱性物质的排出,使血液 pH 不至于增高,防止发生碱中毒。肾的这种调节作用是通过肾小管细胞泌氢、泌氨、泌钾及回收 $NaHCO_3$ 来实现的。

(一) 分泌 H^+,重吸收 Na^+

1. $NaHCO_3$ 的重吸收　肾小球滤过的原尿 pH 为 7.4,[$NaHCO_3$]/[H_2CO_3]的比值为 20/1,但终尿的 pH 为 5~6,甚至更低,$NaHCO_3$ 几乎消失,说明肾小管有对 $NaHCO_3$ 重吸收的能力。肾小管上皮细胞内含有碳酸酐酶,可催化 CO_2 和 H_2O 迅速生成 H_2CO_3,后者解离出 H^+ 和 HCO_3^-,H^+ 由肾小管细胞分泌到肾小管液中,与 $NaHCO_3$ 中的 Na^+ 进行交换,Na^+ 进入肾小管细胞后与 HCO_3^- 可重新形成 $NaHCO_3$ 被转运进血液,而分泌到肾小管液中的 H^+ 与 HCO_3^- 反应生成 H_2CO_3,H_2CO_3 分解为 CO_2 和 H_2O。CO_2 可弥散进入肾小管细胞内,被重新利用合成 H_2CO_3,H_2O 则随尿排出(图 11-1)。

2. 尿液的酸化　正常人血浆中[Na_2HPO_4]/[NaH_2PO_4]的比值为 4/1,原尿中这两种磷酸盐的浓度比值与血浆中的相似。当原尿流经肾远曲小管时,肾小管细胞分泌出的 H^+ 与原尿中 Na_2HPO_4 中的 Na^+ 进行交换,Na_2HPO_4 转变成 NaH_2PO_4,随尿排出。被重吸收的 Na^+ 则与肾小管细胞内的 HCO_3^- 一起转运入血液。由于管腔液中 Na_2HPO_4 转变成 NaH_2PO_4,故尿液酸化。当尿液的 pH 从 7.4 降至 4.8 时,[Na_2HPO_4]/[NaH_2PO_4]的比值由原来的 4/1 下降至 1/99(图 11-2)。

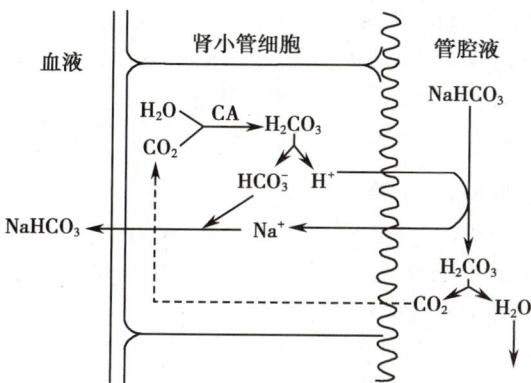

图 11-1　H^+-Na^+ 交换与 $NaHCO_3$ 重吸收

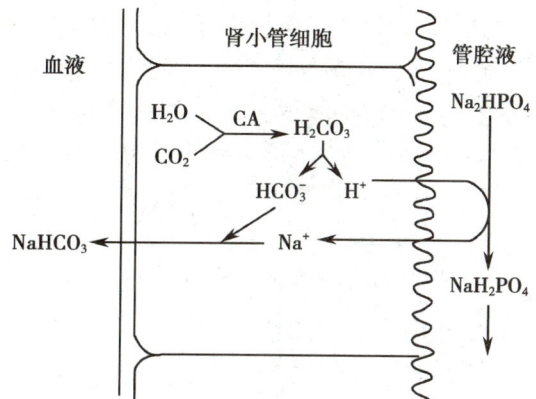

图 11-2　H^+-Na^+ 交换与尿液酸化

血浆 PCO_2 和碳酸酐酶活性影响肾对 $NaHCO_3$ 的重吸收。当血浆 PCO_2 增高时,肾小管细胞分泌 H^+ 增强,$NaHCO_3$ 的重吸收增加,尿液酸度增高;当血浆 PCO_2 降低时,$NaHCO_3$ 的重吸收减少。碱中毒时碳酸酐酶活性减弱,H_2CO_3 生成量减少,肾小管分泌 H^+ 及 $NaHCO_3$ 重吸收也随之减少。

(二) 分泌 NH_3,重吸收 Na^+

肾小管细胞具有分泌 NH_3 的功能。NH_3 主要来自谷氨酰胺,小部分来自肾小管细胞中的氨基酸的脱氨。肾远曲小管和集合管细胞中的谷氨酰胺酶催化谷氨酰胺水解生成 NH_3 和谷氨酸。NH_3 被分泌到肾小管管腔中与 H^+ 结合生成 NH_4^+,NH_4^+ 与 Na^+ 进行交换。每分泌 1 分子 NH_3 的同时分泌 1 个 H^+,就回收 1 个 Na^+。肾小管液中 NH_4^+ 与酸根离子结合生成铵盐从尿中排出。肾小管细胞中谷氨酰胺酶的活性与体液的 pH 密切相关。当体液 pH 下降时,可诱导细胞中谷氨酰胺酶的合成,促进谷氨酰胺水解,使肾小管细胞泌 NH_3 作用加强(图 11-3)。

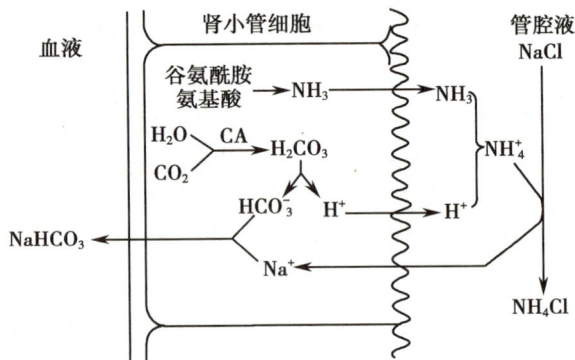

图 11-3 泌氨作用与 NH_4^+-Na^+ 交换

(三) 分泌 K^+,重吸收 Na^+

肾远曲小管上皮细胞可分泌 K^+ 与管腔中的 Na^+ 进行交换。K^+-Na^+ 交换对 H^+-Na^+ 交换有竞争性抑制作用,故间接影响了体内的酸碱平衡。当血钾升高时,肾小管细胞 K^+-Na^+ 交换增加,H^+-Na^+ 交换减弱,尿 K^+ 排出增加,H^+ 保留在体内,故高钾血症时伴有酸中毒;当血钾降低时,K^+-Na^+ 交换减弱,H^+-Na^+ 交换加强,尿 K^+ 排出减少,细胞外液 H^+ 浓度降低,故低钾血症时常伴有碱中毒。

考点链接

肾对酸碱平衡的调节

前沿知识

酸碱平衡与血钾浓度

体内钾的主要排出途径是经肾排出。肾对钾的排泄在维持机体钾平衡中起主要作用,并受到多种因素的影响。体液的酸碱平衡状况也影响肾的排钾作用。酸中毒时,由于尿中钾排泄增多产生高钾性碱性尿;碱中毒时,尿中钾排泄减少产生低钾性酸性尿。长期以来认为,酸碱平衡对肾排钾能力的影响主要通过远曲小管中 Na^+-H^+ 交换与 Na^+-K^+ 交换之间的竞争作用进行。但近期研究认为,远曲小管对 H^+ 与 K^+ 的排泌呈平行关系而不是拮抗关系。酸碱平衡主要是通过增加或减少肾小管细胞内的钾转运池对肾排 K^+ 功能产生影响;调节钾进入或逸出细胞膜的枢纽是血浆 HCO_3^- 浓度,并非 H^+ 浓度。不论血钾水平如何,钾的浓度与细胞外液 HCO_3^- 的浓度直接有关,而与血 pH 的变化关系不大。

综上所述,体内酸碱平衡主要是通过血液缓冲体系、肺和肾的调节作用维持的。进入血液的酸性或碱性物质,首先由血液缓冲体系进行缓冲,将酸性或碱性较强的物质转变成酸性或碱性较弱的物质。然而也会引起 $NaHCO_3$ 和 H_2CO_3 的含量和比值发生变化,但可通过肺的呼吸作用调节血中 H_2CO_3 含量,通过肾的 H^+-Na^+ 交换、NH_4^+-Na^+ 交换和 K^+-Na^+ 交换调节血浆 $NaHCO_3$ 含量,协调 $[NaHCO_3]/[H_2CO_3]$ 的比值在 20/1,维持血液 pH 在 7.35~7.45 的范围内。因此血液的调节作用最快,肺的调节作用也较迅速,而肾的调节作用较慢但持久。

第三节　酸碱平衡紊乱

　　在维持体液酸碱平衡过程中,体内的三种调节机制相互联系。如果因疾病引起体内酸或碱产生过多,或因调节机制功能不足使消耗掉的酸或碱得不到补充,都会导致血浆碳酸氢钠和碳酸浓度发生异常改变,这种现象称为酸碱平衡紊乱。初期通过血液的缓冲作用和肺、肾的调节作用,使血浆 $NaHCO_3$ 和 H_2CO_3 的浓度比维持 20/1,血液 pH 维持在 7.35~7.45 的范围内,称为代偿性酸碱平衡紊乱。如果病情加重,机体充分发挥调节能力也不能使血浆 $NaHCO_3$ 和 H_2CO_3 的浓度比维持正常,血液 pH 超过 7.35~7.45 的正常范围,称为失代偿性酸碱平衡紊乱。

一、酸碱平衡紊乱的基本类型

　　根据引起酸碱平衡紊乱的首发原因,可将酸碱平衡紊乱分为呼吸性或代谢性酸碱平衡紊乱;根据血浆 $NaHCO_3$ 和 H_2CO_3 浓度的变化,可将酸碱平衡失常分为酸中毒或碱中毒;根据 $NaHCO_3$ 和 H_2CO_3 的浓度比,可将酸碱平衡失常分为代偿性或失代偿性酸碱平衡紊乱。故酸碱平衡紊乱分为四类八种。

> **考点链接**
> 酸碱平衡紊乱的基本类型

(一) 呼吸性酸中毒

　　呼吸性酸中毒是临床上较为常见的酸碱平衡紊乱类型。主要是由于肺呼吸功能障碍,导致体内 CO_2 潴留,使血浆中 H_2CO_3 浓度原发性增高所致。

　　一般与肺呼吸功能下降有关。常见于:①呼吸道和肺部疾病,如哮喘、肺气肿、气胸等;②呼吸中枢受到抑制,如使用麻醉药、吗啡、安眠药等过量;③心脏疾病、脑血管硬化等。

> **考点链接**
> 代偿性或失代偿性酸碱平衡紊乱的定义

　　由于血浆 H_2CO_3 浓度升高,肾小管上皮细胞泌 H^+ 作用增强,$NaHCO_3$ 重吸收增多,使血浆中 $NaHCO_3$ 继发性升高。肾的这种代偿作用可以暂时地将血浆中 $[NaHCO_3]/[H_2CO_3]$ 的比值维持在 20/1,血液 pH 仍在正常范围,称为代偿性呼吸性酸中毒;若血浆 H_2CO_3 浓度持续升高,超出肾的调节能力,则 $[NaHCO_3]/[H_2CO_3]$ 比值下降,血 pH 随之下降至低于正常,这种状态称为失代偿性呼吸性酸中毒。

(二) 呼吸性碱中毒

　　呼吸性碱中毒主要是由于肺换气过度,CO_2 呼出过多,使血浆 H_2CO_3 浓度原发性降低所引起的酸碱平衡失常。可见于癔症、高热、手术麻醉时辅助呼吸过快、过深和时间过长;还可见于高山缺氧、妊娠等。其特点是血浆 PCO_2 降低,H_2CO_3 浓度降低,血浆 $NaHCO_3$ 也相应降低。

　　呼吸性碱中毒时,肾的泌 H^+ 和泌氨作用减弱,$NaHCO_3$ 的排出增多。根据机体调节后血浆[NaHCO$_3$]/[H$_2$CO$_3$]的比值是否仍维持在20/1,可将其分为代偿性和失代偿性两种类型。

(三) 代谢性酸中毒

代谢性酸中毒是由于代谢紊乱使血浆 NaHCO$_3$ 浓度原发性下降所引起的酸碱平衡失常,是临床上最常见的酸碱平衡失常类型。可见于:①固定酸产生过多。如糖尿病患者体内由于不能利用糖而大量利用脂肪,导致酮体生成增多;饥饿导致酮体生成增多;循环衰竭状态下乳酸生成过多等。②肾疾病。如肾衰竭时泌氨泌氢能力减退。③碱性物质丢失过多。如严重腹泻时大量丢失 NaHCO$_3$、肠瘘、肠道减压吸引等。

代谢性酸中毒时,血浆 NaHCO$_3$ 浓度降低,H$^+$ 浓度升高,使呼吸中枢兴奋,呼吸变深变快,CO$_2$ 呼出增多使血浆 H$_2$CO$_3$ 浓度随之降低;肾的泌 H$^+$ 作用增强,氨的生成增多,使 NaHCO$_3$ 的排出量减少。根据血浆中[NaHCO$_3$]/[H$_2$CO$_3$]的比值亦可分为代偿性和失代偿性两种类型。

(四) 代谢性碱中毒

代谢性碱中毒是由于各种原因导致血浆 NaHCO$_3$ 浓度原发性升高所引起的酸碱平衡失常。可见于胃液大量丢失,如由于幽门梗阻引起的呕吐、长期胃管减压等;肾小管对 NaHCO$_3$ 的重吸收能力降低,如盐皮质激素分泌过多、大量应用利尿剂等;还可见于低钾血症、NaHCO$_3$ 摄入量过多等。

代谢性碱中毒时,血浆 NaHCO$_3$ 浓度升高,H$^+$ 浓度降低,使呼吸中枢受到抑制,呼吸变浅、变慢,CO$_2$ 呼出减少使血浆 H$_2$CO$_3$ 浓度升高。肾的泌 H$^+$ 作用减弱,氨的生成减少,使 NaHCO$_3$ 的排出量增加。根据血浆中[NaHCO$_3$]/[H$_2$CO$_3$]的比值亦可分为代偿性和失代偿性两种类型。

二、判断酸碱平衡的生物化学指标

为了全面、准确地了解体内酸碱平衡状况,一般需要测定血液的 pH、代谢性因素和呼吸性因素三方面指标,如 PCO$_2$、缓冲碱或碱剩余等。酸碱平衡紊乱时血液中主要生化诊断指标情况见表11-1。

(一) 血浆 pH

血浆 pH 是表示血浆中 H$^+$ 浓度的负对数。正常人动脉血 pH 为 7.35~7.45,平均为 7.40。pH>7.45 为失代偿性碱中毒;pH<7.35 为失代偿性酸中毒;代偿性酸碱平衡失调时血液 pH 在正常范围内。单凭 pH 的测定不能判定是代谢性还是呼吸性的酸碱平衡紊乱,所以还需测定其他指标。

(二) 血浆二氧化碳分压(PCO$_2$)

血浆二氧化碳分压是指物理溶解于血浆中的 CO$_2$ 所产生的张力。正常人动脉血 PCO$_2$ 范围为 4.5~6.0kPa,平均为 5.3kPa。血浆 PCO$_2$ 是呼吸性酸碱平衡失调的重要诊断指标,反映了呼吸因素的变化。动脉血 PCO$_2$ 基本上反映肺泡气的 CO$_2$ 压力,两者数值大致相等。PCO$_2$ 降低提示肺通气过度,CO$_2$ 排出过多,为呼吸性碱中毒;PCO$_2$ 升高提示肺通气不足,有 CO$_2$ 蓄积,为呼吸性酸中毒。代谢性酸中毒时,由于肺的代偿作用,血浆 PCO$_2$ 降低;相反,代谢性碱中毒时,在肺的代偿作用下,血浆 PCO$_2$ 升高。

(三) 血浆二氧化碳结合力(CO$_2$-CP)

血浆 CO$_2$-CP 由 Van Slyke 引进临床后,成为广泛应用于了解酸碱平衡是否失常的重要诊断指标。血浆 CO$_2$-CP 是指在 25℃ (室温)、动脉血 PCO$_2$ 为 5.3kPa 时,血浆中以 HCO$_3^-$ 形

式存在的 CO_2 量。其正常范围为 23~31mmol/L，平均为 27mmol/L。此指标主要受代谢性因素影响，代谢性酸中毒时血浆 CO_2-CP 降低，代谢性碱中毒时 CO_2-CP 升高。但呼吸性酸中毒时，由于肾的代偿，血浆 $NaHCO_3$ 代偿性升高，血浆 CO_2-CP 也升高；反之，呼吸性碱中毒时则降低。所以单凭此指标不能判断是酸中毒还是碱中毒，也不能判断是呼吸性因素还是代谢性因素引起，该指标不能单独使用，通常需要与其他指标配合使用。

（四）标准碳酸氢盐（SB）与实际碳酸氢盐（AB）

标准碳酸氢盐（SB）是指在标准条件下（38℃、PCO_2 为 5.3kPa、血氧饱和度为 100%）所测得的血浆中的 HCO_3^- 含量，SB 标准化后排除了呼吸性因素的影响，是反映代谢性因素的指标。

实际碳酸氢盐（AB）是指隔绝空气的血液标本，在实际 PCO_2 和实际血氧饱和度条件下测得的血浆 HCO_3^- 浓度。AB 受呼吸性和代谢性两方面因素影响。

正常人二者相等，参考范围均为 22~27mmol/L，平均为 24mmol/L。

临床分析时应把 AB 和 SB 两者结合起来考虑。二者的差值即为呼吸对 HCO_3^- 的影响。若 AB>SB，表明有 CO_2 蓄积，见于呼吸性酸中毒；若 AB<SB，表明 CO_2 呼出过多，见于呼吸性碱中毒。若两者数值均低于正常，则表面有代谢性酸中毒；若两者数值均高于正常则表明有代谢性碱中毒。

> 💡 **考点链接**
>
> 标准碳酸氢盐和实际碳酸氢盐的临床意义

（五）碱剩余（BE）或碱缺失（BD）

碱剩余（BE）或碱缺失（BD）是指血液在标准条件下（37℃、PCO_2 为 5.3kPa、Hb 完全氧合时），用酸或碱滴定至 pH 7.4 时所消耗的酸或碱的量。

若用酸滴定，为 BE（碱剩余），用正值表示；若用碱滴定，为 BD（碱缺失），用负值表示。BE 或 BD 不受呼吸性因素影响，是反映代谢因素的指标，正常人参考范围为 −3.0~+3.0mmol/L。

如 BE>+3.0mmol/L 时，表示体内碱剩余，为代谢性碱中毒；BE<−3.0mmol/L 时，表示体内碱欠缺，为代谢性酸中毒。

各型酸碱平衡失调血液生化指标变化见表 11-1。

表 11-1 酸碱平衡失常的类型及某些生化指标的变化

生化指标	呼吸性酸中毒		呼吸性碱中毒		代谢性酸中毒		代谢性碱中毒	
	代偿	失代偿	代偿	失代偿	代偿	失代偿	代偿	失代偿
pH	正常	↓	正常	↑	正常	↓	正常	↑
PCO_2	↑	↑↑	↓	↓↓	↓	↓	↑	↑
CO_2-CP	↑	↑	↓	↓	↓	↓↓	↑	↑↑
SB 与 AB	SB<AB		SB>AB		SB=AB，均↓		SB=AB，均↑	
BE 与 BD					BD（负值）↑		BE（正值）↑	

> 📖 **本章小结**
>
> 机体使体液 pH 维持在恒定范围内的过程称为酸碱平衡，酸碱平衡对机体代谢及各种生理生化功能具有重要影响。人体内酸性和碱性物质部分来自物质的分解代谢，部分来自食物、药物及饮料等。正常膳食情况下体内产生的酸性物质多于碱性物质。

机体对酸碱平衡的维持是在神经-激素系统统一调节下进行的,主要通过血液的缓冲作用、肺的呼吸功能以及肾的重吸收和排泄功能三方面的作用协同实现。血浆中以碳酸氢盐缓冲体系最为重要,$NaHCO_3$在一定程度上可以代表机体对固定酸的缓冲能力,故将其称为碱储。血浆 pH 主要取决于 $NaHCO_3$ 与 H_2CO_3 的浓度比,此比值若为 20/1,血浆的 pH 即为 7.4。红细胞中以血红蛋白缓冲体系最为重要,是缓冲挥发性酸的主要成分。当血液对固定酸或碱进行缓冲后,血浆中 $NaHCO_3$ 和 H_2CO_3 浓度会升高或降低。肺通过改变 CO_2 的呼出量来调节 H_2CO_3 的浓度,使 H_2CO_3 浓度恢复或接近正常,以维持 $NaHCO_3$/ H_2CO_3 的正常浓度比。肾是机体调节酸碱平衡最主要的器官,肾对酸碱平衡的调节是通过肾小管细胞泌氢、泌氨、泌钾及回收 $NaHCO_3$ 来实现的。肾小管上皮细胞进行 H^+-Na^+ 交换有重吸收 $NaHCO_3$、酸化尿液及泌氨作用三种主要方式。

机体在维持体液酸碱平衡过程中,三种调节机制相互联系。如果因疾病引起体内酸或碱产生过多,或因机体功能不足使消耗掉的酸或碱得不到补充,都会导致血浆碳酸氢钠和碳酸浓度发生异常改变,这种现象称为酸碱平衡紊乱,包括呼吸性酸中毒、呼吸性碱中毒、代谢性酸中毒及代谢性碱中毒四类;根据血浆碳酸氢钠和碳酸的浓度比,可将每一类酸碱平衡紊乱分为代偿性和失代偿性酸碱平衡紊乱,故酸碱平衡紊乱共有四类八种。判断酸碱平衡的常用生化指标有血液 pH、二氧化碳分压、二氧化碳结合力、标准碳酸氢盐和实际碳酸氢盐以及碱剩余和碱缺失。

目标测试

一、名词解释

1. 酸碱平衡紊乱　　2. 酸碱平衡　　3. 标准碳酸氢盐和实际碳酸氢盐
4. 二氧化碳结合力　　5. 碱储

二、填空题

1. 机体对酸碱平衡的调节主要依靠_____、_____、_____三方面的作用.
2. 肾调节酸碱平衡,是通过_____、_____、_____三种方式实现的。
3. 剧烈呕吐丢失大量胃液,可能发生_____中毒,严重腹泻时可能发生_____中毒。
4. 正常人血浆 $NaHCO_3$/H_2CO_3 的比值是_____。
5. 正常人碱剩余(BE)参考范围是_____。

三、简答题

1. 体内酸碱平衡是怎样进行调节的?
2. 何谓代偿性和失代偿性酸碱平衡紊乱?
3. 简述酸碱平衡紊乱的类型。
4. 判断酸碱平衡的生物化学指标有哪些?

(张　婧)

第十二章 肝脏的生物化学

1. 掌握：肝在糖、脂、蛋白质、维生素及激素代谢中的作用，胆红素代谢与黄疸类型的比较。
2. 熟悉：生物转化的概念和意义，游离胆红素与结合胆红素的区别。
3. 了解：生物转化反应的主要类型，胆汁酸的分类、功能。

　　肝是人体内最大的消化腺，具有极其重要的功能，肝结构复杂，功能强大，与人的生命活动息息相关。肝不仅参与糖类、脂类、蛋白质、维生素和激素等重要物质的代谢，同时在物质的消化、吸收、排泄、解毒、凝血、免疫等方面同样发挥了重要作用，有人形象地把肝比喻是人体化学加工厂。

第一节　肝脏在物质代谢中的作用

病例分析

　　女性，39岁。近两年内出现食欲缺乏，恶心，右上腹部不适，近期出现牙龈出血，颈部、前胸出现数颗蜘蛛痣。经医院检查诊断，确诊为乙肝及中度肝硬化。
　　问题：肝疾病引起蜘蛛痣的原因是什么？

一、肝在糖代谢中的作用

　　肝在糖代谢中的重要作用是通过肝糖原的合成与分解及糖异生作用维持血糖浓度的相对恒定。餐后血糖浓度升高时，肝将葡萄糖转化成肝糖原（肝糖原约占肝重量的6%~8%）储存起来，从而使人体血糖不致升高；当饥饿时或运动以后，血糖呈下降趋势，肝糖原迅速分解成葡萄糖释放入血，防止血糖降低。

考点链接

　　肝在糖代谢中的作用

同时，肝脏可将甘油、乳酸及生糖氨基酸等通过糖异生途径转变为葡萄糖以维持空腹或饥饿状态下血糖浓度的相对恒定。
　　因此，严重肝病时，肝糖原的合成、分解及糖异生作用降低，难以维持血糖的正常浓度，易出现空腹低血糖及进食后一时性高血糖。

二、肝在脂类代谢中的作用

肝在脂类的消化、吸收、运输、合成和分解等代谢过程中均发挥重要作用。

1. 脂类的消化吸收　肝脏产生分泌的胆汁酸，是胆固醇的转化产物，能乳化食物中的脂肪，促进脂类的消化和吸收。肝胆疾病患者，由于肝合成、分泌或排泄胆汁酸的能力下降，出现厌油腻、脂肪泻，脂类食物消化不良等。

2. 脂类分解代谢　肝脏是氧化分解脂肪酸的主要场所，也是生成酮体的唯一器官。脂肪酸除在肝脏经 β- 氧化释放能量，供肝脏自身需要外，还生成酮体。酮体不能在肝脏氧化利用，而经血液运输到其他组织（心、肾、骨骼肌等）氧化利用，作为这些组织的良好能源。

3. 脂类合成代谢　肝是合成的脂肪酸和脂肪的主要器官，也是合成胆固醇和磷脂最旺盛的器官。肝脏合成的胆固醇是体内合成胆固醇总量的 75%，是血浆胆固醇的重要来源，肝还合成并分泌卵磷脂：胆固醇脂酰基转移酶（LCAT），参与胆固醇的酯化。

4. 脂类的运输　肝脏合成的脂肪、胆固醇和磷脂，可进一步合成 VLDL、HDL 等脂蛋白，VLDL 是将肝脏合成的脂肪运往肝外利用的主要形式。当肝功能受损时，脂蛋白合成障碍，肝内脂肪运出困难，使肝脏内脂肪堆积，导致脂肪肝。

> **考点链接**
> 肝在脂肪代谢中的作用

三、肝在蛋白质代谢中的作用

1. 蛋白质合成代谢　肝内蛋白质合成代谢极为活跃，除合成自身所需的蛋白质外，还合成与分泌血浆蛋白质。除 γ- 球蛋白外，其他血浆蛋白质均来自肝脏，如清蛋白（A）、凝血因子、纤维蛋白原等。血浆清蛋白除了是许多物质的载体外，在维持血浆胶体渗透压方面起着重要作用。若血浆清蛋白低于 30g/L，常出现水肿和腹水。故肝功能严重损害时，蛋白质合成障碍，尤其清蛋白减少明显，血浆胶体渗透压降低，造成水肿。凝血因子合成减少则出现血液凝固机制障碍。临床上常测定血浆清蛋白与球蛋白的比值和含量的变化，作为肝功能正常与否的判断指标之一。

2. 蛋白质分解代谢　肝中与氨基酸分解代谢有关的酶含量丰富，所以氨基酸的代谢十分活跃。氨基酸可在肝进行转氨基、脱氨基等反应。其中丙氨酸氨基转移酶（ALT）活性明显高于其他组织，肝功能受损时，肝细胞内的 ALT 大量释出进入血液，血清中 ALT 的活性增高。所以，血清 ALT

> **考点链接**
> 肝在蛋白质代谢中的作用

活性的测定有助于肝脏疾病的诊断。体内的芳香族氨基酸主要在肝内分解。故患者肝病严重时，血浆中支链氨基酸与芳香族氨基酸的比值下降。芳香族氨基酸代谢生成的胺类在大脑中可取代正常的神经递质，引起神经活动紊乱，故芳香族胺类物质称为假神经递质。

肝脏还可将氨基酸分解产生的有毒的氨，通过鸟氨酸循环合成尿素用以解除氨的毒性。所以肝是清除血氨的最重要的器官。当肝脏功能受损时，尿素合成障碍，血氨浓度升高，产生高血氨症，可引起肝性脑病。

四、肝在维生素代谢中的作用

肝脏在维生素的吸收、运输、储存、转化、代谢等方面具有重要的作用。肝脏含有较多的维生素。有些维生素,如维生素 A、维生素 E、维生素 K、维生素 B_{12} 等,主要储存在肝中,维生素 A 在肝中的含量占体内总量的 95%。当缺乏维生素 A 形成夜盲症时,可多食用动物肝脏进行治

考点链接
肝在维生素代谢中的作用

疗。肝脏直接参与多种维生素的代谢转化,如肝脏可将 β- 胡萝卜素在体内转变为维生素 A;维生素 D_3 转变为 25-(OH)D_3,维生素 PP 转变为 NAD^+ 及 $NADP^+$,泛酸转变为 HSCoA,维生素 B_6 转变为磷酸吡哆醛,维生素 B_2 转变为 FAD 或 FMN,维生素 B_1 转变为 TPP。另外,肝分泌胆汁酸盐可协助脂溶性维生素的吸收,因此当肝胆系统出现疾病时,可发生维生素吸收障碍。

五、肝在激素代谢中的作用

激素在肝中经过化学反应后,被分解转化,降低或失去其活性。这一过程叫做激素的灭活。肝脏是激素灭活的主要器官。如胰岛素在肝内经还原、水解而灭活,胺类激素在肝内经脱氨或与葡萄糖醛酸结合而灭活,类固醇激素如肾上腺皮质激素在肝内经还原、羟化和侧链断裂而灭活,性激素在肝内与葡萄糖醛酸或活性硫酸等结合而灭活等。当肝有了疾病时,对激素的灭活功能降低,激素含量升高。如醛固酮增多造成水钠潴留;雌激素过多,可出现男性乳房发育、肝掌、蜘蛛痣等现象。

考点链接
肝病时为什么会出现蜘蛛痣

第二节　肝脏的生物转化作用

一、生物转化的概念及生物学意义

(一)生物转化的概念

各类非营养物质在人体内进行化学转变,增加其极性,使其易随胆汁或尿液排出,这个转化过程称为生物转化。肝是生物转化作用的主要器官,在肝细胞微粒体、细胞质、线粒体等部位均存在有关生物转化的酶类。非营养物质既不是构成组织细胞的原料,也不能氧化供能,有的甚至还有毒性。根据其来源可分为:

考点链接
生物转化的概念和意义

1. 内源性非营养物质　是体内代谢中产生的各种生物活性物质,如激素、神经递质等;有毒的代谢产物,如氨、胆红素等。

2. 外源性非营养物质　是外界进入体内的各种异物,如药物、食品添加剂、色素及其他化学物质等。

(二)生物转化的生物学意义

非营养物质经生物转化后,极性增加,利于其随胆汁或尿液排出体外,是机体清除异物的有效途径。一般情况下,非营养物质经生物转化后,其生物活性或毒性均降低甚至消失,但有些物质经肝生物转化后毒性反而增强,许多致癌物质通过代谢转化才显示出致癌作用,例如化学试剂苯并芘的致癌作用就是如此。因而不能将肝的生物转化作用统称为"解

毒作用"。

二、生物转化的反应类型

肝的生物转化反应可分为氧化、还原、水解和结合四种反应类型,其中氧化、还原、水解反应称为第一相反应,结合反应称为第二相反应。

(一)氧化反应

1. 微粒体氧化酶系 微粒体氧化酶系在生物转化的氧化反应中占有重要的地位,它是需细胞色素 P_{450} 的氧化酶系,能直接激活分子氧,使一个氧原子加到作用物分子上,故称为加单氧酶系。由于在反应中一个氧原子渗入到底物中,另一个氧原子使 NADPH 氧化生成水,即一种氧分子发挥了两种功能,故又称为混合功能氧化酶,也可称为羟化酶。加单氧酶系的特异性较差,可催化多种有机物质进行不同类型的氧化反应。反应式如下:

$$NADPH+H^++O_2+RH \rightarrow NADP^++H_2O+ROH$$

可以看出,有机物质经羟化作用后水溶性增强,有利于排泄。

2. 线粒体单胺氧化酶系 单胺氧化酶属于黄素酶类,存在于线粒体中,可催化组胺、酪胺、尸胺、腐胺等肠道腐败产物氧化脱氨,生成相应的醛类或酸类。例如:

$$\underset{\text{胺}}{RCH_2NH_2}+O_2+H_2O \rightarrow \underset{\text{醛}}{RCHO}+NH_3+H_2O_2$$

3. 脱氢酶系 细胞质中含有以 NAD^+ 为辅酶的醇脱氢酶与醛脱氢酶,分别催化醇或醛脱氢,氧化生成相应的醛或酸类。例如:

$$\underset{\text{乙醇}}{CH_3CH_2OH} \rightarrow \underset{\text{乙醛}}{CH_3CHO} \rightarrow \underset{\text{乙酸}}{CH_3COOH}$$

(二)还原反应

肝微粒体存在着有 NADPH 及还原型细胞色素 P_{450} 供氧的还原酶,主要有硝基还原酶类和偶氮还原酶类,均为黄素蛋白酶类。还原的产物为胺。例如,硝基苯在硝基还原酶催化下加氢还原生成苯胺,偶氮苯在偶氮还原酶催化下还原成苯胺。

(三)水解反应

肝细胞中有各种水解酶,如酯酶、酰胺酶及糖苷酶。此类酶分布广泛,种类繁多,肝外组织液也含有这些酶类,如阿司匹林的水解。

乙酰水杨酸　水杨酸　乙酸

(四)结合反应

结合反应是体内最重要的生物转化方式,常常发生在非营养物质的一些功能基团上如羟基、羧基或氨基等。有些非营养物质可以直接进行结合反应,有些则先经过第一相反应后再进行第二相反应。结合反应可在肝细胞的微粒体、细胞质和线粒体内进行。

1. 葡萄糖醛酸结合反应 葡萄糖醛酸结合反应是最重要的结合方式。尿苷二磷酸葡萄糖醛酸(UDPGA)为葡萄糖醛酸的活性供体,肝细胞微粒体中有 UDP-葡萄糖醛酸转移酶,能将葡萄糖醛酸基转移到毒物或其他非营养物质的羟基、羧基或氨基上,形成葡萄糖醛酸苷。结合后其毒性降低,并且易溶于水排出体外。如胆红素、类固醇激素等。

2. 硫酸结合反应 以 3′-磷酸腺苷 -5′-磷酸硫酸(PAPS)为活性硫酸供体。在肝细中有硫酸转移酶,能催化类固醇、酚类、芳香胺等与PAPS结合形成硫酸酯。例如,雌酮在肝内与硫酸结合而失活。

3. 乙酰基结合反应　在乙酰基转移酶催化下,由乙酰CoA作供体,与芳香族胺类化合结合生成相应的乙酰化衍生物。

4. 甲基结合反应　肝细胞质及微粒体中具有多种转甲基酶,含有羟基、巯基或氨基的化合物可进行甲基化反应,甲基供体是S-腺苷甲硫氨酸(SAM)。

5. 甘氨酸结合反应　在肝细胞微粒体酰基转移酶的作用下,甘氨酸可与外来的含羧基的化合物结合,如甘氨酸与苯甲酰CoA的结合。

三、生物转化的特点

上述列举的非营养物质的代谢过程,我们可以看出生物转化有以下特点。

(一)代谢过程的连续性和产物的多样性

一种物质的生物转化过程往往相当复杂,常需要连续进行几种反应,产生几种产物。同一类或同一种物质在体内可进行多种不同的反应,产生不同的产物。例如,阿司匹林水解生成水杨酸,水杨酸既可以与甘氨酸反应,又可以与葡萄糖醛酸结合,还可以进行氧化反应。

> **考点链接**
> 生物转化的主要类型和特点

(二)解毒和致毒的双重性

生物转化作用既有解毒作用又有致毒作用。大多数物质经过生物转化后,其生物活性或毒性降低甚至消失,但有些物质经生物转化后却适得其反。例如,解热镇痛类药物非那西丁在肝中去乙酰基生成的对氨基乙醚可使血红蛋白变成高铁血红蛋白,导致发绀毒性作用。又如致癌性极强的黄曲霉素 B_1 在体外并不能与核酸等生物大分子结合,但经氧化生成环氧化黄曲霉素 B_1 后可与鸟嘌呤第7位N结合而致癌。所以,简单笼统地认为肝的生物转化作用只是解毒作用是片面的。

四、生物转化的影响因素

影响生物转化作用的因素有很多,主要包括年龄、性别、肝脏疾病及药物的诱导与抑制等体内外各种因素的影响。

(一)年龄

新生儿特别是早产儿肝内酶系发育不完善,对药物及毒物的转化能力不足,易发生药物及毒物中毒。老年人因器官退化,肝血流量及肾的廓清速率下降,药物在体内的半衰期延长,服药后药性较强,不良反应较大。故临床上对新生儿和老人使用药物时要特别慎重,药物用量要较成人量低。

> **考点链接**
> 生物转化的影响因素

(二)性别

某些生物转化作用存在明显的性别差异。如女性体内醇脱氢酶的活性一般高于男性,对氨基比林的转化能力也较男性强。

(三)肝脏疾病

肝功能低下可影响肝的生物转化功能,使药物或毒物的灭活速度下降,药物的治疗剂量与毒性剂量的差距减小,容易造成肝损害,因此对肝病患者用药应慎重。

(四)药物的诱导与抑制

某些药物或毒物可诱导生物转化酶类的生成,使肝脏的生物转化能力增强。如长期服用苯巴比妥,可诱导肝微粒体单加氧酶系的合成,从而使机体对苯巴比妥类催眠药产生耐药性。由于许多非营养性物质的生物转化作用常受同一酶系催化,因此联合用药时可发生药物间对酶的竞争作用,影响其转化效率。如保泰松与双香豆素合用时,前者抑制了后者的代谢,增强了双香豆素的抗凝作用,甚至引起出血现象,故同时服用多种药物时应予以注意。

第三节　胆汁酸代谢

病例分析

男性,53岁,有不吃早饭的习惯。近几天常在饭后出现右上腹部持续性疼痛、阵发性加剧向右肩背放射;恶心。临床诊断为胆结石。医生建议手术治疗,摘除胆囊。

问题:

1. 胆汁的主要成分是什么?
2. 胆汁的生理功能有哪些?

一、胆汁

胆汁是肝细胞分泌的一种液体,在胆囊中储存,经胆管系统进入十二指肠。正常人24小时分泌胆汁300~700ml。

(一)胆汁的分类

肝最初分泌的胆汁称为肝胆汁,清澈透明,呈黄褐色或金黄色。肝胆汁进入胆囊后,胆汁浓缩,称为胆囊胆汁。两种胆汁的组成成分见表12-1。

表12-1　正常人肝胆汁与胆囊汁的组成百分比(%)

	肝胆汁	胆囊汁
比重	1.009~1.013	1.026~1.032
pH	7.1~8.5	5.5~7.7
总固体	3~4	14~20
胆汁酸盐	0.2~2	1.5~10
胆固醇	0.05~0.17	0.2~0.9
无机盐	0.2~0.9	0.5~1.1
黏蛋白	0.1~0.9	1~4
胆色素	0.05~0.17	0.2~1.5

（二）胆汁的成分

胆汁含有多种物质,既有促进脂类消化吸收的胆汁酸盐,又有体内一些代谢产物,如胆红素、胆固醇及经肝生物转化作用的非营养物质,所以胆汁既是消化液又是排泄液。胆汁的主要特征性成分是胆汁酸盐。

二、胆汁酸的分类与代谢

胆汁酸是胆固醇在肝细胞内转化而来的,是肝脏清除胆固醇的主要方式。胆汁酸是存在于胆汁中一大类胆烷酸的总称,以钠盐或钾盐的形式存在,即胆汁酸盐,简称胆盐。

（一）胆汁酸的分类

胆汁酸可分为初级胆汁酸和次级胆汁酸两类,每类又分为游离型和结合型。

（二）胆汁酸的代谢

1. 初级胆汁酸 在肝细胞内由胆固醇转变的胆汁酸叫做初级胆汁酸。胆固醇转变为初级胆汁酸的过程复杂,首先在 7α- 羟化酶催化下,胆固醇转变为 7α- 羟胆固醇,然后再转变成初级游离胆汁酸,即胆酸和鹅脱氧胆酸,二者可与甘氨酸或牛磺酸结合,生成初级结合型胆汁酸。人胆汁中的胆汁酸以结合型为主。7α- 羟化酶是胆汁酸生成的限速酶。

2. 次级胆汁酸 随胆汁流入肠腔的初级胆汁酸在协助脂类物质消化吸收的同时,在小肠下段及大肠受肠道细菌作用,初级结合胆汁酸水解释放出甘氨酸和牛磺酸,转变为初级游离胆汁酸,再发生 7- 位脱羟基,生成次级游离胆汁酸,即脱氧胆酸和石胆酸。肠道中的各种胆汁酸(包括初级、次级、游离型与结合型) 中有 95% 被肠壁重吸收,以回肠部对结合型胆汁酸的主动重吸收为主,其余在肠道各部被动重吸收,由肠道重吸收的胆汁酸均由门静脉进入肝,在肝中游离型胆汁酸再转变成结合型胆汁酸,再随胆汁排入肠腔,此过程叫做胆汁酸的肠肝循环。其余随粪便排出,正常人每日从粪便排出的胆汁酸为 0.4~0.6g。

胆汁酸肠肝循环的生理意义在于使有限的胆汁酸反复利用,促进脂类的消化与吸收。每日可以进行 6~12 次肠肝循环,使有限的胆汁酸能够发挥最大限度的乳化作用,以维持脂类食物消化吸收的正常进行(图 12-1)。

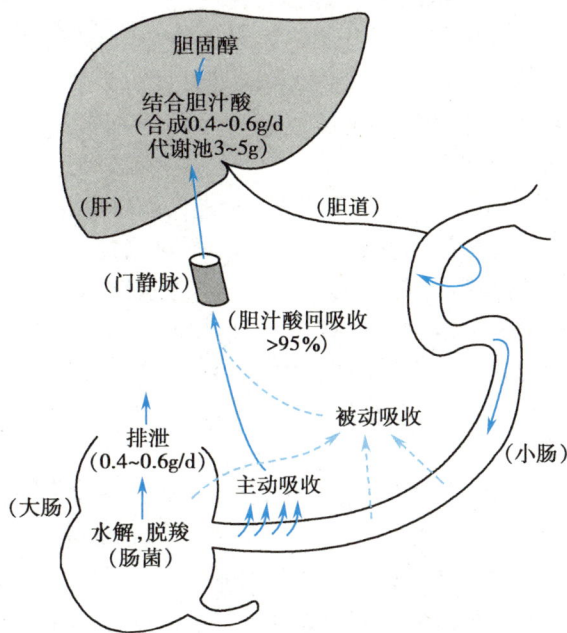

图 12-1 胆汁酸的肠肝循环

三、胆汁酸的功能

（一）胆汁酸促进脂类消化吸收

胆汁酸分子内既有亲水性的羟基及羧基或磺酸基,又有疏水性烃核和甲基。使胆汁酸构型上具有亲水和疏水的两个侧面,能降低油水两

考点链接
胆汁酸肠肝循环的生理意义

相间的表面张力,这种结构特征使其成为较强的乳化剂,既有利于脂类乳化,又有利于脂类吸收。

(二)胆汁酸抑制胆固醇结石的形成

胆汁中的胆汁酸盐与卵磷脂可使胆固醇分散形成可溶性微团,使之不易形成结晶沉淀。如果胆汁酸、卵磷脂和胆固醇比值降低,则可使胆固醇以结晶形式析出形成结石。

第四节 胆色素代谢与黄疸

一、胆色素的来源

胆色素是含铁卟啉化合物在体内分解代谢的产物,包括胆红素、胆绿素、胆素原和胆素等。其中,除胆素原无色外,其余均有一定颜色,故统称胆色素。胆色素代谢以胆红素代谢为中心。胆红素是胆汁中的主要色素,呈橙红色,有毒性。学习胆红素知识对于认识肝脏疾病具有重要意义。

> **考点链接**
>
> 胆色素的来源

二、胆色素的代谢

(一)胆红素的生成

人体内大部分胆红素是由衰老红细胞在单核 - 吞噬细胞系统中被破坏、降解而来的。人每天可以产生 250~350mg 胆红素,其中 70% 以上来自衰老红细胞破坏释放的血红蛋白;其他主要来自如细胞色素 P_{450}、细胞色素 b_5、过氧化物酶、过氧化氢酶等含铁卟啉类化合物的分解代谢。

体内红细胞不断更新,衰老的红细胞被破坏释放出血红蛋白,血红蛋白被分解为珠蛋白和血红素。血红素在微粒体中血红素加单氧酶催化下,血红素原卟啉上的次甲基($=CH—$)氧化断裂,并释放出 CO 和 Fe^{3+},生成胆绿素。血红素加单氧酶是胆红素生成的限速酶,此反应需要 O_2 和 NADPH 参加,Fe^{3+} 可被重新利用,CO 可排出体外。胆绿素进一步在细胞质中胆绿素还原酶(辅酶为 NADPH)的催化下,迅速被还原为胆红素。这时的胆红素呈现亲脂、疏水的特性,具有毒性。

$$\text{血红蛋白} \xrightarrow{\text{珠蛋白}} \text{血红素} \xrightarrow[\text{NADPH+H}^+ \quad \text{NADP}^+]{\overset{O_2 \quad \text{加单氧酶} \quad CO、Fe}{}} \text{胆绿素} \xrightarrow[\text{NADPH+H}^+ \quad \text{NADP}^+]{\text{胆绿素还原酶}} \text{胆红素}$$

(二)胆红素在血液中的运输

生成的胆红素难溶于水,自由透过细胞膜进入血液,在血液中主要与血浆清蛋白结合成胆红素 - 清蛋白复合物进行运输。这种结合增加了胆红素在血浆中的水溶性,便于运输;同时又限制了胆红素自由透过各种生物膜,使其不致对组织细胞产生毒性作用。正常人血浆胆红素浓度仅为 3.4~17.1μmol/L,所以正常情况下,血浆中的清蛋白足以结合全部胆红素。但有些化合物(磺胺类药物、抗生素及镇痛药等)可同胆红素竞争与清蛋白结合,从而使胆红素游离出来,过多的游离胆红素干扰脑的正常功能,可以引起核黄疸(胆红素脑病)。

> **考点链接**
>
> 胆红素的运输形式

(三)胆红素在肝中的代谢

1. 游离胆红素被肝细胞摄取　血中胆红素以"胆红素 - 清蛋白"的形式输送到肝脏,很快被肝细胞摄取。肝细胞摄取血中胆红素的能力很强。肝细胞内有两种载体蛋白质(Y 蛋白和 Z 蛋白),两者均可与胆红素结合。胆红素主要与细胞质中 Y 蛋白结合,当 Y 蛋白结合达到饱和时,Z 蛋白的结合才增多。这种结合使胆红素不能返流入血,从而使血胆红素不断地被摄入肝细胞内。胆红素被载体蛋白结合后,以"胆红素 -Y 蛋白"(胆红素 -Z 蛋白)形式送至内质网。Y 蛋白不但对胆红素有高亲和力,而且对固醇类物质、四溴酚酞磺酸钠、某些染料有机阴离子也有很强的亲和力,可以影响胆红素的转运。

2. 与葡萄糖醛酸结合生成水溶性的结合胆红素　肝细胞滑面内质网中有胆红素 - 尿苷二磷酸葡萄糖醛酸转移酶,可催化胆红素与葡萄糖醛酸以酯键结合,生成胆红素葡萄糖酸酯,主要是胆红素葡萄糖醛酸二酯(70%~80%),其次为胆红素葡萄糖醛酸一酯(20%~30%)。胆红素经上述转化后叫做结合胆红素,其水溶性增强,与血浆清蛋白亲和力减小,易从胆道排出,也易透过肾小球随尿排出,但不易通过细胞膜和血 - 脑屏障,因此,不易造成组织中毒,是胆红素

考点链接
胆色素在肝脏代谢物的意义

解毒的主要方式。与结合胆红素相比,在单核 - 吞噬细胞系统内生成的及在血液中与清蛋白结合而运输的胆红素,没有与葡萄糖醛酸进行结合,叫做未结合胆红素(表 12-2)。

表 12-2　未结合胆红素与结合胆红素的性质比较

性质	未结合胆红素	结合胆红素
常用名称	游离胆红素	酯型胆红素
	间接胆红素	直接胆红素
	血胆红素	肝胆红素
溶解性	脂溶性	水溶性
与重氮试剂反应	缓慢、间接反应	迅速、直接反应
与葡萄糖醛酸结合	未结合	结合
经肾脏随尿排出	不能	能
透过细胞膜的能力	大	小
对脑的毒性作用	大	小

(四)胆色素在肠道中的变化与胆色素的肠肝循环

1. 胆色素在肠道中的变化　结合胆红素随胆汁排入肠道后,自回肠下段至结肠,在肠道细菌作用下,由 β- 葡萄糖醛酸酶催化水解脱去葡萄糖醛酸,再逐步还原成为无色的胆素原族化合物,即中胆素原、粪胆素原和尿胆素原。粪胆素原在肠道下段接触空气氧化为棕黄色的粪胆素,是正常粪便中的主要色素。正常人每日从粪便中排出胆素原 40~280mg。

2. 胆色素的肠肝循环　在正常情况下,肠道中有 10%~20% 的胆素原可被重吸收入血,经门静脉入肝。其中大部分(约 90%)由肝摄取并以原形式经胆道排入肠道,叫做胆色素的肠肝循环。在这个过程中,少量(10%)胆素原可以进入体循环,通过肾小球滤出,经尿排出,即为尿胆素原。正常成人每天从尿排出的尿胆素原 0.5~4.0mg,尿胆素原与空气接触被氧化成尿胆素,是尿液中的主要色素。尿胆素原、尿胆素及尿胆红素临床上称为尿三胆。胆色素

的生成及转变过程如图 12-2。

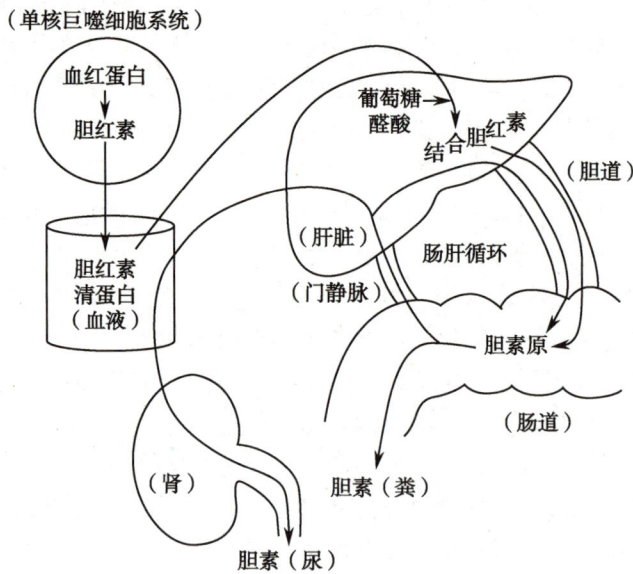

图 12-2　胆色素的生成和转变过程

三、血清胆红素与黄疸

病例分析

　　女性,32 岁。因上腹痛,皮肤发黄,瘙痒 2 个月,加重 1 周住院。体格检查:消瘦,皮肤、巩膜中度黄染,腹软,上腹压痛(+)。B 超:胰管扩张,胰头增大。胆囊肿大,胆总管肝内胆管扩张,剖腹探查及病理切片证实为发生在胰头部的胰腺癌。根据病因,诊断为阻塞性黄疸。

　　问题:患者血、尿、粪的生化指标会如何改变?

(一) 血清胆红素

　　正常人血清中胆红素含量很少,一般在 $3.24\sim17.1\mu mol/L$,其中 4/5 是未结合胆红素,其余是结合胆红素。

前沿知识

　　除结合胆红素和未结合胆红素外,现发现还存在着"第三种胆红素",称为 δ- 胆红素。它的实质是与血浆清蛋白紧密结合的结合胆红素。正常血清中它的含量占总胆红素的 20%~30%。它的出现可能与肝脏功能成熟有关。当肝病初期,它与血清中其他两种胆红素一起升高,但肝功能好转时它的下降较其他两种缓慢,从而使其所占比例升高,有时可高达 60%。

(二) 黄疸

　　正常情况下,肝脏清除胆红素的能力远远大于机体产生胆红素的能力,如果体内胆红素生成过多,或肝脏摄取、转化、排泄过程中发生障碍均可引起血清胆红素浓度升高。由于某些原因,导致胆红素代谢发生障碍,使血中胆红素增高,过多的胆红素扩散入组织,引起皮肤、巩膜、黏膜等黄染的现象称为黄疸。

黄疸的程度取决于血清胆红素的浓度,当血清胆红素高于正常但不超过 $34.2\mu mol/L$ 的时候,肉眼看不到组织黄染,临床上叫做隐性黄疸。当血清胆红素浓度超过 $34.2\mu mol/L$ 时,有明显的黄染现象临床上叫做显性黄疸。根据黄疸产生的原因不同,可以将黄疸分为以下 3 种类型。

1. **溶血性黄疸** 各种原因(如恶性疟疾、药物、输血不当)导致的红细胞大量破坏,未结合胆红素产生过多,超过肝脏的处理能力,使血中胆红素增高而造成的黄疸,叫做溶血性黄疸,其特点是:血清总胆红素升高,以未结合胆红素增高为主,因未结合胆红素不能由肾小球滤过,故尿中无胆红素。由于肝脏对胆红素的摄取、转化和排泄增多,从肠道排出的胆素原增多,造成粪便和尿液中胆素增多,颜色均加深。

2. **肝细胞性黄疸** 由于肝脏细胞受损,导致其摄取、结合、排泄胆红素的能力下降而引起的黄疸。其特点是:由于肝脏细胞受损,将未结合胆红素转化为结合胆红素的能力降低,所以血中未结合胆红素升高。肝脏细胞肿胀,毛细血管通透性增强,使部分结合胆红素反流入血,因此血中结合胆红素也升高。结合胆红素可经尿排出,故尿胆红素阳性;肝脏对结合胆红素的生成及排泄均减少,粪便颜色变浅;由于肝细胞受损程度不同,尿中胆素原含量变

化不定,如从肠道中吸收的胆素原排泄受阻,尿中胆素原增加,尿色加深,如肝脏有实质性损害,结合胆红素生成减少,尿中胆素原减少,尿色变浅。肝细胞性黄疸常见于各种类型的肝炎、肝肿瘤等。

3. **阻塞性黄疸** 各种原因引起的胆道阻塞,导致胆汁排泄受阻,胆红素逆流入血,造成血清胆红素升高而出现的黄疸。其特点是:血中总胆红素升高,以结合胆红素浓度升高为主,未结合胆红素无明显改变;结合胆红素从尿中排出,故尿中胆红素呈阳性,胆管阻塞使尿胆素原及粪胆素原合成减少,所以粪便颜色变浅甚至呈灰白色,尿色也变浅。阻塞性黄疸常见于胆管炎症、肿瘤、结石、胆道蛔虫或先天性胆道闭塞等疾病。

🖥 **本章小结**

一个核心:糖类、脂类、蛋白质、维生素、激素代谢均在肝内完成。两相转化:非营养物质的生物转化经过第一相反应和第二相反应使其极性增加,溶解性增大,以利于排出体外。两个循环:一个是胆汁酸的肝肠循环:肠道中的各种胆汁酸重吸收后,经门静脉回到肝脏再随胆汁排入肠道,使胆汁酸重复利用,完成对脂类消化吸收。另一个是胆色素的肠肝循环,胆红素在血液中与清蛋白结合而运输至肝脏,在肝脏内转化为葡萄糖醛酸胆红素,在肠道细菌的作用下被还原成胆素原,部分胆素原被肠黏膜重新吸收入肝脏,大部分又被排入肠道,小部分胆素原经肾脏排出。三种黄疸:溶血性黄疸,肝细胞性黄疸,阻塞性黄疸。

目标测试

一、名词解释

1. 生物转化作用　　2. 黄疸　　3. 胆色素

二、填空题

1. 生物转化中第一相反应包括_____、_____和_____三种反应；第二相反应指的是_____反应，与_____、_____、_____、_____等物质结合。

2. 初级游离胆汁酸包括_____、_____，次级游离胆汁酸包括_____、_____，与_____和_____结合就是结合胆汁酸。

3. 胆色素是_____化合物在人体内分解代谢的产物，主要包括_____、_____、_____、_____。

4. 肝脏是储存维生素_____、_____、_____、_____的主要场所。

5. 根据黄疸的产生原因不同可以将黄疸分为_____、_____、_____三种。

三、选择题

1. 下列哪种物质不是在肝脏合成的
   A. 酮体　　　　　　　　B. 尿素　　　　　　　　C. 尿酸
   D. 胆固醇　　　　　　　E. 胆汁酸

2. 影响生物转化的因素有
   A. 性别　　　　　　　　B. 年龄　　　　　　　　C. 药物
   D. 疾病　　　　　　　　E. 以上都是

3. 下列哪个不属于初级胆汁酸
   A. 甘氨胆酸　　　　　　B. 牛磺胆酸　　　　　　C. 脱氧胆酸
   D. 胆酸　　　　　　　　E. 鹅脱氧胆酸

4. 胆红素是由下列哪种物质分解产生的
   A. 胆固醇　　　　　　　B. 血红蛋白　　　　　　C. 胆汁酸
   D. 脂肪酸　　　　　　　E 磷脂

5. 血清 ALT 测定可用于诊断
   A. 慢性、活动性肝炎　　B. 急性肝炎　　　　　　C. 中毒性肝炎
   D. 肝肿瘤　　　　　　　E. 以上都是

四、简答题

1. 简单说明严重肝病患者出现肝性脑病、蜘蛛痣的生化原因。
2. 比较结合胆红素与未结合胆红素的特点。
3. 比较三种黄疸的原因及血、尿、粪便的变化。

（刘保东）

实 验 指 导

实验一　酶的特异性和影响酶作用的因素

【实验目的】

1. 通过本实验验证并解释酶对底物的特异性。

2. 通过本实验观察和验证温度、pH、激活剂与抑制剂对酶促作用的影响。

3. 能以严谨的态度,规范地操作实验,认真记录,并对结果进行讨论分析,完成实验报告。

【实验原理】

酶的特异性是指酶对底物的选择性,表现为一种酶只能催化一种或一类相似的物质反应,生成一定的产物。如唾液淀粉酶只能催化淀粉水解,生成葡萄糖和麦芽糖。二者均属于还原性糖,可将班氏试剂中的二价铜离子(Cu^{2+})还原成一价的亚铜离子(Cu^+),生成砖红色的氧化亚铜沉淀。而唾液淀粉酶不能催化蔗糖水解,且蔗糖不是还原性糖,所以不能与班氏试剂作用呈色。以此来验证酶的特异性。唾液淀粉酶的最适 pH 为 pH 6.8。

酶的活性受温度、pH、激动剂及抑制剂、酶浓度以及作用时间等多种因素影响,酶的活性不同,反应的速度也不同。

唾液淀粉酶能催化淀粉逐步水解,生成一系列分子大小不同的糊精,最后生成麦芽糖和少量葡萄糖。在不同条件下,唾液淀粉酶活性不同,淀粉水解程度也不一样。不同的水解产物遇碘的显色反应不同,淀粉遇碘呈蓝色,按糊精分子的大小遇碘分别呈蓝紫色、紫色、红棕色,最小的糊精和麦芽糖、葡萄糖遇碘不变色。所以,根据显色反应的不同,可以了解淀粉被水解的程度,进而了解唾液淀粉酶的活性大小,由此说明温度、pH、激活剂与抑制剂对酶促反应的影响。

【实验准备】

1. 试剂

(1) 1% 淀粉溶液:称取可溶性淀粉 1g,加少量蒸馏水调成糊状,再加入蒸馏水 80ml 加热溶解,最后用蒸馏水稀释至 100ml。

(2) 1% 蔗糖溶液:称取 1g 蔗糖,加蒸馏水至 100ml 溶解。

(3) pH 6.8 缓冲液:取 0.2mol/L Na$_2$HPO4 溶液 154.5ml,0.1mol/L 柠檬酸溶液 45.5ml,混合后即成。

(4) 班氏试剂:A 液:取结晶硫酸铜($CuSO_4·5H_2O$)17.3g 溶于 100ml 预热的蒸馏水中,冷却后加水至 150ml;B 液:取柠檬酸钠 173g,无水碳酸钠 100g,加蒸馏水 600ml,加热溶解,冷却后稀释至 850ml。将 A 液缓慢倒入 B 液中混匀后,置于试剂瓶备用。

(5) pH 4.0 缓冲液:取 0.2mol/L Na_2HPO_4 溶液 77.1ml,0.1mol/L 柠檬酸溶液 122.9ml,混合后即成。

(6) pH 8.0 缓冲液:取 0.2mol/L Na_2HPO_4 溶液 194.5ml,0.1mol/L 柠檬酸溶液 5.5ml,混合后即成。

(7) 0.9% NaCl 溶液。

(8) 1%$CuSO_4$ 溶液。

(9) 1%Na_2SO_4 溶液

(10) 碘液:称取碘 2g、碘化钾 4g 溶于 1000ml 蒸馏水中,置于棕色瓶内贮存备用。

(11) 蒸馏水。

2. 器械　滴管、烧杯、试管、试管架及试管夹、37℃恒温水浴箱、冰浴箱(冰箱)与沸水浴箱。

3. 环境　pH 6.8,pH 4.0,pH 8.0,37℃恒温水浴,冰浴,沸水浴。

【实验学时】 2 学时。

【实验方法与结果】

(一) 实验方法

1. 制备稀释唾液　实验者先将痰咳尽,用自来水漱口,以清除口腔内食物残渣,再在口腔内含蒸馏水约 15ml,并作咀嚼运动,3 分钟后吐入垫有脱脂纱布的漏斗内,过滤于小烧杯中用蒸馏水稀释至 20ml,混匀备用。

2. 酶的特异性　取试管 2 支,编号,按实验表 1-1 操作。

实验表 1-1　酶特异性操作步骤

加入物(滴)	1 号管	2 号管
pH 6.8 缓冲液	20	20
1% 淀粉溶液	10	—
1% 蔗糖溶液	—	10
稀释唾液	5	5
将各管混匀,置于 37℃水浴箱中保温 10 分钟后取出		
班氏试剂	15	15
将各管混匀,置于沸水浴箱中煮沸 5 分钟		

3. pH 对酶促反应速度的影响　取试管 3 支,编号,按实验表 1-2 操作。

实验表 1-2　pH 对酶促反应速度的影响

加入物(滴)	1 号管	2 号管	3 号管
pH 4.0 缓冲液	20	—	—
pH 6.8 缓冲液	—	20	—
pH 8.0 缓冲液	—	—	20
1% 淀粉溶液	10	10	10
稀释唾液	5	5	5
将各管混匀,置于 37℃水浴箱中保温 10 分钟后取出			
碘液	1	1	1

4. 温度对酶促反应速度的影响　取试管 3 支,编号,按实验表 1-3 操作。

实验表 1-3　温度对酶促反应速度的影响

加入物(滴)	1 号管	2 号管	3 号管
pH 6.8 缓冲液	20	20	20
1% 淀粉溶液	10	10	10
将 1,2,3 号管分别置于 0℃,37℃,100℃预温 5 分钟			
稀释唾液	5	5	5
继续将 1,2,3 号管分别置于 0℃,37℃,100℃预温 5 分钟			
碘液	1	1	1

5. 激活剂与抑制剂对酶促反应速度的影响　取试管 4 支,编号,按实验表 1-4 操作。

实验表 1-4　激活剂与抑制剂对酶促反应速度的影响

加入物(滴)	1 号管	2 号管	3 号管	4 号管
pH 6.8 缓冲液	20	20	20	20
1% 淀粉溶液	10	10	10	10
蒸馏水	10	—	—	—
0.9%NaCl 溶液	—	10	—	—
1%$CuSO_4$ 溶液	—	—	10	—
1%Na_2SO_4 溶液	—	—	—	10
稀释唾液	5	5	5	5
将各管混匀,置于 37℃水浴箱中保温 10 分钟后取出				
碘液	1	1	1	1

(二) 实验结果

1. 酶的特异性(实验表 1-5)

实验表 1-5　酶特异性操作实验结果

	1 号管	2 号管
结果		

2. pH 对酶促反应速度的影响(实验表 1-6)

实验表 1-6　pH 对酶促反应速度的影响实验结果

	1 号管	2 号管	3 号管
结果			

161

3. 温度对酶促反应速度的影响(实验表 1-7)

实验表 1-7　温度对酶促反应速度的影响实验结果

	1号管	2号管	3号管
结果			

4. 激活剂与抑制剂对酶促反应速度的影响(实验表 1-8)

实验表 1-8　激活剂与抑制剂对酶促反应速度的影响实验结果

	1号管	2号管	3号管	4号管
结果				

【实验评价】

1. 试以唾液淀粉酶为例,解释酶的特异性及本实验的原理。
2. 简述温度、pH、激活剂及抑制剂等因素对淀粉酶活性的影响。
3. 观察各管颜色反应并说明原因。

(祝红梅)

实验二　琥珀酸脱氢酶的作用及其竞争性抑制的观察

【实验目的】

证明组织中有琥珀酸脱氢酶活性以及丙二酸对此酶有竞争性抑制作用。

【实验原理】

心肌、肝脏、骨骼肌等组织中都含有琥珀酸脱氢酶。此酶能催化琥珀酸脱氢生成延胡索酸,脱下的 2H 由此酶的辅基 FAD 接受还原成 $FADH_2$,经 $FADH_2$ 氧化呼吸链传递给氧生成水。本实验以甲烯蓝(MB)作为人工受氢体,蓝色的甲烯蓝受氢后还原为无色的甲烯白(MBH_2),根据甲烯蓝的颜色变化作为判断琥珀酸脱氢酶活性的指标。

【实验准备】

1. 试剂

(1) 0.1mol/L 磷酸盐缓冲液(pH 7.4):取 0.1mol/L NaH_2PO_4 19ml 和 0.1mol/L Na_2HPO_4 81ml 混合而成。

(2) 1.5% 琥珀酸钠溶液。

(3) 1% 丙二酸钠溶液。

(4) 0.02% 甲烯蓝溶液。

(5) 液体石蜡。

2. 器材　试管、试管架、滴管、解剖剪刀、匀浆器、恒温水浴箱,小白兔等。

【实验学时】 2学时。

【实验方法与结果】

(一) 实验方法

1. 肝匀浆或肌匀浆的制备　取小白兔一只,断头处死后迅速剖腹,取出肝或肌肉组织5g左右,用冰生理盐水浸洗2~3次去除血液。将组织剪碎后放入匀浆器中,加入在冰箱中保存的磷酸盐缓冲液(pH 7.4)10ml制成匀浆备用。

2. 取4支试管,分别编号,按实验表2-1加入试剂。

实验表2-1　琥珀酸脱氢酶的作用及其竞争性抑制作用

管号	匀浆液	1.5% 琥珀酸钠	1% 丙二酸钠	水	0.02% 甲烯蓝
1	10 滴	10 滴	—	20 滴	10 滴
2	10 滴	10 滴	10 滴	10 滴	10 滴
3	—	10 滴	10 滴	20 滴	10 滴
4	10 滴	20 滴	10 滴	—	10 滴

3. 各管混匀后,加少量液体石蜡覆盖在溶液液面上。然后将各管置37℃水浴中保温15分钟,取出各管观察结果并记录。

(二) 实验结果(实验表2-2)

实验表2-2　琥珀酸脱氢酶的作用及其竞争性抑制作用结果

	1 号管	2 号管	3 号管	4 号管
结果				

【实验评价】

1. 加液体石蜡目的是什么?

2. 丙二酸对琥珀酸脱氢酶是何种抑制作用? 结合实验结果加以解释。

3. 本实验中3号试管有何意义?

(钟衍汇)

实验三　血糖的测定(葡萄糖氧化酶法)

【实验目的】

1. 掌握葡萄糖氧化酶法测定葡萄糖含量的原理和方法。

2. 学会分光光度计的使用。

3. 了解葡萄糖浓度测定的意义。

【实验原理】

血糖的测定是通过比色分析法进行测定的。

(一) 比色分析法简介

许多物质都具有一定的颜色,例如高锰酸钾盐溶液呈紫色,硫氰酸铁络合物的溶液为红

163

色。这些溶液颜色的深浅与有色物质在溶液中的浓度有关,有色溶液的浓度越大,颜色越深。

比色分析法就是通过比较溶液颜色的深浅来确定被测物质含量的一种方法。无色物质可加入合适显色剂使其生成有颜色的物质,所形成的有色物质与被测物质的含量成正比例关系,因此,也可进行比色分析。比色分析法是目前临床生化检验中常用的定量检测方法之一。

将两种适当颜色的可见光按一定强度比例混合可得到白光,这两种光叫互补光,该现象叫光的互补。溶液的颜色,是由于不同的有色物质有选择地吸收了某种颜色的光而引起的。溶液呈现的颜色是它主要吸收光的互补光的颜色。溶液吸收的光越多,呈现的颜色越深(实验图 3-1)。

例如:一束白光通过核黄素溶液,溶液呈黄色,是因为蓝色光被吸收,而其他颜色的光均为两两互补,透过光只多余出黄色光,所以核黄素溶液呈黄色。

当一定波长的单色光通过有色物质的溶液时,该物质都能有一定程度的吸光作用,单位体积内的溶液中该物质的质点越多,对光线的吸收就越多。因此,利用物质对一定波长光线吸收的程度可测定该物质的含量,这种方法称为分光光度法。

实验图 3-1 光的互补示意图

设一束单色光 I_0 通过溶液后,由于部分光线被溶液吸收,通过的光线为 I_t,则 I_t/I_0 为透光度(T)。透光度(T)的倒数(1/T)反映了物质对光的吸收程度,称为吸光度(A),又称为消光度(E)或光密度(OD)。

依据朗伯 - 比耳定律推导,当一束平行单色光通过均匀、无散射现象的溶液时,在单色光强度、溶液温度等条件不变时,溶液的吸光度(A)与溶液的浓度(C)及液层的厚度(L)的乘积成正比。即溶液浓度越大,液层越厚,吸光越多,这就是物质对光的吸收定律。

用分光光度计进行比色时,标准溶液和被测溶液使用完全相同的比色杯,即液层厚度(L)相同,因此,可简化为溶液的吸光度(A)与溶液的浓度(C)成正比,溶液浓度越大,吸光度越大。由此,可通过测定溶液的吸光度(A)来求知某一溶液的浓度(C)。

如测定管的吸光度和溶液浓度分别为 $A_测$ 和 $C_测$,标准管的吸光度和溶液浓度分别为 $A_标$ 和 $C_标$,则 $A_测 : A_标 = C_测 : C_标$

$$C_测 = (A_测 / A_标) \times C_标$$

式中 $C_标$ 为已知,$A_测$ 与 $A_标$ 可在分光光度计中通过比色读出数值。

(二)血糖的测定(葡萄糖氧化法)

葡萄糖氧化酶能催化葡萄糖氧化生成葡萄糖酸内酯和过氧化氢。

$$葡萄糖 + O_2 \xrightarrow{\text{葡萄糖氧化酶}} 葡萄糖酸内酯 + H_2O_2$$

过氧化氢在过氧化氢酶作用下,能将无色的 4- 氨基安替比林偶联酚,氧化缩合生成红色的醌类化合物。其颜色深浅在一定范围内与葡萄糖浓度成正比。在 505nm 处测定吸光度,与标准管比较即可计算出血糖浓度。

【实验准备】

1. 试剂

(1) 0.2mol/L 磷酸缓冲液(pH 7.0):称取无水磷酸氢二钠 8.67 及无水磷酸二氢钠 5.3 于

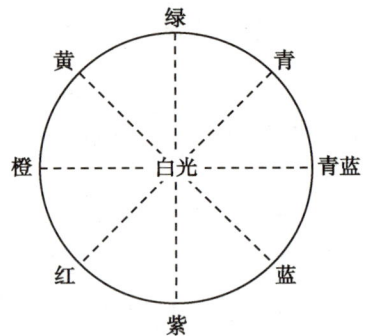

溶解 800ml 蒸馏水中,用 1.0mol/L 氢氧化钠或盐酸调节 pH 至 7.0,然后用蒸馏水稀释至 1L。

(2) 酶试剂:取葡萄糖氧化酶 1200U(国际单位),过氧化氢酶 1200U,4- 氨基安替比林 10mg,叠氮钠 100mg,加上述磷酸缓冲液至 80ml 左右,调节 pH 至 7.0,加磷酸缓冲液至 100ml。置冰箱保存,至少可稳定 3 个月。

(3) 酚试剂:取酚 100mg 溶于 100ml 蒸馏水中(酚在空气中易氧化成醌(红色),可先配成 500g/L 的溶液,贮存于棕色瓶中,用时稀释)。

(4) 酶酚混合试剂:酶试剂和酚试剂等量混合,在冰箱中可存放一个月。

(5) 12mmol/L 苯甲酸溶液:取苯甲酸 1.4g,加蒸馏水约 900ml,加热助溶,冷却后用蒸馏水稀释至 1000ml。

(6) 葡萄糖标准贮存液(100mmol/L):称取无水葡萄糖(预先置 80℃烤箱内干燥恒重,移置于干燥器内保存)1.802mg,以 12mmol/L 苯甲酸溶液溶解并移入 100ml 容量瓶内,再以 12mmol/L 苯甲酸溶液稀释至 100ml 刻度处,混匀,移入棕色瓶中,放置 2 小时后方可应用。

(7) 葡萄糖标准应用液(5mmol/L):吸取葡萄糖标准贮存液 5ml,于 100ml 容量瓶中,用 12mmol/L 苯甲酸溶液稀释至刻度,混匀。

2. 器材　试管、试管架及试管夹、吸量管、水浴箱、721 分光光度计。

【实验学时】 2 学时。

【实验方法与结果】

(一) 实验方法

1. 取 3 支试管,分别标记测定、标准、空白,按实验表 3-1 操作。

实验表 3-1　血糖的测定

	血清(ml)	葡萄糖标准应用液(ml)	蒸馏水(ml)	酶酚混合试剂(ml)
测定管	0.02	—	—	3.5
标准管	—	0.02	—	3.5
空白管	—	—	0.02	3.5

混匀置 37℃水浴中保温 15 分钟。

2. 比色

(1) 检查分光光度计的安全性及各调节旋钮的起始位置是否正确(如电表指针未通电时应在"0"刻度线上,否则应校正),然后接通电源,打开比色皿暗盒盖,预热 20 分钟。

(2) 选择所需波长:波长为 505nm。

(3) 选择灵敏度:721 分光光度计灵敏度有五档,"1"档最低,逐档增加。选择原则是保证能使空白管良好调到"100"情况下,尽可能选低档,这样仪器的稳定性更高。选择好灵敏度后,应使吸光度读数在检流计标尺中部,这样准确度较高,相对误差最小,一般 A=0.05~1。灵敏度选好后不再动。

(4) 将空白液、标准液、测定液分别倒入 3 个比色杯中,放入比色杯架,用装空白液的比色杯对准光路,开盖调"0",关盖调"100%"。如灵敏度改变,则需重调"0"和"100%"。

注意比色杯中装液体为 3/4~2/3,不可过多或过少,装好后用擦镜纸擦干外表面液体。

(5) 轻拉比色槽拉杆,先后将标准液、测定液对准光路,分别读取 A$_标$ 和 A$_测$ 数值并记录。

(6) 比色完毕后,关闭电源,拔下插头,恢复各旋钮至原来位置。取出比色杯,清洗后倒置晾干。

(二) 实验结果

计算:已知: A~标~ =　　　　　A~测~ =　　　　　C~标~ =

$$血清葡萄糖(mmol/L) = \frac{测定管吸光度(A_测)}{标准管吸光度(A_标)} \times 5mmol/L$$

【实验评价】

1. 血糖正常参考值是多少?

2. 病理性血糖增高主要见于哪些疾病?

3. 血糖测定的临床意义。

(钟衍汇)

实验四　酮体的生成

【实验目的】

1. 了解肝中酮体测定的原理。

2. 熟悉组织匀浆的制作方法,验证酮体的生成是肝特有的功能。

3. 了解酮体测定的临床意义。

【实验原理】

酮体是肝中脂肪酸氧化的特有中间代谢产物,包括乙酰乙酸、β-羟丁酸和丙酮,是脑组织和肌肉组织的重要能源。在正常情况下,血中的酮体含量极少,但如果酮体的生成能力超过肝外组织的利用能力,会使血中酮体的含量增高,多余的酮体随尿排出,严重者可导致酮症酸中毒。

本实验以丁酸作为底物,分别与新鲜肝(含酮体生成酶系)、肌匀浆(含酮体利用酶系)保温,以证明酮体能在肝组织中生成。酮体可与含亚硝基铁氰化钠的显色粉反应,生成紫红色化合物。依据此化合物的颜色深浅,判断酮体生成的情况。

【实验准备】

1. 试剂

(1) 0.9%NaCl 溶液。

(2) 洛克(Locke)溶液:取 NaCl 0.9g、KCl 0.042g、CaCl$_2$ 0.024g、NaHCO$_3$ 0.02g、葡萄糖 0.1g,将上述物质混合溶于蒸馏水中,并稀释至 100ml,混匀。

(3) 0.5mol/L 的丁酸溶液:称取 44.0g 丁酸溶于 0.1mol/L 的 NaOH 溶液中,并用 0.1mol/L 的 NaOH 溶液稀释至 1000ml。

(4) 0.1mol/L 的磷酸盐缓冲液(pH 7.6):准确称取 NaH$_2$PO$_4$·H$_2$O 0.897g 和 Na$_2$HPO4·2H$_2$O 7.74g,用蒸馏水稀释至 500ml,测定 pH。

(5) 15% 的三氯醋酸溶液。

(6) 显色粉:亚硝基铁氰化钠 1g,无水碳酸钠 30g,硫酸铵 50g,混合后研碎。

2. 器械　试管、试管架、吸管、白瓷反应板、研钵、剪刀、天平、量杯、恒温水浴箱、新鲜猪肝和骨骼肌。

【实验学时】 2 学时。

【实验方法与结果】

（一）实验方法

1. 组织匀浆的制备　取等量的新鲜猪肝和猪骨骼肌,用 0.9%NaCl 溶液洗去血液后,剪碎分别放入研钵中,加入 0.9%NaCl 溶液(按重量∶体积为 1∶3),研磨成匀浆。

2. 取试管 5 支,编号后按实验表 4-1 加入各种试剂。

实验表 4-1　酮体生成的操作

试剂(滴)	1 号管	2 号管	3 号管	4 号管	5 号管
洛克溶液	15	15	15	15	15
0.5mol/L 丁酸溶液	30	—	30	30	—
pH 7.6 磷酸盐缓冲液	15	15	15	15	15
肝匀浆	20	20	—	—	—
肌匀浆	—	—	—	20	20

3. 将上述 5 支试管溶液混匀后,置于 37℃恒温水浴箱中保温。

4. 45 分钟后取出各管,分别加入 15% 三氯醋酸溶液 20 滴,混匀,过滤,收集各管滤液于干净试管中。

5. 用吸管吸取各管滤液滴入白瓷反应板小凹槽中,然后加入一小匙显色粉,观察颜色变化并解释原因。

（二）实验结果

观察 5 支试管滤液的颜色变化,实验结果填入实验表 4-2。

实验表 4-2　酮体生成的实验结果

	1 号管	2 号管	3 号管	4 号管	5 号管
颜色变化					

【实验评价】

1. 对上述实验结果进行分析,说明酮体生成和利用的代谢特点。

2. 解释糖尿病患者出现酮血症、尿酮、烂苹果味的原因?

(鲁正宏)

实验五　转氨基作用

【实验目的】

1. 验证体内的转氨基作用。

2. 熟悉转氨基的过程及测定丙氨酸转氨酶(ALT)的临床意义。

【实验原理】

丙氨酸与 α- 酮戊二酸在 pH 7.4 时, 经丙氨酸转氨酶 (ALT) 催化进行转氨基作用, 生成丙酮酸和谷氨酸。丙酮酸与 2,4- 二硝基苯肼作用, 生成丙酮酸 2,4- 二硝基苯腙, 后者在碱性条件下, 呈棕红色。在不同的组织中, 丙氨酸转氨酶 (ALT) 的活性大小不同, 生成的产物浓度也不同。本实验以肝和肌组织进行比较, 用颜色的深浅表示酶活力的大小。

【实验准备】

1. 试剂

(1) 0.1mol/L 磷酸缓冲液 (pH 7.4): 准确称取磷酸氢二钠 11.928g 和磷酸二氢钾 2.176g, 用蒸馏水溶解并稀释至 1000ml。

(2) 丙氨酸转氨酶基质液: 称取 DL- 丙氨酸 1.79g 和 α- 酮戊二酸 29.2mg 于烧瓶中, 加 0.1mol/L 磷酸缓冲液 (pH 7.4) 80ml, 煮沸溶解后冷却, 用 1mol/L 氢氧化钠调节 pH 至 7.4 (约加 0.5ml 氢氧化钠), 再用 0.1mol/L 磷酸缓冲液在容量瓶内稀释至 100ml, 混匀后加氯仿数滴置冰箱保存。

(3) 2,4- 二硝基苯肼: 称取 2,4- 二硝基苯肼 19.8mg, 用 10mol/L HCl 10ml 溶解后, 加蒸馏水至 100ml, 置棕色瓶中保存。

(4) 0.4mol/L NaOH: 称取 16g 氢氧化钠溶于适量蒸馏水中, 然后稀释至 1000ml。

(5) 冰生理盐水。

2. 器材　试管、试管架、滴管、研钵、恒温水浴箱、漏斗、解剖器材、脱脂棉等。

【实验学时】　2 学时。

【实验方法与结果】

(一) 实验方法

1. 肝匀浆和肌匀浆的制备　将家兔处死, 立即取出肝和肌肉, 分别用冰生理盐水浸洗 2~3 次去除血液。各取 10g 组织, 分别剪碎, 加 pH 7.4 缓冲液 10ml, 添加少量细砂于研钵中研磨成匀浆后, 再加 pH 7.4 缓冲液 20ml 混匀, 用棉花过滤, 分别制成肝匀液和肌匀液。

2. 取 3 支试管, 编号, 按实验表 5-1 加入各种试剂。

实验表 5-1　转氨基作用操作步骤

	1	2	3
基质液	20 滴	20 滴	20 滴
肝匀浆	3 滴	—	—
肌匀浆	—	3 滴	—
生理盐水	—	—	3 滴
混匀, 置 37℃水浴 20 分钟			
2,4- 二硝基苯肼	10 滴	10 滴	10 滴
混匀, 置 37℃水浴 20 分钟			
0.4mol/NaOH	5ml	5ml	5ml

混匀后, 比较三管的颜色。

(二) 实验结果（实验表 5-2）

实验表 5-2　转氨基作用结果

	1 号管	2 号管	3 号管
结果			

【实验评价】

根据实验结果，确定是否发生了转氨基作用及哪种组织 ALT 活力高，为什么？

（钟衍汇）

参 考 文 献

［1］王易振,何旭辉.生物化学[M].2版.北京:人民卫生出版社,2013.
［2］蔡太生,张申.生物化学[M].北京:人民卫生出版社,2015.
［3］潘文干.生物化学[M].5版.北京:人民卫生出版社,2003.
［4］何旭辉.生物化学[M].2版.北京:人民卫生出版社,2014.
［5］李月秋.生物化学[M].2版.北京:人民卫生出版社,2008.
［6］车龙浩.生物化学[M].2版.北京:人民卫生出版社,2008.
［7］万福生.生物化学[M].2版.北京:人民卫生出版社,2012.
［8］查锡良.生物化学[M].7版.北京:人民卫生出版社,2008.
［9］刘家秀.生物化学[M].北京:科学出版社,2015.
［10］邱烈,张知贵.生物化学[M].2版.西安:第四军医大出版社,2012.
［11］杨淑兰,张玉环.生物化学基础[M].北京:科学出版社,2010.
［12］张文利.生物化学基础[M].北京:人民卫生出版社,2015.
［13］艾旭光　王春梅.生物化学基础[M].3版.北京:人民卫生出版社,2015.
［14］程伟.生物化学[M].2版.北京:科学出版社,2015.
［15］赵长安.生物化学[M].北京:人民军医出版社,2011.
［16］周爱儒.生物化学与分子生物学[M].8版.北京:人民卫生出版社,2013.
［17］查锡良,药立波.生物化学与分子生物学[M].8版.北京:人民卫生出版社,2013.
［18］赵汉芬.生物化学[M].2版.北京:人民卫生出版社,2014.
［19］查锡良.生物化学[M].北京:人民卫生出版社,2013.
［20］吴伟平.生物化学[M].南昌:江西科学技术出版社,2007.
［21］韩昌洪.生物化学[M].2版.北京:人民卫生出版社,2006.
［22］李月秋.生物化学[M].2版.北京:人民卫生出版社,2008.